"十三五"普通高等教育本科规划教材

室内安装工程
计量与计价

主　编　管锡珺

副主编　夏宪成　张明辉

编　写　王世杰　夏丽佳　仇模凯

U0300073

扫码阅读机械设备安装工程，
热力设备安装工程及部分静置
设备安装工程，工业管道工程，
刷油、防腐蚀、绝热工程，以及
市政工程等计量计价相关知识
内容

中国电力出版社
CHINA ELECTRIC POWER PRESS

内 容 提 要

本书依据国家和山东省建筑安装工程定额管理的现行规定编写而成。全书系统地介绍了建筑安装工程预算的基本知识，重点突出了预算工程量的计算方法、技巧和操作技能，以及定额的使用、换算与调整等。本书主要对建筑安装工程定额的制定方法、原理和运用做了明确的解释和阐述，对最新的建设工程造价及费用组成做了解释，对主材计价按当前常用方法进行了叙述，对建筑电气（强电、弱电）安装工程，给水、排水、采暖、供热、燃气工程，通风空调工程，市政工程，设备安装工程等工程量的计算方法和定额套用、费用计取、造价计算，均做了详细阐述和解释，并附有多个预算实例以及实用资料，供学习参考或预算编制。本书结合较多的工程实例，采用现行的消耗量定额和工程价目表，对安装工程预算的编制和应用做了较详细的介绍。

本书可作为工程管理专业、建筑环境与能源应用工程专业教材，也可作为从事工程概、预、结算、招投标及清单结算的造价管理人员的参考用书，还可作为建设单位、设计部门、施工企业和有关高等院校师生的参考及教学用书。

图书在版编目（CIP）数据

室内安装工程计量与计价/管锡珺主编. —北京：中国电力出版社，2018.1
"十三五"普通高等教育本科规划教材
ISBN 978-7-5198-0990-4

Ⅰ.①室… Ⅱ.①管… Ⅲ.①建筑安装-建筑造价管理-高等学校-教材 Ⅳ.①TU723.3

中国版本图书馆 CIP 数据核字（2017）第 204922 号

出版发行：中国电力出版社
地　　址：北京市东城区北京站西街 19 号（邮政编码 100005）
网　　址：http://www.cepp.sgcc.com.cn
责任编辑：熊荣华（010—63412543）柳　璐
责任校对：王开云
装帧设计：左　铭
责任印制：吴　迪

印　　刷：北京雁林吉兆印刷有限公司
版　　次：2018 年 1 月第一版
印　　次：2018 年 1 月北京第一次印刷
开　　本：787 毫米×1092 毫米　16 开本
印　　张：14.25
字　　数：345 千字
定　　价：**38.00 元**

前　言

　　安装工程造价的确定工作是我国社会主义现代化建设中一项重要的基础性工作，是规范建设市场秩序、提高投资效益和逐渐与国际接轨的关键环节。安装工程造价是建设工程造价的一个重要组成部分，它涉及机械设备、热力设备、静置设备与工艺金属结构制作安装，电气设备，建筑智能化工程，自动化控制仪表，通风空调工程，工业管道工程，消防工程，给排水、采暖、燃气工程，信息设备及线路工程，刷油、防腐、绝热工程等，是一门技术性、实践性很强和专业面很广的学科。随着经济建设的发展和加入 WTO 的要求，日益成熟的工程量清单计价模式是由建设产品的买方和卖方在建设市场上根据供求状况、信息状况进行自由竞价，从而能够最终签订工程合同价格的方法，所以工程造价是建设市场的灵魂。

　　为了适应市场的需求，本书以《建设工程工程量清单计价规范》（GB 50500—2013）为基本依据，讲述电气设备安装工程、消防及安全防范工程、给水排水、供暖及空调水系统、通风空调工程和除锈、刷油、防腐蚀涂料的清单计价的原理、方法，以及清单计价与定额计价之间的关系和区别。近几年，一系列工程造价相关文件陆续出台，如《建设工程造价咨询规范》（GB/T 51095—2015）、《通用安装工程消耗量定额》（TY02—31—2015）等。本书编写时采用了 TY02—31—2015 计算规则，例题采用 GB 50500—2013 和现行计价程序。

　　本书编写时始终关注最新动态，立足于超前性和可操作性。为适应高校教科书特点，全书共分为七章，包括建筑工程与安装工程造价概述、通用安装工程工程量计算规范及相关定额计价、电气设备安装工程、消防及安全防范工程、给水排水工程、供暖及空调水系统、通风空调工程。在 GB 50500—2013 中"除锈、刷油、防腐蚀涂料"往往结合在对应工程项目中，本书中将其列入第六章中予以介绍。本书结合工程实例，采用现行的消耗量定额和价目表，对安装工程清单通过预算的编制和应用做了较详细的介绍。

　　本书由管锡珺主编，夏宪成、张明辉副主编。其中第一、二章全部及第三～七章的基础和实例由管锡珺编写，第三～七章的计算规则和定额编制由张明辉编写，夏宪成负责指导和把握应用正确性。王世杰、夏丽佳、仇模凯对文字进行了修订。

　　当前，我国基本建设管理体制改革正在深入，不少问题还有待进一步研究和探讨，加之作者水平有限和时间紧迫，书中难免有欠缺和不妥之处，热忱欢迎广大读者不吝赐教，以备改正。

编　者

目　录

第一章　安装工程造价

安装工程造价是建设工程各阶段设计、施工、安装的全部造价，是设计、施工安装文件的组成部分，也是基本建设管理工作的重要环节。

安装工程造价不仅是计算基本建设项目的全部费用，而且是对全部基本建设投资进行分配、管理、控制和监督的重要手段。

第一节　建筑安装工程费用项目组成

按照住房城乡建设部、财政部关于印发《建筑安装工程费用项目组成》（建标〔2013〕44号）的通知，建筑安装工程费用项目按费用构成要素组成划分为人工费、材料费、施工机具使用费、企业管理费、利润、规费和税金；按工程造价形成顺序将建筑安装工程费用划分为分部分项工程费、措施项目费、其他项目费、规费和税金。

一、建筑安装工程费用项目组成（按费用构成要素划分）

建筑安装工程费按照费用构成要素划分，由人工费、材料（包含工程设备，下同）费、施工机具使用费、企业管理费、利润、规费和税金组成。其中人工费、材料费、施工机具使用费、企业管理费和利润包含在分部分项工程费、措施项目费、其他项目费中（见图1-1）。

（一）人工费

人工费是指按工资总额构成规定，支付给从事建筑安装工程施工的生产工人和附属生产单位工人的各项费用。内容包括：

（1）计时工资或计件工资。是指按计时工资标准和工作时间或对已做工作按计件单价支付给个人的劳动报酬。

（2）奖金。是指对超额劳动和增收节支支付给个人的劳动报酬。如节约奖、劳动竞赛奖等。

（3）津贴补贴。是指为了补偿职工特殊或额外的劳动消耗和因其他特殊原因支付给个人的津贴，以及为了保证职工工资水平不受物价影响支付给个人的物价补贴。如流动施工津贴、特殊地区施工津贴、高温（寒）作业临时津贴、高空津贴等。

（4）加班加点工资。是指按规定支付的在法定节假日工作的加班工资和在法定日工作时间外延时工作的加点工资。

（5）特殊情况下支付的工资。是指根据国家法律、法规和政策规定，因病、工伤、产假、计划生育假、婚丧假、事假、探亲假、定期休假、停工学习、执行国家或社会义务等原因按计时工资标准或计时工资标准的一定比例支付的工资。

（二）材料费

材料费是指施工过程中耗费的原材料、辅助材料、构配件、零件、半成品或成品、工程设备的费用。内容包括：

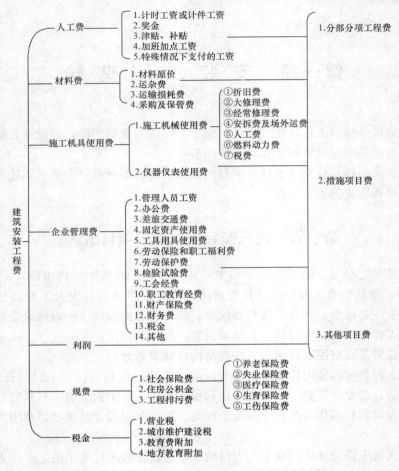

图 1-1　建筑安装工程费（按费用构成要素划分）

（1）材料原价。是指材料、工程设备的出厂价格或商家供应价格。

（2）运杂费。是指材料、工程设备自来源地运至工地仓库或指定堆放地点所发生的全部费用。

（3）运输损耗费。是指材料在运输装卸过程中不可避免的损耗。

（4）采购及保管费。是指为组织采购、供应和保管材料、工程设备的过程中所需要的各项费用。包括采购费、仓储费、工地保管费、仓储损耗。

工程设备是指构成或计划构成永久工程一部分的机电设备、金属结构设备、仪器装置及其他类似的设备和装置。

（三）施工机具使用费

施工机具使用费是指施工作业所发生的施工机械、仪器仪表使用费或其租赁费。包括仪器仪表使用费和施工机械使用费。

（1）仪器仪表使用费。是指工程施工所需使用的仪器仪表的摊销及维修费用。

（2）施工机械使用费。以施工机械台班耗用量乘以施工机械台班单价表示，施工机械台班单价应由下列七项费用组成：

1）折旧费。指施工机械在规定的使用年限内，陆续收回其原值的费用。

2）大修理费。指施工机械按规定的大修理间隔台班进行必要的大修理，以恢复其正常功能所需的费用。

3）经常修理费。指施工机械除大修理以外的各级保养和临时故障排除所需的费用。包括为保障机械正常运转所需替换设备与随机配备工具附具的摊销和维护费用、机械运转中日常保养所需润滑与擦拭的材料费用及机械停滞期间的维护和保养费用等。

4）安拆费及场外运费。安拆费指施工机械（大型机械除外）在现场进行安装与拆卸所需的人工、材料、机械和试运转费用以及机械辅助设施的折旧、搭设、拆除等费用；场外运费指施工机械整体或分体向停放地点运至施工现场或由一施工地点运至另一施工地点的运输、装卸、辅助材料及架线等费用。

5）人工费。指机上司机（司炉）和其他操作人员的人工费。

6）燃料动力费。指施工机械在运转作业中所消耗的各种燃料及水、电等。

7）税费。指施工机械按照国家规定应缴纳的车船使用税、保险费及年检费等。

（四）企业管理费

企业管理费是指建筑安装企业组织施工生产和经营管理所需的费用。内容包括：

（1）管理人员工资。是指按规定支付给管理人员的计时工资、奖金、津贴补贴、加班加点工资及特殊情况下支付的工资等。

（2）办公费。是指企业管理办公用的文具、纸张、账表、印刷、邮电、书报、办公软件、现场监控、会议、水电、烧水和集体取暖降温（包括现场临时宿舍取暖降温）等费用。

（3）差旅交通费。是指职工因公出差、调动工作的差旅费、住勤补助费，市内交通费和误餐补助费，职工探亲路费，劳动力招募费，职工退休、退职一次性路费，工伤人员就医路费，工地转移费以及管理部门使用的交通工具的油料、燃料等费用。

（4）固定资产使用费。是指管理和试验部门及附属生产单位使用的属于固定资产的房屋、设备、仪器等的折旧、大修、维修或租赁费。

（5）工具用具使用费。是指企业施工生产和管理使用的不属于固定资产的工具、器具、家具、交通工具和检验、试验、测绘、消防用具等的购置、维修和摊销费。

（6）劳动保险和职工福利费。是指由企业支付的职工退职金、按规定支付给离休干部的经费，集体福利费、夏季防暑降温补贴、冬季取暖补贴、上下班交通补贴等。

（7）劳动保护费。是企业按规定发放的劳动保护用品的支出。如工作服、手套、防暑降温饮料以及在有碍身体健康的环境中施工的保健费用等。

（8）检验试验费。是指施工企业按照有关标准规定，对建筑以及材料、构件和建筑安装物进行一般鉴定、检查所发生的费用，包括自设试验室进行试验所耗用的材料等费用。不包括新结构、新材料的试验费，对构件做破坏性试验及其他特殊要求检验试验的费用和建设单位委托检测机构进行检测的费用，对此类检测发生的费用，由建设单位在工程建设其他费用中列支。但对施工企业提供的具有合格证明的材料进行检测不合格的，该检测费用由施工企业支付。

（9）工会经费。是指企业按《工会法》规定的全部职工工资总额比例计提的工会经费。

（10）职工教育经费。是指按职工工资总额的规定比例计提，企业为职工进行专业技术和职业技能培训，专业技术人员继续教育、职工职业技能鉴定、职业资格认定以及根据需要对职工进行各类文化教育所发生的费用。

（11）财产保险费。是指施工管理用财产、车辆等的保险费用。

（12）财务费。是指企业为施工生产筹集资金或提供预付款担保、履约担保、职工工资支付担保等所发生的各种费用。

（13）税金。是指企业按规定缴纳的房产税、车船使用税、土地使用税、印花税等。

（14）其他。包括技术转让费、技术开发费、投标费、业务招待费、绿化费、广告费、公证费、法律顾问费、审计费、咨询费、保险费等。

（五）利润

利润是指施工企业完成所承包工程获得的盈利。

（六）规费

规费是指按国家法律、法规规定，由省级政府和省级有关权力部门规定必须缴纳或计取的费用。包括：

（1）社会保险费。

1）养老保险费。是指企业按照规定标准为职工缴纳的基本养老保险费。

2）失业保险费。是指企业按照规定标准为职工缴纳的失业保险费。

3）医疗保险费。是指企业按照规定标准为职工缴纳的基本医疗保险费。

4）生育保险费。是指企业按照规定标准为职工缴纳的生育保险费。

5）工伤保险费。是指企业按照规定标准为职工缴纳的工伤保险费。

（2）住房公积金。是指企业按规定标准为职工缴纳的住房公积金。

（3）工程排污费。是指按规定缴纳的施工现场工程排污费。

其他应列而未列入的规费，按实际发生计取。

（七）税金

税金是指国家税法规定的应计入建筑安装工程造价内的营业税、城市维护建设税、教育费附加以及地方教育附加。

二、建筑安装工程费用项目组成（按造价形成划分）

建筑安装工程费按照工程造价形成由分部分项工程费、措施项目费、其他项目费、规费、税金组成，分部分项工程费、措施项目费、其他项目费包含人工费、材料费、施工机具使用费、企业管理费和利润（见图 1-2）。

（一）分部分项工程费

分部分项工程费是指各专业工程的分部分项工程应予列支的各项费用。

（1）专业工程。是指按现行国家计量规范划分的房屋建筑与装饰工程、仿古建筑工程、通用安装工程、市政工程、园林绿化工程、矿山工程、构筑物工程、城市轨道交通工程、爆破工程等各类工程。

（2）分部分项工程。指按现行国家计量规范对各专业工程划分的项目。如房屋建筑与装饰工程划分的土石方工程、地基处理与桩基工程、砌筑工程、钢筋及钢筋混凝土工程等。如通用安装工程中给排水、采暖、燃气工程划分的给排水、采暖、燃气管道，支架及其他，管道附件，卫生器具，供暖器具，采暖、给排水设备，燃气器具及其他，医疗气体设备及附件，采暖、空调水工程系统调试等。

各类专业工程的分部分项工程划分见现行国家或行业计量规范。

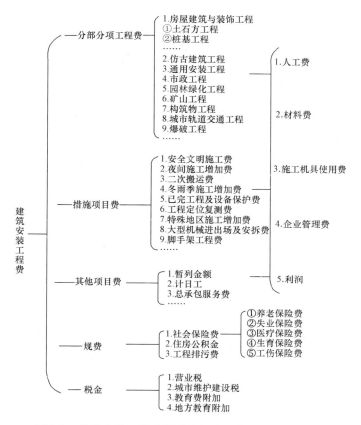

图 1-2 建筑安装工程费用项目组成（按造价形成划分）

（二）措施项目费

措施项目费是指为完成建设工程施工，发生于该工程施工前和施工过程中的技术、生活、安全、环境保护等方面的费用。内容包括：

（1）安全文明施工费。

1）环境保护费。是指施工现场为达到环保部门要求所需要的各项费用。

2）文明施工费。是指施工现场文明施工所需要的各项费用。

3）安全施工费。是指施工现场安全施工所需要的各项费用。

4）临时设施费。是指施工企业为进行建设工程施工所必须搭设的生活和生产用的临时建筑物、构筑物和其他临时设施费用。包括临时设施的搭设、维修、拆除、清理费或摊销费等。

（2）夜间施工增加费。是指因夜间施工所发生的夜班补助费、夜间施工降效、夜间施工照明设备摊销及照明用电等费用。

（3）二次搬运费。是指因施工场地条件限制而发生的材料、构配件、半成品等一次运输不能到达堆放地点，必须进行二次或多次搬运所发生的费用。

（4）冬雨季施工增加费。是指在冬季或雨季施工需增加的临时设施、防滑、排除雨雪，人工及施工机械效率降低等费用。

（5）已完工程及设备保护费。是指竣工验收前，对已完工程及设备采取的必要保护措施所发生的费用。

（6）工程定位复测费。是指工程施工过程中进行全部施工测量放线和复测工作的费用。

（7）特殊地区施工增加费。是指工程在沙漠或其边缘地区、高海拔、高寒、原始森林等特殊地区施工增加的费用。

（8）大型机械设备进出场及安拆费。是指机械整体或分体自停放场地运至施工现场或由一个施工地点运至另一个施工地点，所发生的机械进出场运输及转移费用及机械在施工现场进行安装、拆卸所需的人工费、材料费、机械费、试运转费和安装所需的辅助设施的费用。

（9）脚手架工程费。是指施工需要的各种脚手架搭、拆、运输费用以及脚手架购置费的摊销（或租赁）费用。

措施项目及其包含的内容详见各类专业工程的现行国家或行业计量规范。

（三）其他项目费

（1）暂列金额。是指建设单位在工程量清单中暂定并包括在工程合同价款中的一笔款项，用于施工合同签订时尚未确定或者不可预见的所需材料、工程设备、服务的采购，施工中可能发生的工程变更、合同约定调整因素出现时的工程价款调整以及发生的索赔、现场签证确认等的费用。

（2）计日工。是指在施工过程中，施工企业完成建设单位提出的施工图纸以外的零星项目或工作所需的费用。

（3）总承包服务费。是指总承包人为配合、协调建设单位进行的专业工程发包，对建设单位自行采购的材料、工程设备等进行保管以及施工现场管理、竣工资料汇总整理等服务所需的费用。

（四）规费

定义同前。

（五）税金

定义同前。

第二节　工　程　计　价

一、工程造价的定额计价

工程定额、工程量清单，都是用以计算工程造价的基础资料，是工程造价计价的依据。

根据工程造价计价依据的不同，目前我国处于工程定额计价和工程量清单计价两种计价模式并存的状态，并且工程清单计价在实际操作中仍依赖工程定额计价。

（一）工程定额体系

工程定额是在合理的劳动组织和合理地使用材料与机械的条件下，完成一定计量单位合格建筑产品所消耗资源的数量标准。工程定额是一个综合概念，是建设工程造价计价和管理中各类定额的总称，包括许多种类的定额，可以按照不同的原则和方法进行分类。

（二）工程定额计价的基本程序

我国在很长一段时间内采用单一的工程定额计价模式形成工程价格，即预先按概预算定额所确定的各类消耗量乘以相应的定额单价或市场价形成分部分项子目概预算单位价格，再按概预算定额规定的分部分项子目、工程量计算规则，逐项计算工程量，套用概预算定额单价（或单位估价表）确定直接工程费，然后按规定的取费标准确定措施费、间接费、利润和税金，经汇总后即为工程概预算或标底，而标底则作为评标定标的主要依据。

以预算定额单价法确定工程造价，是我国采用的一种与计划经济相适应的工程造价管理制度。工程定额计价模式实际上是国家通过颁布统一的计价定额或指标，对建筑产品价格进行有计划的管理。国家以假定的建筑安装产品为对象，制定统一的预算和概算定额，计算出每一单元子项的费用后，再综合形成整个工程的价格。工程定额计价的基本程序如图 1-3 所示。

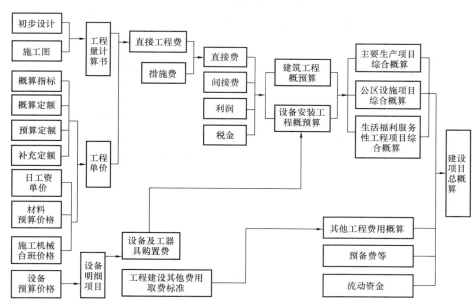

图 1-3 工程定额计价的基本程序

二、工程造价的工程量清单计价

工程量清单计价方法是一种区别于定额计价模式的新计价模式，是由建设产品的买方和卖方在建设市场上根据供求状况、信息状况进行自由竞价，从而能够最终签订工程合同价格的方法。工程量清单的计价方法是建设市场建立、发展和完善过程中的必然产物。随着社会主义市场经济的发展，自 2003 年在全国范围内开始逐步推广建设工程工程量清单计价法。2013 年推出新版建设工程工程量清单计价规范，标志着我国工程量清单计价方法的应用逐渐完善。

（一）工程量清单计价的基本方法与程序

工程量清单计价的基本过程可以描述为：在统一的工程量清单项目设置的基础上，根据工程量清单计量规则和具体工程的施工图纸计算出各个清单项目的工程量，再根据各种渠道所获得的工程造价信息和经验数据计算得到工程造价。这一基本的计算过程如图 1-4 所示。

从图 1-4 可以看出，其编制过程可以分为工程量清单的编制和利用工程量清单来编制投标报价（或招标控制价）两个阶段。投标报价是在业主提供的工程量计算结果的基础上，根据企业自身所掌握的各种信息、资料，结合企业定额编制得出的。

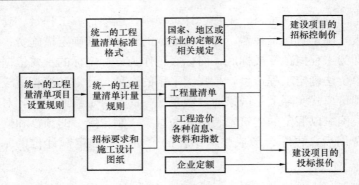

图 1-4   工程造价工程量清单计价过程示意

(二) 工程量清单计价的特点

1. 工程量清单计价的适用范围

全部使用国有资金（含国家融资资金）投资或以国有资金投资为主（两者简称国有资金投资）的工程建设项目应执行工程量清单计价方式确定和计算工程造价。

（1）国有资金投资的工程建设项目，包括使用各级财政预算资金的项目、使用纳入财政管理的各种政府性专项建设资金的项目、使用国有企事业单位自有资金，并且国有资产投资者实际拥有控制权的项目。

（2）国家融资资金投资的工程建设项目，包括使用国家发行债券所筹资金的项目、使用国家对外借款或者担保所筹资金的项目、使用国家政策性贷款的项目、国家授权投资主体融资的项目、国家特许的融资项目。

（3）国有资金（含国家融资资金）为主的工程建设项目，是指国有资金占投资总额50％以上，或虽不足50％但国有投资者实质上拥有控股权的工程建设项目。

2. 工程量清单计价的操作过程

工程量清单计价活动涵盖施工招标、合同管理以及竣工交付全过程，主要包括工程量清单的编制，招标控制价、投标报价，合同价款约定，工程计量、合同价款调整、工程价款期中支付、竣工结算与支付、合同解除的价款结算与支付、合同计价款争议的解决、工程造价鉴定、工程计价资料与档案、工程计价表格等内容。

(三) 工程量清单项目的编制

工程量清单的编制程序如图 1-5 所示。

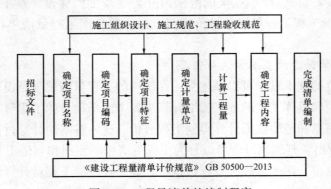

图 1-5   工程量清单的编制程序

1. 分部分项工程量清单

分部分项工程量清单应包括项目编码、项目名称、项目特征、计量单位和工程量。应根据附录规定的项目编码、项目名称、项目特征、计量单位和工程量计算规则进行编制。

(1) 项目编码。项目编码是分部分项工程和措施项目工程量清单项目名称的阿拉伯数字标识。分部分项工程量清单的项目编码应采用十二位阿拉伯数字表示，一至九位应按附录的规定设置，十至十二位应根据拟建工程的工程量清单项目名称设置，同一招标工程的项目编码不得有重码。各级编码代表的含义如下（可参考本书例题所出现的清单的项目编码来理解）：

1) 第一级表示分类码，即附录顺序码（分两位），处于第一、第二位。

2) 第二级表示章顺序码，即专业工程顺序码（分两位），处于第三、第四位。

3) 第三级表示节顺序码，即分部工程顺序码（分两位），处于第五、第六位。

4) 第四级表示清单项目码，即分项工程名称顺序码（分三位），处于第七、第八、第九位。

5) 第五级表示具体清单项目码，即清单项目名称顺序码（分三位），处于第十、第十一、第十二位。

前九位编码不能变动，后三位编码，由清单编制人根据项目设置的清单项目编制。

(2) 项目名称。项目名称应按附录的项目名称结合拟建工程的实际确定。项目名称原则上以形成工程实体而命名。项目名称如有缺项，招标人可按相应的原则进行补充，并报当地工程造价管理部门备案。

(3) 项目特征。项目特征是构成分部分项工程量清单项目、措施项目自身价值的本质特征。分部分项工程量清单项目特征应按附录中规定的项目特征，结合拟建工程项目的实际予以描述。

对项目特征的准确描述，是影响价格的因素，是设置具体清单项目的依据。项目特征按不同的工程部位、施工工艺或材料品种、规格等分别列项。凡项目特征中未描述到的其他独有特征，由清单编制人视项目具体情况确定，以准确描述清单项目为准。

(4) 计量单位。分部分项工程量清单的计量单位应按附录中规定的计量单位确定。附录中有两个或两个以上计量单位的，应结合拟建工程项目的实际情况，选择其中一个确定。

(5) 工程量计量规则。工程量计量规则是指对清单项目工程量的计算规定。分部分项工程量清单中所列工程量应按附录中规定的工程量计算规则计算。投标人应按照招标人提供的工程量清单填报价格，其工程量必须与招标人提供的一致。

(6) 工程内容。工程内容是指完成该清单项目可能发生的具体工程，可供招标人确定清单项目和投标人投标报价参考。

编制工程量清单出现附录中未包括的项目，编制人应做补充，并报省级或行业工程造价管理机构备案，省级或行业工程造价管理机构应汇总报住房和城乡建设部标准定额研究所。补充项目的编码由规范的代码03与B和三位阿拉伯数字组成，并应从03B001起顺序编制，同一招标工程的项目不得重码。工程量清单中需附有补充项目的名称、项目特征、计量单位、工程量计算规则、工程内容。

2. 措施项目清单

措施项目清单应根据相关工程现行国家计量规范的规定编制，根据拟建工程的实际情况列项。

（1）措施项目中列出了项目编码、项目名称、项目特征、计量单位、工程量计算规则的项目，编制工程量清单时，应按照规范附录的规定执行。

（2）措施项目仅列出项目编码、项目名称，未列出项目特征、计量单位和工程量计算规则的项目，编制工程量清单时，应按规范附录措施项目规定的项目编码、项目名称确定。

（3）措施项目应根据拟建工程的实际情况列项，若出现本规范未列的项目，可根据工程实际情况补充。

3. 其他项目清单

其他项目清单应按照下列内容列项，出现规范未列的项目，应根据工程实际情况补充。

（1）暂列金额。招标人在工程量清单中暂定并包括在合同价款中的一笔款项，用于施工合同签订时尚未确定或者不可预见的所需材料、设备、服务的采购，施工中可能发生的工程变更、合同约定调整因素出现时的工程价款调整以及发生的索赔、现场签证确认等的费用。暂列金额应根据工程特点，按有关计价规定估算。

（2）暂估价。招标人在工程量清单中提供的用于支付必然发生但暂时不能确定价格的材料、工程设备的单价以及专业工程的金额。包括材料暂估单价、工程设备暂估单价、专业工程暂估价，应根据工程造价信息或参照市场价格估算；专业工程暂估价应分不同专业，按有关计价规定估算。

（3）计日工。在施工过程中，承包人完成发包人提出的施工图纸以外的零星项目或工作，按合同中约定的综合单价计价的一种方式。计日工应列出项目和数量。

（4）总承包服务费。总承包人为配合协调发包人进行的专业工程分包，发包人自行采购的设备、材料等进行保管以及施工现场管理、竣工资料汇总整理等服务所需的费用。应根据工程实际情况确定。

4. 规费项目清单

规费项目清单应按照下列内容列项，出现规范未列的项目，应根据省级政府或省级有关权力部门的规定列项。

（1）工程排污费。

（2）社会保障费。包括养老保险费、失业保险费、医疗保险费。

（3）住房公积金。

（4）工伤保险。

5. 税金项目清单

税金项目清单应包括下列内容，出现规范未列的项目，应根据税务部门的规定列项。

（1）营业税。

（2）城市维护建设税。

（3）教育费附加。

（四）工程量清单计价的方法

工程量清单计价应用过程如图1-6所示。

1. 工程造价的计算

采用工程量清单计价，建筑安装工程造价由分部分项工程费、措施项目费、其他项目费、规费和税金组成。在工程量清单计价中，如按分部分项工程单价组成来分，工程量清单

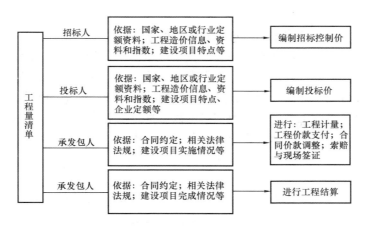

图 1-6 工程量清单计价应用过程

计价主要有工料单价法、综合单价法、全费用综合单价法三种形式，计算方法如下

工料单价 ＝人工费＋材料费＋施工机具使用费

综合单价 ＝人工费＋材料费＋施工机具使用费＋管理费＋利润

全费用综合单价 ＝人工费＋材料费＋施工机具使用费＋管理费＋利润＋规费＋税金

《建设工程工程量清单计价规范》规定，分部分项工程量清单应采用综合单价计价。利用综合单价法计价，需分别计算各个清单项目费用，再汇总得到工程总造价，计算方法如下

分部分项工程费 ＝Σ（分部分项工程量×分部分项工程综合单价）

措施项目费 ＝Σ（措施项目工程量×措施项目综合单价）＋Σ单项措施费

其他项目费 ＝暂列金额＋暂估价＋计日工＋总承包费＋其他

单位工程报价 ＝分部分项工程费＋措施项目费＋其他项目费＋规费＋税金

单项工程报价 ＝Σ单位工程报价

总造价 ＝Σ单项工程报价

2. 分部分项工程费计算

计算方法如下

分部分项工程费 ＝Σ（分部分项工程量×分部分项工程综合单价）

利用综合单价法计算分部分项工程费需要解决两个核心问题，即确定各分部分项工程的工程量及其综合单价。

（1）分部分项工程量的确定。招标文件中的工程量清单标明的工程量是招标人编制招标控制价和投标人投标报价的共同基础，它是工程量清单编制人按施工图图示尺寸和工程量清单计算规则计算得到的工程净量。但是，该工程量不能作为承包人在履行合同义务中应予完成的实际和准确的工程量，发承包双方进行工程竣工结算时的工程量应按发、承包双方在合同中约定应予计量且实际完成的工程量确定，当然该工程量的计算也应严格遵照工程量清单计算规则，以实体工程量为准。

（2）综合单价的编制。《建设工程工程量清单计价规范》（GB 50500—2013）中的工程量清单综合单价是指完成一个规定计量单位的分部分项工程量清单项目或措施清单项目所需的人工费、材料费、施工机具使用费和企业管理费与利润，以及一定范围内的风险费用。该定义并不是真正意义上的全费用综合单价，而是一种狭义的综合单价，规费和税金等不可竞争的费用并不包括在项目单价中。

综合单价的计算通常采用定额组价的方法，即以计价定额为基础进行组合计算，现在通用的做法就是以定额为基础。由于《建设工程工程量清单计价规范》（GB 50500—2013）与定额中的工程量计算规则、计量单位、工程内容不尽相同，综合单价的计算不是简单地将其所含的各项费用进行汇总，而是要通过具体计算后综合而成。所谓的汇总，就是一个主体清单工程量中除了所包含的主项外，其他项单位数量都是按对应数值套定额后汇入清单价，例如第六章供暖及空调水系统中采暖管道定额套用，套用了管道安装、除锈、刷油、保温、保护及其防腐等项目，这还没有计及支架项目。

3. 措施项目费计算

措施项目费是指为完成工程项目施工，而用于发生在该工程施工准备和施工过程中的技术、生活、安全、环境保护等方面的非工程实体项目所支出的费用。措施项目清单计价应根据建设工程的施工组织设计，对可以计算工程量的措施项目，应按分部分项工程量清单的方式采用综合单价计价；其余的措施项目可以以"项"为单位的方式计价，应包括除规费、税金外的全部费用。

措施项目费的计算方法一般有以下几种：

（1）综合单价法。这种方法与分部分项工程综合单价的计算方法一样，就是根据需要消耗的实物工程量与实物单价计算措施费，适用于可以计算工程量的措施项目，主要是指一些与工程实体有紧密联系的项目，如管道安装后的充气保护费等。与分部分项工程不同，并不要求每个措施项目的综合单价必须包含人工费、材料费、机具费、管理费和利润中的每一项。

（2）参数法计价。参数法计价是指按一定的基数乘系数的方法或自定义公式进行计算。这种方法简单明了，但最大的难点是公式的科学性、准确性难以把握。这种方法主要适用于施工过程中必须发生，但在投标时很难具体分项预测，又无法单独列出项目内容的措施项目，如夜间施工费、二次搬运费、冬雨季施工的计价等。

（3）分包法计价。在分包价格的基础上增加投标人的管理费及风险费进行计价的方法，这种方法适合可以分包的独立项目，如室内空气污染测试等。

有时招标人要求对措施项目费进行明细分析，这时采用参数法组价和分包法组价都是先计算该措施项目的总费用，这就需人为用系数或比例的办法分摊人工费、材料费、机具费、管理费及利润。

4. 其他项目费计算

其他项目费由暂列金额、暂估价、计日工、总承包服务费等内容构成。

暂列金额和暂估价由招标人按估算金额确定。招标人在工程量清单中提供的暂估价的材料和专业工程，若属于依法必须招标的，由承包人和招标人共同通过招标确定材料单价与专业工程分包价；若材料不属于依法必须招标的，经发、承包双方协商确认单价后计价；若专业工程不属于依法必须招标的，由发包人、总承包人与分包人按有关计价依据进行计价。

计日工和总承包服务费由承包人根据招标人提出的要求，按估算的费用确定。

5. 规费与税金的计算

规费和税金应按国家或省级、行业建设主管部门的规定计算，不得作为竞争性费用。每一项规费和税金的规定文件中，对其计算方法都有明确的说明，故可以按各项法规和规定的计算方式记取。具体计算时，一般按国家及有关部门规定的计算公式和费率标准进行计算。

6. 风险费用的确定

风险具体指工程建设施工阶段承发包双方在招投标活动和合同履约及施工中所面临的涉及工程计价方面的风险。采用工程量清单计价的工程，应在招标文件或合同中明确风险内容及其范围（幅度），并在工程计价过程中予以考虑。

第三节 工程定额计价方法与工程量清单计价方法的联系和区别

一、工程定额计价方法与工程量清单计价方法的联系

工程造价的计价就是指按照规定的计算程序和方法，用货币的数量表示建设项目（包括拟建、在建和已建的项目）的价值。无论是工程定额计价方法还是工程量清单计价方法，它们的工程造价计价都是一种从下而上的分部组合计价方法。

工程造价计价的基本原理就在于项目的分解与组合。建设项目是兼具单件性与多样性的集合体。每一个建设项目的建设都需要按业主的特定需要进行单独设计、单独施工，不能批量生产和按整个项目确定价格，只能采用特殊的计价程序和计价方法，即将整个项目进行分解，划分为可以按有关技术经济参数测算价格的基本构造要素（或称分部、分项工程），这样就很容易地计算出基本构造要素的费用。一般来说，分解结构层次越多，基本子项也越细，计算也更精确。

任何一个建设项目都可以分解为一个或几个单项工程。任何一个单项工程都是由一个或几个单位工程所组成的，作为单位工程的各类建筑工程和安装工程仍然是一个比较复杂的综合实体，还需要进一步分解。就给排水工程来说，又可以细分为给排水管道、支架及其他、管道附件、卫生器具等分部工程，给排水管道又分各种管材、管径、连接方式等；分解成分部工程后，还需要把分部工程按照不同的材质、施工方法、不同的法兰及不同的规格等，加以更为细致的分解，划分为更简单细小的部分。经过这样逐步分解到分项工程后，就可以得到基本构造要素了。找到了适当的计量单位及当时当地的单价，就可以采取一定的计价方法，进行分项分部组合汇总，计算出某工程的工程总造价。

在我国，工程造价计价的主要思路也是将建设项目细分至最基本的构成单位（如分项工程），用其工程量与相应单价相乘后汇总，即为整个建设工程造价。

（一）工程造价计价的基本原理

建筑安装工程造价计算方法如下

建筑安装工程造价 $=\Sigma[$ 单位工程基本构造要素工程量(分项工程)$\times$相应单价$]$

无论是定额计价还是清单计价，公式都同样有效，只是公式中的各要素有不同的含义：

（1）单位工程基本构造要素即分项工程项目。定额计价时，是按工程定额划分的分项工程项目；清单计价时，是指清单项目。

（2）工程量是指根据工程项目的划分和工程量计算规则，按照施工图或其他设计文件计算的分项工程实物量。工程实物量是计价的基础，不同的计价依据有不同的计算规则。

（二）工程量计算规则

目前，工程量计算规则包括两大类：

（1）《建设工程工程量清单计价规范》（GB 50500—2013）和各专业工程工程量计算规

范，如《通用安装工程工程量计算规范》（GB 50856—2013）各附录中规定的计算规则。

（2）各类工程定额规定的计算规则。工程单价是指完成单位工程基本构造要素的工程量所需要的基本费用。

1）工程定额计价方法下的分项工程单价是指概、预算定额基价，通常是指工料单价，仅包括人工、材料、机械台班定额消耗量与其相应单价的乘积。用公式表示为

$$定额分项工程单价＝\Sigma（定额消耗量\times相应单价）$$

式中：定额消耗量包括人工消耗量、各种材料消耗量、各类机械台班消耗量。消耗量的大小决定定额水平。定额水平的高低，只有在两种及两种以上的定额相比较的情况下，才能区别。对于消耗相同生产要素的同一分项工程，消耗量越大，定额水平越低；反之，则越高。但是，有些工程项目（单位工程或分项工程），因为在编制定额时采用的施工方法、技术装备不同，而使不同定额分析出来的消耗量之间没有可比性，则可将同一水平的生产要素单价分别乘以不同定额的消耗量，经比较确定。相应单价是指生产要素单价，是某一时点上的人工、材料、机械台班单价。同一时点上的工、料、机单价的高低，反映出不同的管理水平。在同一时期内，人工、材料、机械台班消耗量越高，则表明该企业的管理技术水平越低；人工、材料、机械台班消耗量越低，则表明该企业的管理技术水平越高。

2）工程量清单计价方法下的分项工程单价是指综合单价，包括人工费、材料费、机械台班费，还包括企业管理费、利润和风险因素。综合单价应该是根据企业定额和相应生产要素的市场价格来确定的。

二、工程量清单计价方法与定额计价方法的区别

工程量清单计价方法与工程定额计价方法相比有一些重大区别，这些区别也体现出了工程量清单计价方法的特点。

（1）两种模式的最大差别在于体现了我国建设市场发展过程中的不同定价阶段。

1）我国建筑产品价格市场化经历了"国家定价—国家指导价—国家调控价"三个阶段。定额计价是以概预算定额、各种费用定额为基础依据，按照规定的计算程序确定工程造价的特殊计价方法。因此，利用工程建设定额计算工程造价就价格形成而言，介于国家定价和国家指导价之间。在工程定额计价模式下，工程价格或直接由国家决定，或是由国家给出一定的指导性标准，承包商可以在该标准的允许幅度内实现有限竞争。例如在我国的招投标制度中，一度严格限定投标人的报价必须在限定标底的一定范围内波动，超出此范围即为废标，这一阶段的工程招标投标价格即属于国家指导性价格，体现出在国家宏观计划控制下的市场有限竞争。

2）工程量清单计价模式则反映了市场定价阶段。在该阶段中，工程价格是在国家有关部门间接调控和监督下，由工程承包发包双方根据工程市场中建筑产品供求关系变化自主确定工程价格。其价格的形成可以不受国家工程造价管理部门的直接干预，而此时的工程造价是根据市场的具体情况，有竞争形成、自发波动和自发调节的特点。

（2）两种模式的主要计价依据及其性质的不同。

1）工程定额计价模式的主要计价依据为国家、省、有关专业部门制定的各种定额，其性质为指导性，定额的项目划分一般按施工工序分项，每个分项工程项目所含的工程内容一般是单一的。

2）工程量清单计价模式的主要计价依据为"清单计价规范"和各专业工程"工程量计

算规范"，其性质是含有强制性条文的国家标准，清单的项目划分一般是按"综合实体"进行分项的，每个分项工程一般包含多项工程内容。

（3）编制工程量的主体不同。在定额计价方法中，建设工程的工程量由招标人和投标人分别按图计算。而在清单计价方法中，工程量由招标人统一计算或委托有关工程造价咨询资质单位统一计算，工程量清单是招标文件的重要组成部分，各投标人根据招标人提供的工程量清单，根据自身的技术装备、施工经验、企业成本、企业定额、管理水平自主填写单价和合价。

（4）单价与报价的组成不同。定额计价法的单价包括人工费、材料费、机械台班费，而清单计价方法采用综合单价形式，综合单价包括人工费、材料费、机械使用费、管理费、利润，并考虑风险因素。工程量清单计价法的报价除包括定额计价法的报价外，还包括预留金、材料设备、专业工程暂列金额和零星工作项目费等。

（5）适用阶段不同。从目前我国现状来看，工程定额主要用于在项目建设前期各阶段对于建设投资的预测和估计。在工程建设交易阶段，工程定额通常只能作为建设产品价格形成的辅助依据，而工程量清单计价依据主要适用于合同价格形成以及后续的合同价格管理阶段。

（6）合同价格的调整方式不同。定额计价方法形成的合同价格，其主要调整方式有变更签证、定额解释、政策性调整。

而工程量清单计价方法在一般情况下单价是相对固定的，减少了在合同实施过程中的调整活口。通常情况下，如果清单项目的数量没有增减，就能够保证合同价格基本没有调整，保证了其稳定性，也便于业主进行资金准备和筹划。

（7）工程量清单计价把施工措施性消耗单列并纳入了竞争的范畴。定额计价未区分施工实体性损耗和施工措施性损耗，而工程量清单计价把施工措施与工程实体项目进行分离，这项改革的意义在于突出了施工措施费用的市场竞争性。工程量清单计价规范的工程量计算规则的编制原则一般是以工程实体的净尺寸计算，也没有包含工程量合理损耗，这一特点也就是定额计价的工程量计算规则与工程量清单计价规范的工程量计算规则的本质区别。

第二章　通用安装工程工程量计算规范及相关定额计价

本章主要讲解《通用安装工程工程量计算规范》（GB 50856—2013）及取费。鉴于2015《通用安装工程消耗量定额》已经发布实施，所以定额计价方面的工程量计算介绍的是《通用安装工程消耗量定额》的内容，具体套用则使用现行套价软件进行计算。

第一节　通用安装工程工程量计算规范（GB 50856—2013）

一、总则

（1）为规范通用安装工程造价计量行为，统一通用安装工程工程量计算规则、工程量清单的编制方法，制定GB 50856—2013。

（2）GB 50856—2013适用于工业、民用、公共设施建设安装工程的计量和工程计量清单编制。

（3）通用安装工程计价，必须按GB 50856—2013规定的工程量计算规则进行工程计量。

（4）通用安装工程计量活动，除应遵守GB 50856—2013外，尚应符合国家现行有关标准的规定。

二、术语

1. 工程量计算

指建设工程项目以工程设计图纸、施工组织设计或施工方案及有关技术经济文件为依据，按照相关工程国家标准的计算规则、计量单位等规定，进行工程数量的计算活动，在工程建设中简称工程计量。

2. 安装工程

安装工程是指各种设备、装置的安装工程。

通常包括：工业、民用设备，电气、智能化控制设备，自动化控制仪表，通风空调，工业、消防、给排水、采暖燃气管道以及通信设备安装等。

三、工程计量

（1）工程量计算除依据GB 50856—2013各项规定外，尚应依据以下文件：

1）经审定通过的施工设计图纸及其说明；

2）经审定通过的施工组织设计或施工方案；

3）经审定通过的其他有关技术经济文件。

（2）工程实施过程中的计量应按照现行国家标准《建设工程工程量清单计价规范》GB 50500的相关规定执行。

（3）GB 50856—2013附录中有两个或两个以上计量单位的，应结合拟建工程项目的实际情况，确定其中一个为计量单位。同一工程项目的计量单位应一致。

（4）工程计量时每一项目汇总的有效位数应遵守下列规定：

1）以"t"为单位，应保留小数点后三位数字，第四位小数四舍五入；

2）以"m""m²""m³""kg"为单位，应保留小数点后两位数字，第三位小数四舍五入；

3）以"台""个""件""套""根""组""系统"等为单位，应取整数。

（5）GB 50856—2013 各项目仅列出了主要工作内容，除另有规定和说明外，应视为已经包括完成该项目所列或未列的全部工作内容。

（6）GB 50856—2013 电气设备安装工程适用于电气 10kV 以下的工程。

（7）GB 50856—2013 与现行国家标准《市政工程工程量计算规范》（GB 50857）相关内容在执行上的划分界线如下：

1）GB 50856—2013 电气设备安装工程与市政工程路灯工程的界定：厂区、住宅小区的道路路灯安装工程、庭院艺术喷泉等电气设备安装工程按通用安装工程"电气设备安装工程"相应项目执行；涉及市政道路、市政庭院等电气安装工程的项目，按市政工程中"路灯工程"的相应项目执行。

2）GB 50856—2013 工业管道与市政工程管网工程的界定：给水管道以厂区入口水表井为界；排水管道以厂区围墙外第一个污水井为界；热力和燃气以厂区入口第一个计量表（阀门）为界。

3）GB 50856—2013 给排水、采暖、燃气工程与市政工程管网工程的界定：室外给排水、采暖、燃气管道以市政管道碰头井为界；厂区、住宅小区的庭院喷灌及喷泉水设备安装按 GB 50856—2013 相应项目执行；公共庭院喷灌及喷泉水设备安装按现行国家标准《市政工程工程量计算规范》GB 50857 管网工程的相应项目执行。

（8）GB 50856—2013 涉及管沟、坑及井类的土方开挖、垫层、基础、砌筑、抹灰、地沟盖板预制安装、回填、运输、路面开挖及修复、管道支墩的项目，按现行国家标准《房屋建筑与装饰工程工程量计算规范》GB 50854 和《市政工程工程量计算规范》GB 50857 的相应项目执行。

四、工程量清单编制

（一）一般规定

（1）编制工程量清单应依据：

1）GB 50856—2013 和现行国家标准《建设工程工程量清单计价规范》GB 50500；

2）国家或省级、行业建设主管部门颁发的计价依据和办法；

3）建设工程设计文件；

4）与建设工程项目有关的标准、规范、技术资料；

5）拟定的招标文件；

6）施工现场情况、工程特点及常规施工方案；

7）其他相关资料。

（2）其他项目、规费和税金项目清单应按照现行国家标准《建设工程工程量清单计价规范》GB 50500 的相关规定编制。

（3）编制工程量清单出现附录中未包括的项目，编制人应做补充，并报省级或行业工程造价管理机构备案，省级或行业工程造价管理机构应汇总报住房和城乡建设部标准定额研究所。

补充项目的编码由本规范的代码 03 与 B 和三位阿拉伯数字组成，并应从 03B001 起顺序编制，同一招标工程的项目不得重码。

补充的工程量清单需附有补充项目的名称、项目特征、计量单位、工程量计算规则、工程内容。不能计量的措施项目，需附有补充的项目的名称、工作内容及包含范围。

（二）分部分项工程

（1）工程量清单应根据附录规定的项目编码、项目名称、项目特征、计量单位和工程量计算规则进行编制。

（2）工程量清单的项目编码，应采用十二位阿拉伯数字表示，一至九位应按附录的规定设置，十至十二位应根据拟建工程的工程量清单项目名称和项目特征设置，同一招标工程的项目编码不得有重码。

（3）工程量清单的项目名称应按附录的项目名称结合拟建工程的实际确定。

（4）工程量清单项目特征应按附录中规定的项目特征，结合拟建工程项目的实际予以描述。

（5）分部分项工程量清单中所列工程量应按 GB 50856—2013 对应的附录中规定的工程量计算规则计算。现行的计价程序也有说明，可以参考确定。例题项可供学习之用，本书不一一列举其工程量计算规则。

（6）分部分项工程量清单的计量单位应按如上述附录中规定的计量单位确定。

（7）项目安装高度若超过基本高度时，应在"项目特征"中描述。GB 50856—2013 安装工程各附录基本安装高度为：机械设备安装工程 10m；电气设备安装工程 5m；建筑智能化工程 5m；通风空调工程 6m；消防工程 5m；给排水、采暖、燃气工程 3.6m；刷油、防腐蚀、绝热工程 6m。

（三）措施项目

（1）措施项目中列出了项目编码、项目名称、项目特征、计量单位、工程量计算规则的项目，编制工程量清单时，应按照分部分项工程的规定执行。

（2）措施项目仅列出项目编码、项目名称，未列出项目特征、计量单位和工程量计算规则的项目，编制工程量清单时，应按下节措施项目规定的项目编码、项目名称确定。

五、措施项目

（一）专业措施项目

（1）项目编码 031301009；项目名称；特殊地区施工增加；工作内容及包含范围（高原、高寒施工防护；地震防护）。

（2）031301010 安装与生产同时进行施工增加：①火灾防护；②噪声防护。

（3）031301011 在有害身体健康环境中施工增加：①有害化合物防护；②粉尘防护；③有害气体防护；④高浓度氧气防护。

（4）031301013 设备、管道施工的安全、防冻和焊接保护：保证工程施工正常进行的防冻和焊接保护。

（5）031301017 脚手架搭拆：①场内、场外材料搬运；②搭、拆脚手架；③拆除脚手架后材料的堆放。脚手架按各附录分别列项。

（6）031301018 其他措施：为保证工程施工正常进行所发生的费用。

（二）安全文明施工及其他措施项目

1. 031302001 安全文明施工

（1）环境保护。现场施工机械设备降低噪声、防扰民措施；水泥和其他易飞扬细颗粒建筑材料密闭存放或采取覆盖措施等；工程防扬尘洒水；土石方、建渣外运车辆保护措施等；现场污染源的控制、生活垃圾清理外运、场地排水排污措施；其他环境保护措施。

（2）文明施工。"五牌一图"；现场围挡的墙面美化（包括内外粉刷、刷白、标语等）、压顶装饰；现场厕所便槽刷白、贴面砖，水泥砂浆地面或地砖，建筑物内临时便溺设施；其他施工现场临时设施的装饰装修、美化措施；现场生活卫生设施；符合卫生要求的饮水设备、淋浴、消毒等设施；生活用洁净燃料；防煤气中毒、防蚊虫叮咬等措施；施工现场操作场地的硬化；现场绿化、治安综合治理；现场配备医药保健器材、物品费用和急救人员培训；用于现场工人的防暑降温、电风扇、空调等设备及用电；其他文明施工措施。

（3）安全施工。安全资料、特殊作业专项方案的编制，安全施工标志的购置及安全宣传；"三宝"（安全帽、安全带、安全网）、"四口"（楼梯口、电梯井口、通道口、预留洞口）、"五临边"（阳台围边、楼板围边、屋面围边、槽坑围边、卸料平台两侧）、水平防护架、垂直防护架、外架封闭等防护措施；施工安全用电，包括配电箱三级配电、两级保护装置要求、外电防护措施；起重机、塔吊等起重设备（含井架、门架）及外用电梯的安全防护措施（含警示标志）及卸料平台的临边防护、层间安全门、防护棚等设施；建筑工地起重机械的检验检测；施工机具防护棚及其围栏的安全保护设施；施工安全防护通道；工人的安全防护用品、用具购置；消防设施与消防器材的配置；电气保护、安全照明设施；其他安全防护措施。

（4）临时设施。施工现场采用彩色、定型钢板，砖、混凝土砌块等围挡的安砌、维修、拆除；施工现场临时建筑物、构筑物的搭设、维修、拆除，如临时宿舍、办公室、食堂、厨房、厕所、诊疗所、临时文化福利用房、临时仓库、加工场、搅拌台、临时简易水塔、水池等；施工现场临时设施的搭设、维修、拆除，如临时供水管道、临时供电管线、小型临时设施等；施工现场规定范围内临时简易道路铺设，临时排水沟、排水设施安砌、维修、拆除；其他临时设施的搭设、维修、拆除。

2. 031302002 夜间施工增加

夜间固定照明灯具和临时可移动照明灯具的设置、拆除；夜间施工时，施工现场交通标志、安全标牌、警示灯等的设置、移动、拆除；夜间照明设备及照明用电、施工人员夜班补助、夜间施工劳动效率降低等。

3. 031302003 非夜间施工增加

为保证工程施工正常进行，在地下（暗）室、设备及大口径管道内等特殊施工部位施工时所采用的照明设备的安拆、维护及照明用电、通风等；在地下（暗）室等施工引起的人工工效降低以及由于人工工效降低引起的机械降效。

4. 031302004 二次搬运

由于施工场地条件限制而发生的材料、成品、半成品等一次运输不能到达堆放地点，必须进行二次或多次搬运。

5. 031302005 冬雨季施工增加

（1）冬雨（风）季施工时增加的临时设施（防寒保温、防雨、防风设施）的搭设、拆除。

（2）冬雨（风）季施工时，对砌体、混凝土等采用的特殊加温、保温和养护措施。冬雨（风）季施工时，施工现场的防滑处理、对影响施工的雨雪的清除。

（3）冬雨（风）季施工时增加的临时设施、施工人员的劳动保护用品、冬雨（风）季施工劳动效率降低等。

6. 031302006 已完工程及设备保护

对已完工程及设备采取的覆盖、包裹、封闭、隔离等必要保护措施。

7. 031302007 高层施工增加

（1）高层施工引起的人工工效降低以及由于人工工效降低引起的机械降效。

（2）通信联络设备的使用。

第二节　GB 50856—2013 条文说明

一、制定说明

《通用安装工程工程量计算规范》（GB 50856—2013），经住房和城乡建设部 2012 年 12 月 25 日以第 1569 号公告批准发布。

GB 50856—2013 制订过程中，编制组对《建设工程工程量清单计价规范》（GB 50500—2008）附录 C 进行了调查研究，认真总结了我国推行工程量清单计价，实施《建设工程工程量清单计价规范》（GB 50500—2008）的实践经验，同时参考了国外先进技术法规、技术标准，广泛征求了设计、科研、管理等单位的意见，在充分吸收和采纳历次审查会意见的基础上，通过反复讨论、修改和完善，最后经住房和城乡建设部专家审定，编制完成。

为便于广大设计、施工、科研、学校等单位有关人员在使用 GB 50856—2013 时能正确理解和执行条文规定，《通用安装工程工程量计算规范》编制组按章、节、条顺序编制了 GB 50856—2013 的条文说明，对条文规定的目的、依据以及执行中需要注意的有关事项进行了说明，还着重对强制性条文的强制性理由做了解释。但是，条文说明不具备与标准正文同等的法律效力，仅供使用者作为理解和把握标准规定的参考。

二、总则

（1）阐述了制定 GB 50856—2013 的目的和意义。

（2）说明了 GB 50856—2013 的适用范围：只适用于通用安装工程施工发承包计价活动中的"工程量清单编制和工程量计算"。

（3）为强制性条文，无论是国有资金投资还是非国有资金投资的工程建设项目，其工程计量必须执行 GB 50856—2013。

（4）GB 50856—2013 的条款是建设工程计量活动中应遵守的专业性条款，在工程计量活动中，除应遵守 GB 50856—2013 外，还应遵守国家现行有关标准的规定。

三、工程计量

（1）规定了工程量计算的依据。

（2）规定了工程计量时，每一项目汇总工程量的有效位数。

（3）说明如下：

1）GB 50856—2013 对项目的工作内容进行了规定，除另有规定和说明外，应视为已经包括完成该项目的全部工作内容，未列内容或未发生的内容，不应另行计算。

2）GB 50856—2013 附录工作内容列出了主要施工内容，施工过程中必然发生的机械移动、材料运输等辅助内容虽然未列出，也应包括。

3）GB 50856—2013 以成品考虑的项目，如采用现场制作的，应包括制作的工作内容。

（4）规定了 GB 50856—2013 与现行国家标准《市政工程工程量计算规范》GB 50857 相关内容在执行上的划分界线。

（5）规定了 GB 50856—2013 与现行国家标准《房屋建筑与装饰工程工程量计算规范》GB 50854 和《市政工程工程量计算规范》GB 50857 在执行上的界线范围和划分，以便正确执行规范。

四、工程量清单编制

（一）一般规定

（1）规定了工程量清单的编制依据。

（2）规定了其他项目、规费和税金项目清单应按照现行国家标准《建设工程工程量清单计价规范》GB 50500 的相关规定编制。其他项目清单包括暂列金额、暂估价、计日工、总承包服务费；规费项目清单包括社会保险费、住房公积金、工程排污费；税金项目清单包括营业税、城市维护建设税、教育费附加、地方教育附加。

（3）随着工程建设中新材料、新技术、新工艺等的不断涌现，GB 50856—2013 附录所列的工程量清单项目不可能包含所有项目。在编制工程量清单时，当出现 GB 50856—2013 附录中未包括的清单项目时，编制人应做补充。

在编制补充项目时应注意以下三个方面：

1）补充项目的编码应按 GB 50856—2013 的规定确定。具体做法如下：补充项目的编码由 GB 50856—2013 的代码 03 与 B 和三位阿拉伯数字组成，并应从 03B001 起顺序编制，同一招标工程的项目不得重码。

2）在工程量清单中应附补充项目的项目名称、项目特征、计量单位、工程量计算规则和工作内容。

3）将编制的补充项目报省级或行业工程造价管理机构备案。

（二）分部分项工程

为强制性条文：

（1）规定了构成一个分部分项工程量清单的五个要件——项目编码、项目名称、项目特征、计量单位和工程量，这五个要件在分部分项工程量清单的组成中缺一不可。

（2）规定了工程量清单编码的表示方式：十二位阿拉伯数字及其设置规定。

各位数字的含义是：一、二位为专业工程代码（01——房屋建筑与装饰工程；02——仿古建筑工程；03——通用安装工程；04——市政工程；05——园林绿化工程；06——矿山工程；07——构筑物工程；08——城市轨道交通工程；09——爆破工程。以后进入国标的专业工程代码以此类推）；三、四位为附录分类顺序码；五、六位为分部工程顺序码；七、八、九位为分项工程项目名称顺序码；十至十二位为清单项目名称顺序码。

当同一标段（或合同段）的一份工程量清单中含有多个单位工程且工程量清单是以单位工程为编制对象时，在编制工程量清单时应特别注意对项目编码十至十二位的设置不得有重码的规定。例如一个标段（或合同段）的工程量清单中含有三个单位工程，每一单位工程中都有项目特征相同的电梯，在工程量清单中又需反映三个不同单位工程的电梯工程量时，则第一个单位工程的电梯的项目编码应为 030107001001，第二个单位工程的电梯的项目编码应为 030107001002，第三个单位工程的电梯的项目编码应为 030107001003，并分别列出各单位工程电梯的工程量。

（3）分部分项工程工程量清单项目的名称应按附录中的项目名称，结合拟建工程的实际确定。

（4）工程量清单的项目特征是确定一个清单项目综合单价不可缺少的重要依据，在编制工程量清单时，必须对项目特征进行准确和全面的描述。但有些项目特征用文字往往难以准确和全面地描述清楚。因此，为达到规范、简洁、准确、全面描述项目特征的要求，在描述工程量清单项目特征时应按以下原则进行：

1）项目特征描述的内容应按附录中的规定，结合拟建工程的实际，能满足确定综合单价的需要。

2）若采用标准图集或施工图纸能够全部或部分满足项目特征描述的要求，项目特征描述可直接采用详见××图集或××图号的方式；对不能满足项目特征描述要求的部分，仍应用文字描述。

（5）工程计量中工程量应按 GB 50856—2013 附录中规定的工程量计算规则计算。

（6）工程量清单的计量单位应按附录中规定的计量单位确定。

五、措施项目

（1）为强制性条文，规定的措施项目也同分部分项工程一样，编制工程量清单必须列出项目编码、项目名称、项目特征、计量单位。同时明确了措施项目的计量，项目编码、项目名称、项目特征、计量单位、工程量计算规则，按本规范有关规定执行。

（2）针对 GB 50856—2013 仅列出项目编码、项目名称，但未列出项目特征、计量单位和工程量计算规则的措施项目，编制工程量清单时，应按 GB 50856—2013 规定的项目编码、项目名称确定清单项目。

第三节　定额计价相关知识

一、安装工程取费程序

由于清单报价目前仍然借助定额计价，因此相关的定额计价取费程序仍是应该掌握的基础知识。清单为综合单价，定额为工料机合计后再计算管理费，总价来说是没有区别的，单价的计算有区别 。有关于定额计价的很多编制等详细知识，本书不再多述。目前仍在使用的安装工程取费程序见表 2-1。

表 2-1　　　　　　　　　　目前仍在使用的安装工程取费程序

项目名称	取费内容	费率	金额
一、直接费			
（一）直接工程费	Σ（人工费＋材料费＋机械费）		
直接工程费（省）			
其中：人工费 R_1			
（二）措施费	1＋2＋3＋4		

续表

项目名称	取费内容	费率	金额
1. 定额规定计取的措施费			
2. 参考发布费率计取的措施费	$R_1 \times$ 相应费率		
夜间施工增加费		2.44%	
二次搬运费		2.03%	
冬雨季施工增加费		2.68%	
已完工程及设备保护费		1.18%	
3. 按施工组织设计计取的措施费			
4. 总承包服务费			
人工费 R_2（省）			
人工费 R_2			
二、企业管理费	$(R_1 + R_2) \times$ 管理费费率	40.94%	
三、利润	$(R_1 + R_2) \times$ 利润率	23%	
人材机差价			
规费前合计			
四、规费			
安全文明施工费			
环境保护费		0.29%	
文明施工费		0.59%	
临时设施费		1.76%	
安全施工费		2.37%	
工程排污费		0.30%	
住房公积金	按有关规定计算	3.80%	
危险作业意外伤害保险		0.12%	
社会保障费		1.52%	
五、税金		11%	
扣除甲供			
不取费项目合计			
设备费			
工程总造价			

注 表中具体取值仅供参考，其变化较大，且有些对于清单来说可以不取。

二、设备安装工程类别划分

（一）Ⅰ类工程

（1）台重大于或等于 35t 各类机械设备；精密数控（程控）机床；自动、半自动生产工艺装置；配套功率大于或等于 1500kW 的压缩机（组）、风机、泵类设备；国外引进成套生产装置的安装工程。

（2）主钩起重量桥式大于或等于 50t、门式大于或等于 20t 起重设备及相应轨道；运行速度大于或等于 1.5m/s 自动快速、高速电梯；宽度大于或等于 1000mm 或输出长度大于或等于 100m 或斜度大于或等于 10 度的胶带输送机安装。

（3）容量大于或等于 1000kVA 变配电装置；电压大于或等于 6kV 架空线路及电缆敷设工程；全面积防爆电气工程。

（4）中压锅炉和汽轮发电机组、各型散装锅炉设备及其配套工程的安装工程。

（5）金属重量大于或等于 50t 工业炉；炉膛内径大于或等于 2000mm 煤气发生炉及附属设备；乙炔发生设备及制氧设备安装。

（6）各类压力容器、塔器等制作、组对、安装；台重大于或等于 40t 各类静置设备安装；电解槽、电除雾、电除尘及污水处理设备安装。

（7）容量大于或等于 5000m³ 金属储罐、容量大于或等于 1000m³ 气柜制作安装；球罐组装；总重大于 50t 或高度大于 60m 的火炬塔制作安装。

（8）制冷量大于或等于 4.2MW 制冷站、供热量大于或等于 7MW 换热站安装工程。

（9）工业生产微机控制自动化装置及仪表安装、调试。

（10）中、高压或有毒、易燃、易爆工作介质或探伤要求的工艺管网（线）；试验压力大于或等于 1.0MPa 或管径大于或等于 500mm 的铸铁给水管网（线）；管径大于或等于 800mm 的排水管网（线）。

（11）附属于上述工程各种设备及其相关的管道、电气、仪表、金属结构及其刷油、绝热、防腐蚀工程。

（12）净化、超净、恒温、横湿通风空调系统；作用建筑面积大于或等于 10000m² 民用工程集中空调（含防排烟）系统安装。

（13）作用建筑面积大于或等于 5000m² 的自动灭火消防系统；智能化建筑物中的弱电安装工程。

（14）专业用灯光、音箱系统。

（二）Ⅱ类工程

（1）台重小于 35t 各类机械设备；配套功率小于 1500kW 的压缩机（组）、风机、泵类设备；引进主要设备的安装工程。

（2）主钩起重量大于或等于 5t 桥式、门式、梁式、壁行及旋臂起重机及其轨道安装；运行速度小于 1.5m/s 自动、半自动电梯；自动扶梯、自动步行道；Ⅰ类工程以外其他输送设备安装。

（3）容量小于 1000kVA 变配电装置；电压小于 6kV 架空线路及电缆敷设；工业厂房及厂区照明工程。

（4）蒸发量大于或等于 4t/h 各型快装（含整装燃油、气）、组装锅炉及其配套工程。

（5）各类常压容器及工艺金属结构制作、安装；台重小于 40t 各类静置设备安装。

（6）Ⅰ类工程以外的工业炉设备安装。

（7）Ⅰ类工程以外金属储罐、气柜、火炬塔架等制作安装。

（8）Ⅰ类工程以外制冷站、换热站安装工程。

（9）未有探伤要求的工艺管网（线）；试验压力小于 1.0MPa 的铸铁给水管网（线）；管径小于 800mm 的排水管网。

（10）附属于上述工程各种设备及其相关的管道、电气、仪表、金属结构及其刷油、绝热、防腐蚀工程。

（11）工业厂房除尘、排毒、排烟、通风和分散式（局部）空调系统，作用建筑面积小于 10000㎡民用工程集中空调（含防排烟）系统安装。

（12）作用建筑面积小于 5000㎡ 的自动灭火消防系统；非智能化建筑物中的弱电安装工程。

（13）Ⅰ类、Ⅱ类民用建筑工程中及其室外配套的低压供电、照明、防雷接地、采暖、给排水、卫生、消防（消防栓系统）、燃气系统安装。

（三）Ⅲ类工程

（1）台重小于或等于 5t 各类机械设备；配套功率小于 300kW 的压缩机（组）、风机、泵类设备；Ⅰ类、Ⅱ类工程以外的梁式、壁行式旋臂起重机及其轨道；各型电动葫芦、单轨小车及轨道安装；小型杂物电梯安装。

（2）蒸发量小于 4t/h 各型快装（含整装燃油、气）、组装锅炉及其配套工程。

（3）台重小于或等于 5t 各类静置设备安装。

（4）Ⅲ类民用建筑工程中及其室外配套的低压供电、照明、防雷接地、采暖、给排水、卫生、消防（消防栓系统）、燃气系统安装。

（5）Ⅰ类、Ⅱ类以外的其他安装工程。

（四）工程类别划分标准中的两划分

三、建筑工程工程类别划分

建筑工程工程类别划分标准见表 2-2。

表 2-2　　　　　　　　　　　建筑工程类别划分标准

工程名称			单位	工程类别		
				一类	二类	三类（小于等于）
工业建筑工程	钢结构		跨度 建筑面积	m ㎡	＞30 ＞16 000	＞18 ＞10 000	＜18 ＜10 000
	其他结构	单层	跨度 建筑面积	m ㎡	＞24 ＞10 000	＞18 ＞6000	＜18 ＜6000
		双层	檐高 建筑面积	m ㎡	＞50 ＞10 000	＞30 ＞6000	＜30 ＜6000
民用建筑工程	民用建筑	砖混结构	檐高 建筑面积	m ㎡	— —	30＜檐高＜50 6000＜面积 ＜10 000	＜30 ＜6000
		其他结构	檐高 建筑面积	m ㎡	＞60 ＞12 000	＞30 ＞8000	＜30 ＜8000
	居住建筑	砖混结构	层数 建筑面积	层 ㎡	12层以上 12 000㎡以上	8＜层数＜12 8000＜面积 ＜12 000	＜8 ＜8000
		其他结构	层数 建筑面积	层 ㎡	＞18 ＞12 000	＞8 ＞8000	＜8 ＜8000

续表

工程名称			单位	工程类别		
				一类	二类	三类（小于等于）
构筑物工程	烟囱	混凝土结构高度	m	＞100	＞60	＜60
		砖结构高度	m	＞60	＞40	＜40
	水塔	高度	m	＞60	＞40	＜40
		容积	m³	＞100	＞60	＜60
	筒仓	高度	m	＞35	＞20	＜20
		容积（单体）	m³	＞2500	＞1500	＜1500
	储池	容积（单体）	m³	＞3000	＞1500	＜1500
单独土石方工程		单独挖、填土石方	m³	＞15 000	＞10 000	5000＜体积＜10 000
桩基础工程		桩长	m	＞30	＞12	＜12

第三章 电气设备安装工程

《通用安装工程工程量计算规范》（GB 50856—2013）关于电气设备安装工程清单项目共设置 8 个表格，详细列举了项目编码、项目名称、项目特征、计量单位、工程量计算规则、工作内容，并带有标注、相关问题及说明。目前清单编制、清单计价以及清单结算均通过计算机程序完成，甚至工程量计算也是通过计量程序完成的。因此，电气设备安装工程基本知识和《通用安装工程消耗量定额》（编号为 TY02-31-2015）的基本消耗量定额成为掌握好清单编制、清单计价以及清单结算的基础。

清单最大的特点是单项工程安装内容的完整性，比如 D.11 配管配线 030411001 配管，工作内容包括了电线管路敷设、钢索架设（拉紧装置安装）、预留地槽和接地四个方面，就最终分解到的单项来说，计算规则和定额主项没什么区别：按设计图示尺寸以长度计算，单位为 m；但是分项还是有区别的，基本上按各自的对应定额消耗量分别计算。

第一节 工 程 简 介

工业与民用建设项目中的电气工程包括的主要内容是变配电设备，电机及动力、照明控制设备，母线、电缆，配管配线，照明器具，起重设备、电梯电气装置及防雷接地装置和 10kV 以下架空线路、附属工程以及电气调整等工程。

一、变配电设备

（一）设备介绍

变配电设备是用来变换电压和分配电能的电气装置。它由变压器、高低压开关设备、保护电器、测量仪表、母线、蓄电池、整流器等组成。变配电设备分室内室外两种。

1. 变压器

变压器是变电所（站）的主要设备，它的作用是变换电压，将电网的电压经变压器降压或升压，以满足各用电设备的需要。

变压器按用途可分为两类：一类是电力变压器（包括箱式变电站），如城乡工矿变电所用的降压变压器、带调压的变压器、发电厂用的升压变压器等；另一类是特种变压器，即专用变压器，如电炉变压器、试验变压器、自耦变压器等。

2. 互感器

互感器是一种特种变压器，专供测量仪表和继电保护配用。仪表配用互感器的目的有两点：一是使测量仪表与被测量的高压电路隔离，以保证安全；二是扩大仪表的量程。

互感器按用途不同，分为电压互感器和电流互感器两种。

3. 开关设备

开关设备是电力系统中重要的控制电器，随着电压等级和使用要求不同，产品种类、型号系列众多。常用的开关设备有高压断路器、隔离开关、负荷开关三大类。

4. 操作机构

操作机构是高压开关设备中不可缺少的配套装置。按其操作形式及安装要求，分电磁或电动操作机构、弹簧储能操作机构、手动操作机构等。

5. 熔断器

高压熔断器一般用于 35kV 以下高压系统中，保护电压互感器和小容量电气设备，是串接在电路中最简单的一种保护电器。常用的高压熔断器有 RN1、RN2 型户内高压熔断器和 RW4 型高压户外跌落式熔断器。

6. 避雷器

避雷器是用来防护雷电产生的大气过电压（即高电位）沿线路侵入变电所或其他建筑物危害设备的绝缘。它并接于被保护的设备线路上，当出现过电压时，它就对地放电，从而保护了设备绝缘。避雷器的形式有阀式避雷器和管式避雷器等系列。阀式避雷器常用于保护变压器，所以常装在变配电所的母线上；管式避雷器通常用于保护变电所进线端。

7. 高压开关柜

高压开关柜通常在 3～10kV 变（配）电所作为接受与分配电能或控制高压电机用。目前生产的高压开关柜有手动式、活动式和固定式三种类型。

8. 低压配电屏（柜）

低压配电屏广泛用于发电厂、变（配）电所及工矿企业中，作为电压 500V 以下，三相三线或三相四线制系统的户内动力及照明配电使用。目前低压配电屏产品按结构形式分，有离墙式、靠墙式和抽屉式三种类型。

9. 静电电容器

电容器柜（屏）是用于工矿企业变电所和车间电力设备较集中的地方，作为减少电能损失，改善电力系统功率因数的专用设备。常用的电容柜有 GR-1 型高压静电电容器柜及 BJ-1 型、BJ（F）-3 型、BSJ-0.4 型、BSJ-1 型等系列低压静电电容器柜。

10. 电容器

电容器也称电力电容器，主要用于提高工频电力系统的功率因数，可以装于电容器柜内成套使用，也可以单独组装使用。通常用于 10kV 以下电力系统作为改善和提高功率因数的电容器，主要有移相电容器和串联电容器。

11. 穿墙套管

高压穿墙套管适用于 35kV 以下电站、变电所配电装置及电气设备中，供导线穿过建筑物墙板或电气设备箱壳作导电部分与地绝缘及支持之用；500V 以下的低压导线穿过墙板或箱体等情况时，用过墙绝缘板等方法。穿墙套管分户内型和户外型两类，目前也有生产厂家生产户内、户外通用型的穿墙套管，简化了品种，提高了通用性。

12. 高压支持绝缘子

高压支持绝缘子在电站、变电所配电装置及电气设备中，供导电部分绝缘和固定之用。它不属于电气设备。支持绝缘子品种系列，按结构分为 A 型、B 型，即为实心结构（不击穿式）、薄壁结构（可击穿式）；按绝缘子外表形状分普通型（少棱）和多棱形两种。

（二）变配电设备的安装方法及要求

1. 室内变电所变压器安装

（1）变压器安装在变压器基础上。图 3-1 所示为两条带形基础。在基础顶上预埋铁件

（由扁钢与钢筋焊接而成），适合于带有滚轮的变压器用。

（2）变压器安装在地面楼板上。如图 3-2 所示为没有埋设地下的基础，而是距地面 +950mm 的标高处设置两根钢筋混凝土梁，在梁上预埋铁件，再与梁相平行的安置钢筋混凝土楼板，变压器即安装在地面楼板的梁上。

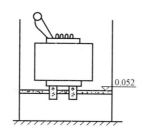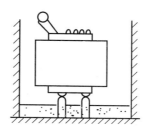

图 3-1　变压器安装在基础上　　　图 3-2　变压器安装在地面楼板上

变压器中性点及外壳以及金属支架都必须可靠接地。

2. 露天变电所

变压器、避雷器、熔断器均安在室外，其他测量仪表、开关柜等均安在室内。

安装方式如图 3-3 所示。变压器安装在室外的混凝土基础上，变压器的一面靠近室内外墙，其距离约为 1.5m，其他三面均用 1.7m 的围墙保护。

3. 柱上变电站

图 3-4 所示为柱上变电站，凡 320kVA 以下变压器大多用变压器台，变压器台可根据变压器容量的大小选用单杆台、双杆台、三杆台等。

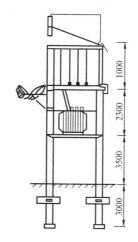

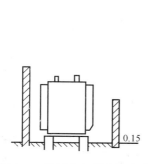
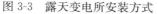

图 3-3　露天变电所安装方式　　　图 3-4　柱上变电站安装方式

变压器安装在离地高度为 2.5m 的变压器台架上（台架用槽钢制作）。变压器外壳、变压器中性点及避雷器三者合用一组接地引下线及接地装置，要求变压器台所有金属构建均应作防腐处理。

4. 阀式避雷器在墙上支架上的安装

如图 3-5 所示，阀式避雷器一般都是 3 个为一组安装于一个支架上，支架按国标图制作。

5. 避雷器在电杆横担上的安装

是指柱上变电站安装的避雷器，所用横担一般为 L63×6 的角钢，长为 1.6m，双根组成。

阀式避雷器应垂直安装；管式避雷器可倾斜安装，其余水平所组成的角度应为 15°～20°，在多尘地区应尽可能增加此倾斜角度。

6. 低压避雷器在变压器上的安装

如图 3-6 所示，低压避雷器安装在变压器低压出线接线图上，每一台变压器安装三个低压避雷器。

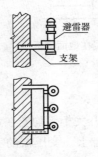

图 3-5 阀式避雷器在墙上
支架上安装

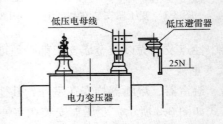

图 3-6 低压避雷器在
变压器上安装

7. 零序电流互感器在变压器上的安装

如图 3-7 所示，零序电流互感器一端安装在低压母线瓷柱上，另一端接至低压中性母线。

钢板支架开孔数量、位置、尺寸在安装时应根据变压器盖上的螺栓孔决定。

8. 高压开关柜在地坪上的安装

如图 3-8 所示，钢底板在土建施工时预先埋入，安装时先将底槽钢（[8）与钢底板焊接，底槽钢表面保持平整，然后将高压开关柜与底座槽钢焊接之扁钢用螺栓固定。

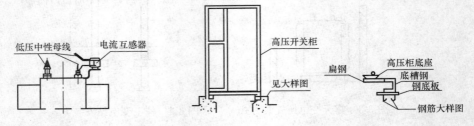

图 3-7 零序电流互感器在变压器上安装　　图 3-8 高压开关柜在地坪上安装

二、电机及动力、照明控制设备

电气控制是指安装在控制室、车间的动力配电控制设备，主要有控制盘、箱、柜、动力配电箱以及各类开关、起动器、测量仪表、继电器等。这些设备主要作用是对用电设备起停电、送电、保证安全生产。电动机安装包括在设备安装中，这里仅指电机检查接线及调试。

　　动力工程中常用的设备属于低压电器设备，有十多类，每一型号代表一种类型的产品，但可以包括该产品的派生系列。

　　类组代号与设计代号的组合，表示产品的系列，如 CJ10 表示接触器第 10 个系列。

三、电缆

　　电缆按绝缘可分为纸绝缘电缆、塑料绝缘电缆和橡皮绝缘电缆；按导电材料可分为铜芯电缆、铝芯电缆、铁芯电缆、光缆等；按敷设方式可分为直埋电缆、不可直埋电缆；按用途可分为电力电缆、控制电缆和通信电缆；按电压可分为 500V、1kV、6kV、10kV，最高电压可达到 110、220、330kV 等。

　　由于电缆具有绝缘性能好，耐拉、耐压力强，敷设及维护方便，占位置小等优点，多用于厂内的动力、照明、控制、通信等。电缆的敷设方式，一般采取埋地敷设、穿导管敷设、沿支架敷设、沿钢索敷设、沿槽架敷设等多种。

　　只有麻被钢带铠装电缆或塑料外皮内钢带电缆才能直接埋在地中。低压电缆绝对不可代替高压电缆；高压电缆代替低压电缆是不经济的，所以也不采用。有时施工现场将不合格的高压电缆代替低压电缆，这时须相应减少允许通过的电流。

　　电缆型号表示形式如下：

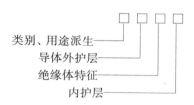

　　常用电缆型号各部分的代号及含意见表 3-1。

表 3-1　　　　　　　　　　常用电缆型号各部分的代号及含义

类别用途	绝缘	内护层	特征	外护层	派生
N—农用电缆	V—聚氯乙烯	H—橡皮	CY—充油	0—相应的裸外护层	1—第一种
V—塑料电缆	X—橡皮	HF—非燃橡套	D—不滴流	1——级防腐	2—第二种
X—橡皮绝缘电缆	XD—丁基橡皮	L—铝包	F—分相互套	1—麻被护套	110～110kV
YJ—交联聚氯乙烯塑料电缆	Y—聚乙烯塑料	Q—铅包	P—贫油、干绝缘	2—二级防腐	120～120kV
Z—纸绝缘电缆		Y—塑料护套	P—屏蔽	2—钢带铠装麻被	150～150kV
G—高压电缆			Z—直流	3—单层细钢丝铠装麻被	03—拉断力 0.3t
K—控制电缆			C—滤尘器用	4—双层细钢丝麻被	1—拉断力 1t
P—信号电缆			C—重型	5—单层粗钢丝麻被	TH—湿热带
V—矿用电缆			D—电子显微镜	6—双层粗钢丝麻被	
VC—采掘机用电缆			G—高压	9—内铠装	
VZ—电钻电缆			H—电焊机用	29—内钢带铠装	
VN—泥炭工业用电缆			J—交流	20—裸钢带铠装	
W—地球物理工作用电缆			Z—直流	30—细钢丝铠装	

续表

类别用途	绝缘	内护层	特征	外护层	派生
WB—油泵电缆			CQ—充气	22—铠装加固电缆	
WC—海上探测电缆			YQ—压气	25—粗钢丝铠装	
WE—野外探测电缆			YY—压油	11——级防腐	
X-D—单焦点 X 光电缆				12—钢带铠装一级防腐	
X-E—双焦点 X 光电缆				120—钢带铠装一级防腐	
H—电子轰击炉用电缆				13—细钢丝铠装一级防腐	
J—静电喷漆用电缆				15—细钢丝铠装一级防腐	
Y—移动电缆				130—裸细钢丝铠装一级防腐	
SY—摄影等用电缆				23—细钢丝铠装二级防腐	
				59—内粗钢丝铠装	

注　L—铝，T—铜（略）。

下面简单介绍一下电力电缆和控制电缆。

电力电缆是用来输送和分配大功能电能的。根据电压等级高低、所采用绝缘材料和外护层或铠装不同，电力电缆有多种系列产品，如 VLV、VV 系列聚氯乙烯绝缘聚氯乙烯护套电力电缆，YJLV、YJV 系列交联聚氯乙烯绝缘聚氯乙烯护套电力电缆，ZLQ、ZQ 系列油浸纸绝缘电力电缆，ZLL、ZL 系列油浸纸绝缘铝包电力电缆。一般来说，电力电缆多数是铝芯的。

由于聚氯乙烯绝缘电缆的生产工艺和施工工艺要比油浸纸绝缘电缆简单，且没有铅包或铝包，可节约很多有色金属，所以目前多采用聚氯乙烯绝缘电缆。

控制电缆是供交流 500V 或直流 1000V 及以下配电装置中仪表、电器、继电保护、电路控制之用，也可供连接电路信号，作为信号电缆用。

常用的控制电缆有 KLVV、K 系列聚氯乙烯绝缘聚氯乙烯护套控制电缆和 KXV 系列橡皮绝缘聚氯乙烯护套控制电缆。通常，控制电缆必须是铜芯的。

四、配管配线

（一）管、线简介

配管配线是指由配电箱接到用电器的供电和控制线路的安装，分明配和暗配两种。导线沿墙壁、天花板、梁、柱等明敷称为明配线；导线在顶棚内，用瓷夹或绝缘子配线称为暗配线。明配管是指将管子固定在墙壁、天花板、梁、柱、钢结构、支架等敷设；暗配管是指配合土建施工，将管子预埋在墙壁、楼板或天棚内。暗配管可以不破坏建筑物，增加美观，耐水，防潮，使用寿命长，但施工麻烦，配合土建施工周期长，不易维修。

根据线路用途和供电安全的要求，配线工程常用的敷设方式有管内穿线、瓷夹板配线、塑料夹板配线、绝缘子配线、槽板配线、塑料护套配线、线槽配线、车间带型母线等。配管工程分为明配、暗配、吊顶内、钢结构支架、钢索配管、埋地敷设、水下敷设、砌筑沟内敷设等。

　　配管按材质不同分类，有电线管、钢管、防爆管、塑料管、软管、波纹管等。配线的各种绝缘导线又有铜芯和铝芯之分。常用绝缘电线的型号、品种见表3-2。

表 3-2　　　　　　　　　　　　**常见绝缘电线型号、品种**

类别	型号	名称
聚氯乙烯塑料绝缘电线 （JB666-71）	BV	铜芯聚氯乙烯绝缘电线
	BLV	铝芯聚氯乙烯绝缘电线
	BVV	铜芯聚氯乙烯绝缘聚氯乙烯护套电线
	BLVV	铝芯聚氯乙烯绝缘聚氯乙烯护套电线
	BVR	铜芯聚氯乙烯绝缘软线
	BLVR	铝芯聚氯乙烯绝缘软线
	RVB	铜芯聚氯乙烯绝缘平行软线
	RVS	铜芯聚氯乙烯绝缘绞形软线
	RVZ	铜芯聚氯乙烯绝缘聚氯乙烯护套软线
橡皮绝缘电线 （JB665-65） （JB870-66）	BX	铜芯橡皮线
	BLX	铝芯橡皮线
	BBX	铜芯玻璃丝织橡皮线
	BBLX	铝芯玻璃丝织橡皮线
	BXR	铜芯橡皮软线
	BXS	棉纱织双绞软线
丁腈聚氯乙烯复合物绝缘软线 （JB1170-71）	RFS	复合物绞形软线
	RFB	复合物平形软线

　　管内穿线比配线具有以下优点：电线完全受到保护管的保护，不容易受到损伤；由于年久电线绝缘老化及混线而发生的火灾较少；管路接地可靠，当电线发生短路、断路、接地等情况时，也没有触电危险；能防水、防潮、防腐蚀；容易更换导线等。

　　（二）配管配线安装方法及要求

　　1. 钢管、电线管敷设

　　由于管路敷设部位、结构的不同，施工方法也有所不同。

　　沿建筑物表面敷设时，就要预埋或剔注木砖，利用管卡子把管子卡固在木砖上；也可在结构内预埋铁件，把支架焊在预埋件上，把管子卡固在支架上；支架的安装，有条件时也可采用胀管螺栓或射钉，也可采取剔注。沿混凝土预制梁明敷时，需要采用特别的支架，把支架用螺栓固定在梁上，管路卡固在支架上。沿钢索明敷时，需采用特制的吊卡，把管路吊卡在钢索上。吊顶内配管，按照明配管的做法，把管路和接线盒卡固在龙骨上或支架上。

　　总之，管路敷设的施工做法多种多样，施工图册和国标图集中，有大量规定做法和图样。

　　GB 50300—2015 中对钢管和电线管敷设，主要有以下规定：

　　（1）管路超过下列长度时中间应加装接线盒：每超过45m无弯曲时；每超过30m，有一个弯时；每超过20m，有两个弯时；每超过12m，有三个弯时。

（2）埋于地下时，应采用钢管。钢管内外均应刷防腐漆，埋入混凝土内的管路外壁除外。

（3）明配管固定点（管卡）最大距离应符合表 3-3 的规定。

表 3-3　　　　　　　　　　　　　明配管固定点（管卡）最大距离

名称	直径（mm）			
	15～20	25～30	40～50	65～100
	最大允许距离（m）			
钢管	1.5	2	2.5	3
电线管	1	1.5	2	—

2. 硬塑料管敷设

硬塑料管允许采取明配和暗配，施工方法大致与钢管、电线管相同。

3. 半硬塑料管敷设

流体管、阻燃管等都属于半硬塑料管。

半硬塑料管及混凝土板孔配线适用于正常环境一般室内场所，潮湿场所不应采用。

半硬塑料管配线应采用难燃平滑塑料管及塑料波纹管，建筑物顶棚内不宜采用塑料波纹管。

混凝土板孔配线应采用塑料护套电线或塑料的绝缘电线穿半硬塑料管敷设。在现浇钢筋混凝土中敷设半硬塑料管时，应采取预防机械损伤措施。塑料护套电线及塑料绝缘电线在混凝土板孔内不得有接头，接头应布置在接线盒内。

施工方法：砖墙内敷设，宜在砌砖时预埋管路和接线盒。

4. 管内穿线

管内穿线的规范要求主要有：绝缘导线的额定电压不应低于 500V；不同回路、不同电压、交流与直流导线，不得穿入同一根管内，但同一电机的控制回路、照明花灯回路、同类照明的几个回路除外；导线在管内不得有接头和扭结；管内导线总面积不应超过管子截面积的 40% 等。

5. 鼓型绝缘子（瓷柱）配线和针式绝缘子（瓷瓶）配线

瓷柱配线可以把瓷柱直接固定在建筑物的表面，也可以在支架上固定；瓷瓶配线时，一般均采用支架固定。室内瓷柱配线和瓷瓶配线其固定点间距，应符合表 3-4 中的规定。

表 3-4　　　　　　　　　　　室内瓷柱配线和瓷瓶配线其固定点间距

配线方式　允许最大距离（mm）	线芯截面（mm²）				
	1～4	6～10	16～25	35～70	95～120
瓷柱配线	1500	2000	3000	—	—
瓷瓶配线	2000	2500	3000	6000	6000

室外瓷柱配线和瓷瓶配线，墙上直接固定时，固定点间距不应超过 2m；支架上固定时，线芯截面应符合表 3-5 中的规定。

表 3-5 室外瓷柱配线和瓷瓶配线在支架上固定时线芯截面的要求

支持点间距	铜绝缘线（mm²）	铝绝缘线（mm²）
2m 以下	1.5	2.5
6m 以下	2.5	4
12m 以下	2.5	6

6. 钢索架设

钢索配线索应用于生产车间、锅炉房、试验室等室内较高的建筑物内照明配线。钢索可根据跨度和承重量采用圆钢或钢绞线。根据规定，跨度在 50m 以下时，可在一端装花篮螺栓；超过 50m 时，两端均应装花篮螺栓。

7. 硬母线安装

硬母线安装适用于生产厂房内供电母线。按母线的材质来分，有铜、铝、钢三种，其中钢线多用于接地装置。按母线的装配形式分，有裸母线、封闭母线、插接母线槽，后两种属成套产品；裸母线需要施工现场自行装配。

硬母线的安装方法是：在支架上固定绝缘子，用特制的夹板或卡板将母线安装在绝缘子上。母线穿过墙体时，要装置穿墙板。母线的连接方法有焊接、贯穿螺栓搭接和夹持螺栓搭接。母线采用的支架在各种部位安装时，国标图集和施工图册中有大量图例。车间内的低压硬母线一般较长，在母线的终端及中间段要装置拉紧装置，以保持规定的允许弛度。母线较长时，要装置补偿器。

五、照明器具

（一）照明常识

（1）照明按系统分类可分为：

1）一般照明。供整个场所需要的照明。

2）局部照明。仅供某一局部工作地点的照明。

3）混合照明。一般照明与局部照明混合使用。

（2）按照明的种类可分为：

1）工作照明。在正常情况下，保证应有的明视条件。

2）事故照明。在工作照明发生故障熄灭时保证明视条件，可供工作人员暂时继续工作及安全疏散。它常用在重要的车间或场所。如有爆炸危险的车间、医院手术病房及影剧院、会场的楼梯通道出口处。

（3）照明按电光源可分为一般分为热辐射光源、气体放电光源和半导体光源三大类。

1）热辐射光源。如白炽灯、卤素灯（碘钨灯、溴钨灯）。

2）气体放电光源。如日光灯、紫外线杀菌灯、高压钠灯、高压氙气灯等。

3）半导体光源。包括荧光粉在电场作用下发光，或者是半导体 p-n 结发光。这类灯仅用于需要特殊照明的场所。

（4）按照灯具的结构形式可分为：

1）开启型。光源裸露在外，灯具是敞口的或无灯罩的。

2）闭合型。透光罩将光源包围起来的照明器，但透光罩内外空气能自由流通，尘埃易进入罩内，照明器的效率主要取决于透光罩的透射比。

3）封闭型。透光罩固定处加以封闭，使尘埃不易进入罩内，但当内外气压不同时空气仍能流通。

4）密闭型。透光罩固定处加以密封，与外界可靠地隔离，内外空气不能流通。根据用途又分为防水防潮型和防水防尘型，适用于浴室、厨房、潮湿或有水蒸气的车间、仓库及隧道、露天堆场等场所。

5）防爆安全型。这种照明器适用于在不正常情况下可能发生爆炸危险的场所。其功能主要是使周围环境中的爆炸性气体进不了照明器内，可避免照明器正常工作中产生的火花而引起爆炸。

6）隔爆型。这种照明器适用于在正常情况下可能发生爆炸的场所。其结构特别坚实，即使发生爆炸，也不易破裂。

7）防腐型。这种照明器适用于含有腐蚀性气体的场所。灯具外壳用耐腐蚀材料制成，且密封性好，腐蚀性气体不能进入照明器内部。

（5）照明灯具按其安装形式又可分为线吊式 CP、链吊式 CH、管吊式 P、壁装式 W、吸顶式或直附式 S、嵌入式 R、顶棚内安装 CR、墙壁内安装 WR、侧墙上安装 E、台上安装 T、柱上安装 CL 等。

（6）照明装置采用的电压有 220V 和 36V 两种。照明装置一般采用的电压为 220V，在特殊情况下如地下室、汽车修理处、特别潮湿的地方可用安全照明电压 36V。

照明装置包括线路敷设及灯具、开关、插销等安装工程。

（二）照明器具的安装

灯具安装形式与建筑物或构筑物结构无关，但安装方法则随建筑物结构及配线方式的不同而采用不同的方法，安装方式可分为以下 9 种：

（1）吊线灯。是用电线吊装灯头，即从吊盒引出的导线（长度按规定预留）直接与灯头连接，导线既传导电流（使灯泡发光），又承受吊装灯头。按吊线形式又可分自在球式吊线灯、固定式吊灯、防潮防水式吊线灯三种。

（2）吊链灯。若灯头与灯罩比较重的灯具采用链子来吊（链子的长度按设计规定），其引线则从吊盒引出穿入链子而接到灯头，但吊盒必须牢靠地固定在天棚上，链子必须结实，否则难于承受灯具重量。

（3）吸顶灯。又名锅底灯或天棚灯，分圆球吸顶灯、半圆球吸顶灯、方形吸顶灯等。是先将木台安装在天棚板上，再在木台上装设座灯头，外面安上玻璃圆球、半圆球或方型罩。

（4）壁灯。也叫墙壁灯，大多数用于暗管配线，接线盒暗装于墙内，灯支架固定于线盒上，多用于会议室、影剧院墙壁上或大门两旁。

（5）马路弯灯。此灯安装在支架上，支架的长度应根据设计规定选用，多用于电杆上或墙上。

（6）吊管灯。是用钢管代替吊链，多用于车间内部。

（7）吸顶日光灯。将组装成套的日光灯直接安装于天棚板上或嵌入天棚板内。

（8）吊链或吊管日光灯。是将组装成套的日光灯用吊链或钢管固定于天棚上或楼板上。

（9）室外路灯。如高压水银柱灯，灯柱为钢管，将带支架的水银灯安装于灯柱上，多用于马路。

六、起重设备及电梯的电气装置

起重设备电气装置是指桥式、梁式、门式起重机，电动葫芦等起重设备电气装置的安装。主要包括随起重设备成套供应的操作室内的开关控制设备、管线以及滑触线、移动软电缆、辅助母线的安装。

电梯电气装置是指开关、按钮、配电柜、信号等的安装。电梯按控制方式分为自动电梯和半自动电梯两种，凡属集选和信号控制的称为自动电梯；用按钮控制的称为半自动电梯。按电梯需用电源又分为直流电梯和交流电梯两种。

七、防雷接地装置

（一）防雷接地基本知识

（1）防雷接地装置是指建筑物、构筑物电气设备等为了防止雷击的危害以及为了预防人体接触电压及跨步电压、保证电气装置可靠运行等所设置的防雷及接地设施。

防雷接地装置由接地极、接地母线、避雷针、避雷网、避雷针引下线等构成。

（2）接地基本知识。接地按其作用可分为下列几种：

1）工作接地。为了保证电气设备在正常和发生事故的情况下可靠的运行，将电路中的某一点与大地做电气上的连接，如三相变压器中性点的接地、防雷接地等。

2）保护接地。为了防止人体触及带电外壳而触电，将与电气设备带电部分相绝缘的金属外壳与接地体做电气连接，如电机的外壳、管路等。

3）重复接地。将零线上的一点或几点再次接地。

4）工作接地、保护接地的接地电阻不应大于 4Ω，重复接地的接地电阻不应大于 10Ω，具体按规范要求。

5）接零。将电机、电器的金属外壳和构架与中性点直接接地系统中的零线相连接。

（二）防雷接地装置的安装与要求

1. 防雷保护安装方式

（1）避雷针安装。

1）环形杆避雷针。是将避雷针焊接在预制钢筋混凝土环形杆上，先挖杆坑，在坑底浇灌 10cm 厚混凝土垫层，其上安放预制混凝土基础，再将环形杆吊装直立于预制混凝土基础上，最后将杆坑全部用混凝土灌满。

2）避雷针塔：针塔为分段装配式，断面为等边三角形，针塔所用钢材均为 3 号钢，一律采用电焊焊接，分无照明台及双照明台两种。具体做法要求按设计规定进行，首先将塔基坑挖好，浇灌钢筋混凝土基础，将地脚螺栓预埋在基础内，然后将针塔（整体或分段）吊装在基础上就位。用螺栓固定，随即进行塔脚和基础连接钢板的焊接工作。

（2）避雷网安装。如图 3-9 所示，平屋顶上的避雷网用焊接或螺栓固定于预制混凝土块的支架上，在檐口上则为预埋支架。

要求：凡平屋顶上将有凸起的金属构筑物或管道均与避雷线连接。

（3）避雷针在平屋顶上安装。将避雷针混凝土底座与屋面板同时捣制，并预埋螺栓，将焊有钢板底座的避雷针吊装在混凝土底座上就位，用预埋螺栓固定，如图 3-10 所示。

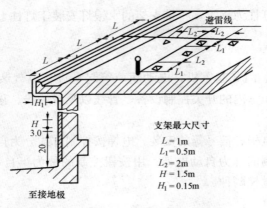

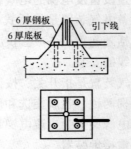

图 3-9　避雷网安装　　　　图 3-10　避雷针在平屋顶上安装

（4）避雷针在建筑物墙上安装。先将已制作好的避雷针支架预埋在檐口下的墙上，然后将避雷针焊接于支架上，再将避雷引下线牢固的焊接于支架上，顺着外墙引入地与接地极连接，如图 3-11 所示。

（5）避雷针沿烟囱安装。如图 3-12 所示，烟囱顶上只安装一支避雷针，避雷针用 U 形螺栓固定在烟囱的扶手上，引下线焊接在爬梯上，距地面上 2m 以内用竹管保护。

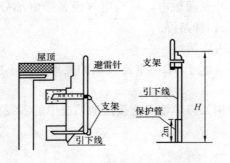

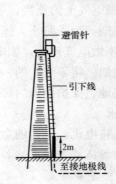

图 3-11　避雷针在建筑物墙上安装　　　图 3-12　避雷针沿烟囱安装

（6）避雷针沿水塔顶安装。避雷针在水塔顶上安装方法与避雷针在平屋顶上安装方法相同，其不同点就是塔顶周围增设一圈避雷线。

（7）水塔避雷网做法。避雷针沿水塔顶安装如图3-13所示。

2. 接地装置安装方式要求

接地装置包括埋在地中的接地极和从接地极接至电气设备的接地线两部分。

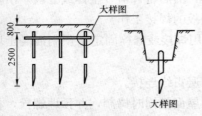

接地极的材料通常采用钢管、圆钢、角钢、扁钢等。

接地的埋设方式可采用垂直或水平埋设。

（1）角钢接地极安装。先将接地沟挖好（一般深900mm），将角钢接地极一头削尖，放在沟底上，垂直打入土中 2400mm，沟底上部余留 100mm。接地母线牢固地焊接在角钢接地极上，最后回填土。

图 3-13　避雷针沿水塔顶安装

要求：焊接处应涂沥青。

（2）钢管接地极安装。安装方法同角钢接地极，只是材质不同，接地极不是角钢而是钢管，钢管的一头也是削尖，方法有锯口或锻造两种。

（3）圆钢接地极安装。安装方法同（1），只是将接地极改为圆钢。

（4）扁钢接地极安装。安装方法同（1），只是将接地极改为扁钢。

（5）由建筑物内引出接地线断接卡子及穿墙做法，如图3-14所示。将保护套管3预埋在墙内，然后将接地极1焊接在一起，另一端接地线通过保护套管3引至室内，用螺栓6与室内接地线连接（即断接卡子）。

（6）避雷引下线安装。引下线不论敷设在建筑物或构筑物上，均需预先埋设支架，而后将引下线用螺栓固定于支架上，引至距地坪2m处用套管保护，并做断接卡子，以便测量接地电阻使用。

（7）水平敷设接地装置安装方式。在土壤条件极差的山石地区采用，沟内全部换成黄黏土，并分层夯实。

换土沟的尺寸除设计另有要求外，一般沟长15m，接地极埋设深度为1.5m。要求接地装置全部为镀锌扁钢，所有焊接点处均刷沥青。

图3-14　由建筑物内引出
接地线断接卡子及穿墙

独立的防雷保护接地电阻应小于等于10Ω；独立的安全保护接地电阻应小于等于4Ω；独立的交流工作接地电阻应小于等于4Ω；独立的直流工作接地电阻应小于等于4Ω；防静电接地电阻一般要求小于等于100Ω；共用接地体（联合接地）应不大于接地电阻1Ω。超过时应补增接地装置的长度。

地极沟距建筑物不小于3m。

（8）接地跨接线安装。

1）如图3-15所示，接地线是采用焊接方法固定的过伸缩缝的做法。接地线跨过伸缩缝时，使其向上弯曲跨过弯曲半径（70mm）。

2）如图3-16所示，接地线是采用螺栓固定的过伸缩缝做法，将接地线敷设到伸缩缝处即断开，断开的间距即为伸缩缝宽度。再用$\phi 12$钢筋向下弯曲，牢固地焊接在接地母线两端。

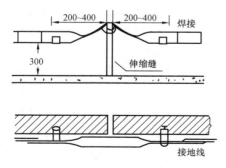

图3-15　接地跨接线安装（焊接）

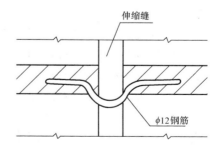

图3-16　接地跨接线安装（螺栓固定）

（9）沿建筑物断接卡子做法。将避雷线引下至距地2m处做断接卡子，用镀锌螺栓连接

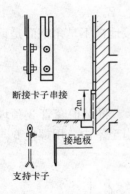

断接卡子串接

支持卡子

图 3-17　沿建筑物断
接卡子

接地母线（接地极引来），详细作法如图 3-17 所示。

八、10kV 以下架空线路

（一）架空线路的组成

远距离输电往往采用架空线路。10kV 以下架空线路一般是指从区域性变电站至厂内专用变电站（总降压站）配电线路以及厂区内的高低压架空线路。

架空线路一般由电杆、金具、绝缘子、横担、拉线和导线组成。

按材质区分，电杆有木电杆、水泥电杆和铁塔三种。

横担有木横担、角铁横担、瓷横担三种。

绝缘子有针式绝缘子、蝶式绝缘子、悬式绝缘子。

拉线有普通拉线、水平拉线、弓形拉线、V（Y）型拉线。

架空用的导线分为绝缘导线和裸导线两种。

架空线路分高压线路和低压线路两种，1kV 以下为低压线路，1kV 以上为高压线路。

（二）架空线路的安装方法及要求

10kV 架空配电线路架设方式很多，如用木电杆按木横担架设、用木电杆安铁横担架设、用木电杆安瓷横担架设、用水泥电杆安木横担架设、用水泥电杆安瓷横担架设、用水泥电杆安铁横担架设。下面着重介绍 10(6) kV 水泥杆铁横担架空配电线路工程的安装方式。

（1）挖电杆坑。一般有两种挖法。一是放边坡挖法，如挖普通土，为了防止杆坑上半部土层塌方，开挖时要留有一定比例的坡度，坑口宽大与坑底宽；二是不放边坡挖法，如岩石坑就不需要留坡度，因为岩石结构坚固，很少自然塌方，坑口宽等于坑底宽。

（2）挖拉线坑。开挖方式也分放边坡与不放边坡两种，计算出每个拉线坑的土方量后，每坑另外再增加 0.5m³ 拉线出槽土方。

（3）水泥杆的安装。分有底盘有卡盘、有底盘无卡盘、有卡盘无底盘、无底盘无卡盘四种形式。均是在已挖好的杆坑内组立电杆，然后进行夯实回填。

（4）横担安装。横担的选择应根据导线排列形式选用。导线排列形式分正三角排列、扁三角排列、水平排列、垂直排列（双回路用）等四种。

（5）拉线安装。拉线分为普通拉线、水平拉线、Y 形（水平）拉线、Y 形（上、下）拉线、弓形拉线，拉线的材料通常以镀锌钢绞线为主，底把一律用拉线棒和拉线盘，拉线安装方式随拉线种类的不同而不同。

（6）防雷接地安装。防雷接地主要作用为了防止外部过电压，即雷电过电压所造成的危害，是为了保护电气设备和架空线路的正常运行。因此，对设备和线路实行防雷保护，也就是对上述过电压采取的一种保护措施。

防雷保护装置可分避雷器保护装置、避雷线保护装置、避雷针保护装置。但无论采用何种装置，每种装置都必须设有良好的接地装置，一般接地电阻不应超过 8～10Ω。

（7）导线架设。是在电杆、拉线、横担、绝缘子都装完后，再架设导线，至于导线的排列形式、线间距离、挡距、弧度等均应按设计规定进行。

总的要求是按施工图纸规定及施工规范条文进行编制施工预算和施工。

（8）导线跨越。当新设的架空线路与原有线路、公路、河流、铁路交叉时，在架设导线时，如需要跨过上述的线路、公路、河流、铁路等必须搭设临时脚手架，保证线路的安全架设，待线路紧线完毕，再将临时脚手架全部拆除。因此需计算跨越费用。

九、电气调试

所有安装的电气设备在送电运行之前必须进行严格的试验和调试。

电气系统调试包括：发电机及调相机系统调试，电力变压器系统调试，送配电系统调试，特殊保护装置调试，自动投入装置调式，事故照明切换及中央信号装置调试，母线系统调试，接地装置、避雷器、耦合电容器调试，静电电容器调试，硅整流设备调试，电动机调试，电梯调试，起重机电气调试等。

第二节 电气工程识图

一、施工图常用图例

电气施工图是安装工程施工图纸中的一个重要组成部分，它以统一规定的图形符号辅以简要的文字说明，把电气设计内容明确地表达出来，用以指导电气安装工作。电气施工图不仅是电气安装的主要依据，也是编制电气施工图预算的依据，所以必须熟悉常用电气施工图例。电气安装工程常用图例很多，一般在设计图纸的说明书中均有图例，变配电系统图符号见表 3-6，实际使用以设计图纸所述为准。

表 3-6　　变配电系统图形、符号及标注方法

序号	符号名称	图形符号或标注方法	
		新国标（GB/T 4728）	旧国标（GB 312）
1	变配电系统图形符号		
1.1	发电站（厂）	□ 规划(设计)的　▨ 运行的	⊙
1.2	变电站（示出改变电压）	○ 规划(设计)的　⊘ 运行的	
1.3	杆上变电所（站）	规划(设计)的　运行的	▲
1.4	电阻器	▭	▭
1.5	可变电阻器	▱	▱
1.6	压敏电阻器	U ▱	

续表

序号	符号名称	图形符号或标注方法	
		新国标（GB/T 4728）	旧国标（GB 312）
1.7	滑线式绕组器		
1.8	电容器	优先型 其他型	
1.9	极性电容器	优先型 其他型	
1.10	可变电容器	优先型 其他型	
1.11	电感器		
1.12	铁芯（磁芯）电感器		
1.13	电流互感器		
1.14	双绕组变压器或电压互感器		
1.15	三绕组变压器或电压互感器		

序号	符号名称	图形符号或标注方法	
		新国标（GB/T 4728）	旧国标（GB 312）
1.16	动合（常开）触点		开关和转换开关的动合（常开）触头 继电器的动合（常开）触头 自动开关的动合（常开）触头 继电器、起动器、动力控制器的动合（常开）触头
1.17	动断（常闭）触点		开关和转换开关的动断（常闭）触头 继电器的动断（常闭）触头 继电器、起动器、动力控制器的动断（常闭）触头
1.18	手动开关的一般符号		
1.19	按钮开关（不闭锁） （动合、动断触点）	E--	
1.20	按钮开关（闭锁） （动合、动断触点）	E-	
1.21	接触器（在非动作 位置触点断开、闭合）		
1.22	断路器		

续表

序号	符号名称	图形符号或标注方法	
		新国标（GB/T 4728）	旧国标（GB 312）
1.23	隔离开关		
1.24	负荷开关		
1.25	熔断器的一般符号		
1.26	熔断器式开关		
1.27	熔断器式隔离开关		
1.28	熔断器式负荷开关		
1.29	避雷器		避雷器的一般符号 排气式避雷器（管型避雷器） 阀式避雷器 击穿保线器
2	动力照明设备图形符号		
2.1	屏、台、箱、柜一般符号		
2.2	动力或动力—照明配电箱 注：需要时符号内 可表示电流种类		

续表

序号	符号名称	图形符号或标注方法	
		新国标（GB/T 4728）	旧国标（GB 312）
2.3	照明配电箱（屏）	▬	▬
2.4	事故照明配电箱（屏）	⊠	⊠
2.5	电机的一般符号	⊛ 星号用字母代替： M—电动机 MS—同步电动机 SM—伺服电机 G—发电机 GS—同步发电机 TG—测速发电机	⊛
2.6	热水器（示出引线）	⊘	
2.7	风扇一般符号 注：若不会引起混淆，方框可省略不画	∞	吊式风扇 壁装风扇 轴流风扇
2.8	单相插座：明、暗、密闭（防水）、防爆		
2.9	带接地插孔的单相插座		
2.10	带接地插孔的三相插座		
2.11	插座箱（板）		
2.12	多个插座（示出三个）		

序号	符号名称	图形符号或标注方法	
		新国标（GB/T 4728）	旧国标（GB 312）
2.13	带熔断器的插座		
2.14	开关一般符号		
2.15	单极开关：明、暗、密闭（防水）、防爆		密闭
2.16	双极开关：明、暗、密闭（防水）、防爆		密闭
2.17	三极开关：明、暗、密闭（防水）、防爆		密闭
2.18	单极拉线开关		一般 暗装
2.19	单极双控拉线开关		
2.20	双控开关（单极三线）		一般 暗装
2.21	灯的一般符号 信号灯的一般符号	灯的颜色：RD 红　YE 黄　GN 绿　BU 蓝　WH 白 灯的类型：Ne 氖　Na 钠　Hg 汞　IN 白炽　FL 荧光　IR 红外线　UV 紫外线	照明灯的一般符号 信号灯的一般符号
2.22	投光灯一般符号		
2.23	聚光灯		

续表

序号	符号名称	图形符号或标注方法	
		新国标（GB/T 4728）	旧国标（GB 312）
2.24	泛光灯		
2.25	示出配线的照明 引出线位置		
2.26	在墙上引出照明线 （示出配线向左边）		
2.27	荧光灯一般符号		
2.28	三、五管荧光灯		
2.29	防爆荧光灯		
2.30	自带电源的事故 照明灯（应急灯）		
2.31	深照型灯		珐琅质 镜面
2.32	广照型灯（配照型灯）		
2.33	防水防尘灯		
2.34	球型灯		
2.35	局部照明灯		
2.36	矿山灯		
2.37	安全灯		
2.38	隔爆灯		

续表

序号	符号名称	图形符号或标注方法	
		新国标（GB/T 4728）	旧国标（GB 312）
2.39	天棚灯		
2.40	花灯		
2.41	弯灯		
2.42	壁灯		
2.43	闪光型信号灯		
2.44	电喇叭		
2.45	电铃		
2.46	电警笛报警器		
2.47	电动汽笛	优先型　　其他型	
2.48	蜂鸣器		
3	导线和线路敷设图形符号		
3.1	导线，电线，电缆母线的一般符号		
3.2	多根导线	3根　　n根	3根　　n根
3.3	软导线软电缆		

续表

序号	符号名称	图形符号或标注方法	
		新国标（GB/T 4728）	旧国标（GB 312）
3.4	地下线路		
3.5	水下（海底）线路		
3.6	架空线路		
3.7	管道线路	一般 / 6孔管道	
3.8	中性线		
3.9	保护线		
3.10	保护和中性共用线		
3.11	具有保护线和中性线的三相配线		
3.12	向上配线		导线引上
3.13	向下配线		
3.14	垂直通过配线		导线引上并引下 / 导线由上引来 / 导线由下引来 / 导线由上引来并引下 / 导线由下引来并引上
3.15	导线的电气连接	●	●

续表

序号	符号名称	图形符号或标注方法	
		新国标（GB/T 4728）	旧国标（GB 312）
3.16	端子	○	○
3.17	导线的连接		
4		电缆及敷设图形符号	
4.1	电缆终端头		
4.2	电缆铺砖保护		
4.3	电缆穿管保护		
4.4	电缆预留		
4.5	电缆中间接线盒		
4.6	电缆分支接线盒		
5		仪表图形符号	
5.1	电流表	Ⓐ	Ⓐ
5.2	电压表	Ⓥ	Ⓥ
5.3	电能表（瓦特小时计）	Wh	Wh
6		电杆及接地图形符号	
6.1	电杆的一般符号（单杆，中间杆）	A—杆材或所属部门 B—杆长 C—杆号	a—编号 b—杆型 c—杆高

续表

序号	符号名称	图形符号或标注方法	
		新国标（GB/T 4728）	旧国标（GB 312）
6.2	带照明灯的电杆 （a—编号　b—杆型 c—杆高 d—容量 A—连接顺序）	$a\dfrac{b}{c}Ad$　一般画法	$a\dfrac{b}{c}Ad$　一般画法
		$a\dfrac{b}{c}Ad$ 需要示出灯具的投射方向时	$a\dfrac{b}{c}Ad$ 需要示出灯具的投射方向时
		$a\dfrac{b}{c}Ad$ 需要时允许加画灯具本身图形	$a\dfrac{b}{c}Ad$ 需要时允许加画灯具本身图形
6.3	接地的一般符号		
6.4	保护接地		
7	电气设备的标注方法（GB/T 4728 列为附录参考件）		
7.1	用电设备 a—设备编号 b—额定功率（kW） c—线路首端熔断体或低压断路器脱扣器的电流（A） d—标高（m）	$\dfrac{a}{b}$　或　$\dfrac{a}{b}\bigg|\dfrac{c}{d}$	$\dfrac{a}{b}$　或　$\dfrac{a}{b}\bigg|\dfrac{c}{d}$
7.2	电力和照明设备 a—设备编号 b—设备型号 c—设备功率（kW） d—导线型号 e—导线根数 f—导线截面（mm²） g—导线敷设方式及部位	（1）一般标注方法 $a\dfrac{b}{c}$或 a-b-c （2）当需要标注引入线的规格时 $a\dfrac{b-c}{d(e\times f)-g}$	（1）一般标注方法 $a\dfrac{b}{c}$或 a-b-c （2）当需要标注引入线的规格时 $a\dfrac{b-c}{d(e\times f)-g}$
7.3	电力和照明设备 a—设备编号 b—设备型号 c—额定电流（A） i—整定电流（A） d—导线型号 e—导线根数 f—导线截面（mm²） g—导线敷设方式及部位	（1）一般标注方法 $a\dfrac{b}{c/i}$或 a-b-c/i （2）当需要标注引入线的规格时 $a\dfrac{b-c/i}{d(e\times f)-g}$	（1）一般标注方法 $a\dfrac{b}{c/i}$或 a-b-c/i （2）当需要标注引入线的规格时 $a\dfrac{b-c/i}{d(e\times f)-g}$

续表

序号	符号名称	图形符号或标注方法	
		新国标（GB/T 4728）	旧国标（GB 312）
7.4	照明变压器 a——一次电压（V） b—二次电压（V） c—额定容量（VA）	a/b-c	a/b—c
7.5	照明灯具 a—灯数 b—型号或编号 c—每盏照明灯具的灯泡数 d—灯泡容量（W） e—灯泡安装高度（m） f—安装方式 L—光源种类	（1）一般标注方法 $a\text{-}b\dfrac{c\times d\times L}{e}f$ （2）灯具吸顶安装 $a\text{-}b\dfrac{c\times d\times L}{-}$	（1）一般标注方法 $a\text{-}b\dfrac{c\times d\times L}{e}$ （2）灯具吸顶安装 $a\text{-}b\dfrac{c\times d\times L}{-}$
7.6	电缆与其他设施交叉点 a—保护管根数 b—保护管直径（mm） c—管长（m） d—地面标高（m） e—保护管埋设深度（m） f—交叉点坐标	$\dfrac{a\text{-}b\text{-}c\text{-}d}{e\text{-}f}$	$\dfrac{a\text{-}b\text{-}c\text{-}d}{e\text{-}f}$
7.7	安装或敷设标高（m）	（1）用于室内平面剖面图上 ± 0.000 ▽ （2）用于总平面图上的室外的面 ± 0.000 ▽	（1）用于室内平面剖面图上 ± 0.000 ▽ （2）用于总平面图上的室外的面 ± 0.000 ▽
7.8	导线根数	⫫⫫⫫ —— 表示3根 $\overset{3}{\diagup}$ —— 表示3根 $\overset{n}{\diagup}$ —— 表示n根	⫽⫽⫽ —— 表示3根 $\overset{3}{\diagup}$ —— 表示3根 $\overset{n}{\diagup}$ —— 表示n根
7.9	导线型号规格或敷设方式的改变	（1）3mm×16mm 改为 3mm×10mm $\dfrac{3\times 16}{} \times \dfrac{3\times 10}{}$ （2）无穿管敷设改为导线穿管（$\phi2''$）敷设 —— $\times$ $\phi2''$	

续表

序号	符号名称		图形符号或标注方法	
			新国标（GB/T 4728）	旧国标（GB 312）
7.10	交流电 m—保护管根数 f—保护管直径（mm） v—管长（m） 　例：示出交流，三相带 中性线 50Hz380V		m～fv 3N～50Hz380V	
7.11	照明灯具安装方式	线吊式	CP	X
		链吊式	Ch	L
		管吊式	P	G
		壁装式	W	B
7.12	线路敷设方式	明敷	E	M
		暗敷	C	A
		用钢索敷设	SR	S
		用槽板敷设	PR	CB
		穿钢管	SC	G
		穿电线管	TC	DG
		穿硬塑料管	PC	VG
		穿阻燃半硬塑料管	FPC	
		穿阻燃硬塑料管	PVC	

二、电气施工图的分类

电气施工图按工程性质分类，可分为变配电工程施工图、动力工程施工图、照明工程施工图、防雷接地工程施工图、弱电工程（通信、有线电视、网络、广播、消防、监控、报警等）施工图以及架空线路施工图等。

按图纸的表现内容，电气施工图可分为基本图和详图两大类。

（一）基本图

电气施工图基本图包括图纸目录、设计说明、系统图、平面图，立（剖）面图（变配工程）、控制原理图、设备材料表等。

1. 设计说明

在电气施工图中，设计说明一般包括供电方式、电压等级、主要线路敷设形式及在图中未能表达的各种电气安装高度、工程主要技术数据、施工和验收要求以及有关事项等。

设计说明根据工程规模及需要说明的内容多少，有的可单独编制说明书，有的因内容简短，可写在图画的空余处。

2. 主要设备材料表

设备材料表列出该项工程所需的各种主要设备、管材、导线等器材的名称、型号、规模、材质、数量，作用是提供订货、采购设备、材料使用。设备材料表上所列主要材料的数量，由于与工程量的计算方法和要求不同，不能作为工程量编制预算，只能作为参考数量。

3. 系统图

系统图是依据用电量和配电方式绘制出来的。系统图是示意性地把整个工程的供电线路用单线连接形式表示的线路图，不表示空间位置关系。

通过识读系统图可以了解以下内容：

（1）整个变、配电所的连接方式，从主干线至各分支回路分几级控制，有多少个分支回路。

（2）主要变电设备、配电设备的名称、型号、规格及数量。

（3）主干线路的敷设方式、型号、规格。

4. 电气平面图

电气平面图，一般分为变配电平面图、动力平面图、照明配电图、弱电平面图、室外工程平面图。在高层建筑中还有标准层平面图、干线布置图等。

电气平面图的特点是将同一层内不同安装高度的电气设备及线路都放在同一平面上来表示。

通过电气平面图的识读，可以了解以下内容：

（1）了解建筑物的平面布置、轴线分布、尺寸以及图纸比例。

（2）了解各种变、配电设备的编号、名称，各种用电设备的名称、型号以及它们在平面图上的位置。

（3）弄清楚各种配电线路的起点和终点、敷设方式、型号、规格、根数，以及在建筑物中的走向、平面和垂直位置。

5. 控制原理图

控制电器，是指对用电设备进行控制和保护的电气设备。

控制原理图是根据控制电器的工作原理，按规定的线路和图形符号绘制成的电路展开图，一般不表示各电气元件的空间位置。

控制原理图具有线路简单、层次分明、易于管理、便于识读和分析研究的特点，是二次配线的依据。控制原理图不是每套图纸都有，只有当工程需要时才绘制。

识读控制原理图应掌握不在控制盘上的那些控制元件和控制线路的连接方式。识读控制原理图应与平面图核对，以免漏算。

（二）详图

（1）电气工程详图是指盘、柜的盘面布置图和某些电气部件的安装大样图。大样图的特点是对安装部件的各部位都注有详细尺寸，一般在没有标准图可选用并有特殊要求的情况下才绘制。

（2）标准图。标准图是一种具有通用性质的详图，表示一组设备或部件的具体图形和详细尺寸，便于制作安装。但是，它一般不能作为单独进行施工的图纸，而只能作为某些施工图的一个组成部分。

三、电气施工图的识读

（一）识图特点

电气安装工程施工图除了少量的投影图外，主要是一些系统图、原理图和接线图。对于投影图的识读，其关键是要解决好平面与立体的关系，即搞清电气设备的装配、连接关系。

对于系统图、原理图和接线图，因为它们都是用各种图例符号绘制的示意性图样，不表示平面与立体的实际情况，只表示各种电气设备、部件之间的连接关系。因此，识读电气施工图必须按以下要求进行：

（1）要很好地熟悉各种电气设备的图例符号。在此基础上，才能按施工图主要设备材料表中所列各项设备及主要材料分别研究其在施工图中的安装位置，以便对总体情况有一个概括了解。

（2）对于控制原理图，要搞清主电路（一次回路系统）和辅助电路（二次回路系统）的相互关系和控制原理及其作用。

控制回路和保护回路是为主电路服务的，它起着对主电路的启动、停止、制动、保护等作用。

（3）对于每一回路的识读应从电源端开始，顺电源线，依次通过每一电气元件时，都要弄清楚它们的动作及变化，以及由于这些变化可能造成的连锁反应。

（4）仅仅掌握电气制图规则及各种电气图例符号，对于理解电气图是远远不够的。必须具备有关电气的一般原理知识和电气施工技术，才能真正达到看懂电气施工图的目的。

（二）识图方法

电气施工平面图是编制预算时计算工程量的主要依据，因为它比较全面地反映了工程的基本状况。电气工程所安装的电气设备、元件的种类、数量、安装位置，管线的敷设方式、走向、材质、型号、规格、数量等都可以在识读平面图过程中计算出来。为了在比较复杂的平面布置中搞清楚系统电气设备、元件间的连接关系，进而识读高、低压配电系统图，在理清电源的进出、分配情况以后，重点对控制原理图进行识读，以便了解各电气设备、元件在系统中的作用。在此基础上，再对平面图进行识读，就可以对电气施工图有进一步理解。

一套电气施工图一般有数十张，多则上百张，虽然每张图纸都从不同方面反映了设计意图，但是对于编制预算而言，并不是都用得到的。预算人员识读电气施工图应该有所侧重，平面图和立面图是编制预算最主要的图纸，应进行重点识读。识读平、立面图的主要目的，在于能够准确地计算工程量，为正确编制预算打好基础。但是读平、立面施工图还要结合其他相关图纸相互对照识读，有利于加深对平、立面图的正确理解。

在切实掌握平、立面图以后，应该对下述问题有完整而明确的解答，否则需要重新看图。

（1）对整个单位工程所选用的各种电气设备的数量及其作用有全面的了解。

（2）对采用的电压等级，高、低压电源进出回路及电力的具体分配情况有清楚的概念。

（3）对电力拖动、控制及保护原理有大致的了解。

（4）各种类型的电缆、管道、导线的根数、长度、起始位置、敷设方式有详细的了解。

（5）对需要制作加工的非标准设备及非标准件的品种、规格、数量等有精确的统计。

（6）防雷、接地装置的布置，材料的品种、规格、型号、数量要有清楚的了解。

（7）需要进行调试、试验的设备系统，结合定额规定及项目划分，要有明确的数量概念。

（8）对设计说明中的技术标准、施工要求以及与编制预算有关的各种数据，都已经掌握。

电气工程识图，仅仅停留在图面上是不够的，还必须与以下几方面结合起来，才能把施工图吃透、算准：

（1）在识图的全过程中要和熟悉预算定额结合起来。要把预算定额中的项目划分、包含工序、工程量的计算方法、计量单位等与施工图有机结合起来。

（2）要识好施工图，还必须进行认真、细致的调查了解工作。要深入现场，深入工人群众，了解实际情况，把在图面上表示不出的一些情况弄清楚。

（3）识读施工图要结合有关的技术资料。如有关的规范、标准、通用图集以及施工组织设计、施工方案等一起识读，将有利于弥补施工图中的不足之处。

（4）要学习和掌握必要的电气技术基础知识和积累现场施工的实践经验。

第三节　定　额　的　编　制

一、定额主要内容及编制依据

《通用安装工程消耗量定额　第四册　电气设备安装工程》（以下简称电气定额）包括工业与民用电压等级小于或等于10kV变配电设备及线路安装、车间动力电气设备及电气照明器具、防雷及接地装置安装、配管配线、电梯电气装置、电气调整试验等安装工程共十七章。电气定额适用于工业与民用建筑的新建、扩建通用安装工程，编制时主要依据了以下标准、规范：

（1）《工业企业照明设计标准》（GB 50034—2004）；

（2）《电气装置安装工程高压电器施工及验收规范》（GB 50147—2010）；

（3）《电气装置安装工程电力变压器、油浸电抗器、互感器施工及验收规范》（GB 50148—2010）；

（4）《电气装置安装工程母线装置施工及验收规范》（GB 50149—2010）；

（5）《电气装置安装工程电气设备交接试验标准》（GB 50150—2006）；

（6）《电气装置安装工程电缆线路施工及验收规范》（GB 50168—2006）；

（7）《电气装置安装工程接地装置施工及验收规范》（GB 50169—2006）；

（8）《电气装置安装工程旋转电机施工及验收规范》（GB 50170—2006）；

（9）《电气装置安装工程盘、柜及二次回路结线施工及验收规范》（GB 50171—2012）；

（10）《电气装置安装工程蓄电池施工及验收规范》（GB 50172—2012）；

（11）《建筑物防雷工程施工与质量验收规范》（GB 50601—2010）；

（12）《电气装置安装工程35kV及以下架空电力线路施工及验收规范》（GB 50173—2012）；

（13）《电气装置安装工程低压电器施工及验收规范》（GB 50254—1996）；

（14）《电气装置安装工程电力变流设备施工及验收规范》（GB 50255—1996）；

（15）《电气装置安装工程起重机电气装置施工验收规范》（GB 50256—1996）；

（16）《电气装置安装工程爆炸和火灾危险环境电气装置施工及验收规范》（GB 50257—1996）；

（17）《建筑电气工程施工质量验收规范》（GB 50303—2011）；

（18）《民用建筑电气设计规范》（JGJ 16—2008）；

（19）《全国统一安装工程预算定额》（GYD-202—2000）。

二、定额工作内容

电气定额的工作内容除各章节已说明的工序外，还包括施工准备、设备与器材及工器具的场内运输、开箱检查、安装、设备单体调整试验、结尾清理、配合质量检验、不同工种间交叉配合、临时移动水源与电源等工作内容。但电气定额不包括电气设备及装置配合机械设备进行单体试运和联合试运工作内容。同时，电气定额也不适用于电压等级大于 10kV 配电、输电、用电设备及装置安装。

三、电气定额与其他册定额的关系

（1）电气定额除各章另有说明外，均包括下列工作内容：施工准备、设备与器材及工器具的场内运输、开箱检查、安装、设备单体调整试验、结尾清理、配合质量检验、不同工种间交叉配合、临时移动水源与电源等。

（2）电气定额不包括下列内容：

1）电压等级大于 10kV 配电、输电、用电设备及装置安装。工程应用时，应执行电力行业相关定额。

2）电气设备及装置配合机械设备进行单体试运和联合试运工作内容。发电、输电、配电、用电分系统调试、整套启动调试、特殊项目测试与性能验收试验应单独执行电气定额第十七章相关定额。

a. 单体调试是指设备或装置安装完成后未与系统连接时，根据设备安装施工交接验收规范，为确认其是否符合产品出厂标准和满足实际使用条件而进行的单机试运或单体调试工作。单体调试项目的界限是设备没有与系统连接，设备和系统断开时的单独调试。

b. 分系统调试是指工程的各系统在设备单机试运或单体调试合格后，为使系统达到整套启动所必须具备的条件而进行的调试工作。分系统调试项目的界限是设备与系统连接，设备和系统连接在一起进行的调试。

c. 整套启动调试是指工程各系统调试合格后，根据启动试运规程、规范，在工程投料试运行期间，对工程整套工艺运行生产以及全部安装结果的验证、检验所进行的调试。整套启动调试项目的界限是工程各系统间连接，系统和系统连接在一起进行的调试。

四、定额编制中主要问题的确定

（1）脚手架搭拆费按定额人工费（不包括电气定额第十七章中人工费，不包括装饰灯具安装工程中人工费）5％计算，其费用中人工费占 35％。电压等级小于或等于 10kV 架空输电线路工程、直埋敷设电缆工程、路灯工程不单独计算脚手架费用。

（2）操作高度增加费。安装高度距离楼面或地面大于 5m 时，超过部分工程量按定额人工费乘以系数 1.1 计算（已经考虑了超高因素的定额项目除外，如小区路灯、投光灯、氙气灯、烟囱或水塔指示灯、装饰灯具），电缆敷设工程、电压等级小于或等于 10kV 架空输电线路工程不执行本条规定。

（3）建筑物超高增加费。指在建筑物层数大于 6 层或建筑物高度大于 20m 以上的工业与民用建筑物上进行安装时，按表 3-7 计算，建筑物超高增加的费用，其费用中人工费占 65％。

表 3-7 高层建筑增加系数

建筑物高度（m）	≤40	≤60	≤80	≤100	≤120	≤140	≤160	≤180	≤200
建筑层数（层）	≤12	≤18	≤24	≤30	≤36	≤42	≤48	≤54	≤60
按人工费的百分比（%）	2	5	9	14	20	26	32	38	44

（4）在地下室内（含地下车库）、暗室内、净高小于 1.6m 楼层、断面小于 4m² 且大于 2m² 隧道或洞内进行安装的工程，定额人工乘以系数 1.12。

（5）在管井内、竖井内、断面小于或等于 2m² 隧道或洞内、封闭吊顶天棚内进行安装的工程（竖井内敷设电缆项目除外），定额人工乘以系数 1.16。

（6）电气定额中安装所用螺栓是按照厂家配套供应考虑，定额不包括安装所用螺栓费用。如果工程实际由安装单位采购配置安装所用螺栓时，根据实际安装所用螺栓用量加 3‰ 损耗率计算螺栓费用。现场加工制作的金属构件定额中，螺栓按照未计价材料考虑，其中包括安装用的螺栓。

第四节 定 额 的 应 用

一、变压器安装工程量计算

内容包括浸油式变压器、干式变压器、消弧线圈安装及绝缘油过滤等内容。

（一）消耗量定额有关说明

（1）设备安装定额包括放注油、油过滤所需的临时油罐等设施摊销费。不包括变压器防震措施安装，端子箱与控制箱的制作与安装，变压器干燥、二次喷漆、变压器铁梯及母线铁构件的制作与安装，工程实际发生时，执行相关定额。

（2）油浸式变压器安装定额适用于自耦式变压器、带负荷调压变压器的安装；电炉变压器安装执行同容量变压器定额乘以系数 1.6；整流变压器安装执行同容量变压器定额乘以系数 1.2。

（3）变压器的器身检查：容量小于或等于 4000kVA 容量变压器是按照吊芯检查考虑，容量大于 4000kVA 容量变压器是按照吊钟罩考虑。如果容量大于 4000kVA 容量变压器需吊芯检查时，定额中机械乘以系数 2.0。

（4）安装带有保护外罩的干式变压器时，执行相关定额人工、机械乘以系数 1.1。

（5）单体调试包括熟悉图纸及相关资料、核对设备、填写试验记录、整理试验报告等工作内容。

1）变压器单体调试内容包括测量绝缘电阻、直流电阻、极性组别、电压变比、交流耐压及空载电流和空载损耗、阻抗电压和负载损耗试验；包括变压器绝缘油取样、简化试验、绝缘强度试验。

2）消弧线圈单体调试包括测量绝缘电阻、直流电阻和交流耐压试验；包括油浸式消弧线圈绝缘油取样、简化试验、绝缘强度试验。

（6）绝缘油是按照设备供货考虑的。

（7）非晶合金变压器安装根据容量执行相应的油浸变压器安装定额。

（二）工程量计算规则

（1）三相变压器、单相变压器、消弧线圈安装根据设备容量及结构性能，按照设计安装数量以台为计量单位。

（2）绝缘油过滤不分次数至过滤合格为止。按照设备载油量以 t 为计量单位。

1）变压器绝缘油过滤，按照变压器铭牌充油量计算。

2）油断路器及其他充油设备的绝缘油过滤，按照设备铭牌充油量计算。

二、配电装置工程量计算

内容包括断路器、隔离开关、负荷开关、互感器、熔断器、避雷器、电热器、电容器、交流滤波装置组架（TJL 系列）、开闭所成套配电装置、成套配电柜、成套配电篇、组合式成套箱式变电站、配电智能设备安装及单体调试等内容。

（一）消耗量定额有关说明

（1）设备所需的绝缘油、六氟化硫气体、液压油等均按照设备供货编制。设备本体以外的加压设备和附属管道的安装，应执行相应定额另行计算。

（2）设备安装定额不包括端子箱安装、控制箱安装、设备支架制作及安装、绝缘油过滤、电抗器干燥、基础槽（角）钢安装、配电设备的端子板外部接线、预埋地脚螺栓、二次灌浆。

（3）配电智能设备安装调试定额不包括光缆敷设、设备电源电缆（线）的敷设、配线架跳线的安装、焊（绕、卡）接与钻孔等；不包括系统试运行、电源系统安装测试、通信测试、软件生产和系统组态以及因设备质量问题而进行的修配改工作；应执行相应的定额另行计算费用。

（4）干式电抗器安装定额适用于混凝土电抗器、铁芯干式电抗器和空心电抗器等干式电抗器安装。定额是按照三相叠放、三相平放和二叠一平放的安装方式综合考虑的，工程实际与其不同时，执行定额不做调整。励磁变压器安装根据容量及冷却方式执行相应的变压器安装定额。

（5）交流滤波装置安装定额不包括铜母线安装。

（6）开闭所（开关站）成套配电装置安装定额综合考虑了开关的不同容量与形式，执行定额时不做调整。

（7）高压成套配电柜安装定额综合考虑了不同容量，执行定额时不做调整。定额中不包括母线配制及设备干燥。

（8）低压成套配电柜安装定额综合考虑了不同容量、不同回路，执行定额时不做调整。

（9）组合式成套箱式变电站主要是指电压等级小于或等于 10kV 箱式变电站。定额是按照通用布置方式编制的，即：变压器布置在箱中间，另一端布置高压开关，另一端布置低压开关，内装 6～24 台低压配电箱（屏）。执行定额时，不因布置形式而调整。在结构上采用高压开关柜、低压开关柜、变压器组成方式的箱式变压器称为欧式变压器；在结构上将负荷开关、环网开关、熔断器等结构简化放入变压器油箱中且变压器取消油枕方式的箱式变压器称为美式变压器。

（10）成套配电柜和箱式变电站安装不包括基础槽（角）钢安装；成套配电柜安装不包括母线及引下线的配置与安装。

（11）配电设备基础槽（角）钢、支架、抱箍、延长环、套管、间隔板等安装，执行电气定额第七章相关定额。

（12）成品配套空箱体安装执行相应的"成套配电箱"安装定额乘以系数 0.5。

（13）开闭所配电采集器安装定额是按照分散分布式编制的，若实际采用集中组屏形式，执行分散式定额乘以系数 0.9；若为集中式配电终端安装，可执行环网柜配电采集器定额乘以系数 1.2；单独安装屏可执行相关定额。

（14）环网柜配电采集器安装定额是按照集中式配电终端编制的，若实际采用分散式配电终端，执行开闭所配电采集器定额乘以系数 0.85。

（15）对应用综合自动化系统新技术的开闭所，其测控系统单体调试可执行开闭所配电采集器调试定额乘以系数 0.8，其常规微机保护调试已经包含在断路器系统调试中。

（16）配电智能设备单体调试定额中只考虑三遥（遥控、遥信、遥测）功能调试，若实际工程增加遥调功能时，执行相应定额乘以系数 1.2。

（17）电能表集中采集系统安装调试定额包括基准表安装调试、抄表采集系统安装调试。定额不包括箱体及固定支架安装、端子板与汇线槽及电气设备元件安装、通信线及保护管敷设、设备电源安装测试、通信测试等。

（18）环网柜安装根据进出线回路数量执行"开闭所成套配电装置安装"相关定额。环网柜回路数量与开闭所成套配电装置间隔数量对应。

（19）变频柜安装执行"晶闸管柜安装"相关定额；软启动柜安装执行"保护屏安装"相关定额。

（二）工程量计算规则

（1）断路器、电流互感器、电压互感器、油浸电抗器、电力电容器的安装，根据设备容量或重量，按照设计安装数量以"台"或"个"为计量单位。

（2）隔离开关、负荷开关、熔断器、避雷器、干式电抗器的安装，根据设备重量或容量，按照设计安装数量以"组"为计量单位，每三相为一组。

（3）并联补偿电抗器组架安装，根据设备布置形式，按照设计安装数量以"台"为计量单位。

（4）交流滤波器装置组架安装，根据设备功能，按照设计安装数量以"台"为计量单位。

（5）成套配电柜安装，根据设备功能，按照设计安装数量以"台"为计量单位。

（6）成套配电箱安装，根据箱体半周长，按照设计安装数量以"台"为计量单位。

（7）箱式变电站安装，根据引进技术特征及设备容量，按照设计安装数量以"座"为计量单位。

（8）变压器配电采集器、柱上变压器配电采集器、环网柜配电采集器调试根据系统布置，按照设计安装变压器或环网柜数量，以"台"为计量单位。

（9）开闭所配电采集器调试根据系统布置，以"间隔"为计量单位，一台断路器计算一个间隔。

（10）电压监控切换装置安装、调试，根据系统布置，按照设计按照数量以"台"为计量单位。

（11）GPS 时钟安装、调试，根据系统布置，按照设计安装数量，以"套"为计量单位。天线系统不单独计算工程量。

（12）配电自动化子站、主站系统设备调试，根据管理需求，以"系统"为计量单位。

（13）电能表、中间继电器安装调试，根据系统布置，按照设计安装数量以"台"为计量单位。

（14）电表采集器、数据集中器安装调试，根据系统布置，按照设计安装数量以"台"为计量单位。

（15）各类服务器、工作站安装，根据系统布置，按照设计安装数量以"台"为计量单位。

三、绝缘子、母线安装工程量计算

内容包括绝缘子、穿墙套管、软母线、矩形母线、槽形母线、管形母线、封闭母线、低压封闭式插接母线槽、重型母线等安装内容。

（一）消耗量定额有关说明

（1）定额不包括支架、铁构件的制作与安装，工程实际发生时，执行电气定额第七章相关定额。

（2）组合软母线安装定额不包括两端铁构件制作与安装及支持瓷瓶、矩形母线的安装，工程实际发生时，应执行相关定额。安装的跨距是按照标准跨距综合编制的，如实际安装跨距与定额不符时，执行定额不做调整。

（3）软母线安装定额是按照单串绝缘子编制的，如设计为双串绝缘子，其定额人工乘以系数 1.14。耐张绝缘子串的安装与调整已包含在软母线安装定额内。

（4）软母线引下线、跳线、经终端耐张线夹引下（不经过 T 形线夹或并沟线夹引下）与设备连接的部分应按照导线截面分别执行定额。软母线跳线安装定额综合考虑了耐张线夹的连接方式，执行定额时不做调整。

（5）矩形钢母线安装执行铜母线安装定额。

（6）矩形母线伸缩节头和铜过渡板安装定额是按照成品安装编制，定额不包括加工配制及主材费。

（7）矩形母线、槽形母线安装定额不包括支持瓷瓶安装和钢构件配置安装，工程实际发生时，执行相关定额。

（8）高压共箱母线和低压封闭式插接母线槽安装定额是按照成品安装编制，定额不包括加工配制及主材费；包括接地安装及材料费。

（二）工程量计算规则

（1）悬垂绝缘子安装是指垂直或 V 形安装的提挂导线、跳线、引下线、设备连线或设备所用的绝缘子串安装，根据工艺布置，按照设计图示安装数量以"串"为计量单位。V 形串按照两串计算工程量。

（2）持绝缘子安装根据工艺布置和安装固定孔数，按照设计图示安装数量以"个"为计量单位。

（3）穿墙套管安装不分水平、垂直安装，按照设计图示数量以"个"为计量单位。

（4）软母线安装是指直接由耐张绝缘子串悬挂安装，根据母线形式和截面面积或根数，按照设计布置以"跨/三相"为计量单位。

（5）软母线引下线是指由 T 形线夹或并沟线夹从软母线引向设备的连线，其安装根据导线截面面积，按照设计布置以"组/三相"为计量单位。

（6）两跨软母线间的跳线、引下线安装，根据工艺布置，按照设计图示安装数量以"组/

三相"为计量单位。

（7）设备连接线是指两设备间的连线。其安装根据工艺布置和导线截面面积，按照设计图示安装数量以"组/三相"为计量单位。

（8）软母线安装预留长度按照设计规定计算，设计无规定时按照表 3-8 规定计算。

表 3-8　　　　　　　　　　　　　　软母线安装预留长度

项目	耐张	跳线	引下线、设备连接线
预留长度（m/根）	2.5	0.8	0.6

（9）矩形与管形母线及母线引下线安装，根据母线材质及每相片数、截面面积或直径，按照设计图示安装数量以"m/单相"为计量单位。计算长度时，应考虑母线挠度和连接需要增加的工程量，不计算安装损耗量。母线和固定母线金具应按照安装数量加损耗量另行计算主材费。

（10）矩形母线伸缩节安装，根据母线材质和伸缩节安装片数，片数、截面面积或直径，按照设计图示安装数量以"个"为计量单位。矩形母线过渡板安装，按照设计图示安装数量以"块"为计量单位。

（11）槽形母线安装，根据母线根数与规格，按照设计图示安装数量以"m/单相"为计量单位。计算长度时，应考虑母线挠度和连接需要增加的工程量，不计算安装损耗量。

（12）槽形母线与设备连接，根据连接的设备与接头数量及槽形母线规格，按照设计连接设备数量以"台"为计量单位。

（13）分相封闭母线安装根据外壳直径及导体截面面积规格，按照设计图示安装轴线长度以"m"为计量单位，不计安装损耗量。

（14）共箱母线安装根据箱体断面及导体截面面积和每相片数规格，按照设计图示安装轴线长度以"m"为计量单位，不计安装损耗量。

（15）低压（电压等级小于或等于 380V）封闭式插接母线槽安装，根据每相电流容量，按照设计图示安装轴线长度以"m"为计量单位；计算长度时，不计算安装损耗量。母线槽及母线槽专用配件按照安装数量计算主材费。分线箱、始端箱安装根据电流容量，按照设计图示安装数量以"台"为计量单位。

（16）重型母线安装，根据母线材质及截面面积或用途，按照设计图示安装成品重量以"t"为计量单位。计算重量时，不计算安装损耗量。母线、固定母线金具、绝缘配件应按安装数量加损耗量另行计算主材费。

（17）重型母线伸缩节制作与安装，根据重型母线截面面积，按照设计图示安装数量以"个"为计量单位。铜带、伸缩节螺栓、垫板等单独计算主材费。

（18）重型母线导板制作与安装，根据材质与极性，按照设计图示安装数量以"束"为计量单位。铜带、导板等单独计算主材费。

（19）重型铝母线接触面加工是指对铸造件接触面的加工，根据重型铝母线接触面加工断面，按照实际加工数量以"片/单相"为计量单位。

（20）硬母线安装预留长度按照设计规定计算，设计无规定时按照表 3-9 的规定计算。

表 3-9　　　　　　　　　　　　　　硬母线配置安装预留长度

序号	项目	预留长度（m/根）	说明
1	矩形、槽形、管形母线终端	0.3	从最后一个支持点算起
2	矩形、槽形管形、母线与分支线连接	0.5	分支线预留
3	矩形、槽形母线与设备连接	0.5	从设备端子接口算起
4	多片重型母线与设备连接	1.0	从设备端子接口算起

四、配电控制、保护、直流装置安装工程工程量计算

内容包括控制与继电及模拟配电屏、控制台、控制箱、端子箱、端子板及端子板外部接线、接线端子、高频开关电源、直流屏（柜）安装等内容。

（一）消耗量定额有关说明

（1）设备安装定额包括屏、柜、台、箱设备本体及其辅助设备安装即标签框、光字牌、信号灯、附加电阻、连接片等。定额不包括支架制作与安装、二次喷漆及喷字、设备干燥、焊（压）接线端子、端子板外部（二次）接线、基础槽（角）钢制作与安装、设备上开孔。

（2）接线端子定额只适用于导线，电力电缆终端头制作安装定额中包括压接线端子，控制电缆终端头制作安装定额中包括终端头制作及接线至端子板，不得重复计算。

（3）直流屏（柜）不单独计算单体调试，其费用综合在分系统调试中。

（二）工程量计算规则

（1）控制设备安装根据设备性能和规格，按照设计图示安装数量以"台"为计量单位。

（2）端子板外部接线根据设备外部接线图，按照设计图示接线数量以"个"为计量单位。

（3）高频开关电源、硅整流柜、可控硅柜安装根据设备电流容量，按照设计图示安装数量以"台"为计量单位。

五、蓄电池安装工程工程量计算

内容包括蓄电池防振支架、碱性蓄电池、密闭式铅酸蓄电池、免维护铅酸蓄电池安装、蓄电池组充放电、UPS、太阳能电池等内容。

（一）消耗量定额有关说明

（1）定额适用电压等级小于或等于 220V 各种容量的碱性和酸性固定型蓄电池安装。定额不包括蓄电池抽头连接用电缆及电缆保护管的安装，工程实际发生时，执行相关定额。

（2）蓄电池防振支架安装定额是按照地坪打孔、膨胀螺栓固定编制，工程实际采用其他形式安装时，执行定额不做调整。

（3）蓄电池防振支架、电极连接条、紧固螺栓、绝缘垫按照设备供货编制。

（4）碱性蓄电池安装需要补充的电解液，按照厂家设备供货编制。

（5）密封式铅酸蓄电池安装定额包括电解液材料消耗，执行时不做调整。

（6）蓄电池充放电定额包括充电消耗的电量不分酸性、碱性电池均按照其电压和容量执行相关定额。

（7）UPS 不间断电源安装定额分单相（单相输入/单相输出）、三相（三相输入/三相输出），三相输入/单相输出设备安装执行三相定额。EPS 应急电源安装根据容量执行相应的 UPS 安装定额。

（8）太阳能电池安装定额不包括小区路灯柱安装、太阳能电池板钢架混凝土地面与混凝土基础及地基处理、太阳能电池板钢架支柱与支架、防雷接地。

（二）工程量计算规则

（1）蓄电池防振支架安装根据设计布置形式按照设计图示安装成品数量以"m"为计量单位。

（2）碱性蓄电池和铅酸蓄电池安装根据蓄电池容量，按照设计图示安装数量以"个"为计量单位。

（3）免维护铅酸蓄电池安装根据电压等级及蓄电池容量按照设计图示安装数量以"个"为计量单位。

（4）蓄电池充放电根据蓄电池容量按照设计图示安装数量以"组"为计量单位。

（5）UPS安装根据单台设备容量及输入与输出相数，按照设计图示安装数量以"台"为计量单位。

（6）太阳能电池板钢架安装根据安装的位置，按实际安装太阳能电池板和预留安装太阳能电池板面积之和计算工程量。不计算设备支架、不同高度与不同斜面太阳能电池板支撑架的面积；设备支架按照重量计算，执行本册定额第七章"金属构件、穿墙套板安装工程"相关定额。

（7）小区路灯柱上安装太阳能电池，根据路灯柱高度，以"块"为计量单位。

（8）太阳能电池组装与安装根据设计布置，功率小于或等于1500W按照每组电池输出功率，以"组"为计量单位；功率大于1500W时每增加500W计算一组增加工程量，功率小于500W按照500W计算。

（9）太阳能电池与控制屏联测，根据设计布置，按照设计图示安装单方阵数量以"组"为计量单位。

（10）光伏逆变器安装根据额定交流输出功率，按照设计图示安装数量以"台"为计量单位。功率大于1000kW光伏逆变器根据组合安装方式，分解成若干台设备计算工程量。

（11）太阳能控制器根据额定系统电压，按照设计图示安装数量以"台"为计量单位。当控制器与逆变器组合为复合电气逆变器时，控制器不单独计算安装工程量。

六、发电机、电动机检查接线工程工程量计算

内容包括发电机、直流发电机检查接线及直流电动机、交流电动机、立式电动机、大（中）型电动机、微型电动机、变频机组、电磁调速电动机检查接线及空负荷试运转等内容。

（一）消耗量定额有关说明

（1）发电机检查接线定额包括发电机干燥。电动机检查接线定额不包括电动机干燥，工程实际发生时，另行计算费用。

（2）电机空转电源是按照施工电源编制的，定额中包括空转所消耗的电量及6000V电机空转所需的电压转换设施费用。空转时间按照安装规范综合考虑工程实际施工与定额不同时不做调整。当工程采用永久电源进行空转时，应根据定额中的电量进行费用调整。

（3）电动机根据重量分为大型、中型、小型。单台重量小于或等于3t电动机为小型电动机，单台重量大于3t且小于或等于30t电动机为中型电动机，单台重量大于30t电动机为大型电动机。小型电动机安装按照电动机类别和功率大小执行相应定额；大、中型电动机安装不分交、直流电动机，按照电动机重量执行相关定额。

（4）微型电机包括驱动微型电机、控制微型电机、电源微型电机三类。驱动微型电机是指微型异步电机、微型同步电机、微型交流换向器电机、微型直流电机等；控制微型电机是指自整角机、旋转变压器、交/直流测速发电机、交/直伺服电动机、步进电动机、力矩电动机等；电源微型电机是指微型电动发电机组和单枢变流机等。

（5）功率小于或等于0.75kW电机检查接线均执行微型电机检查接线定额。设备出厂时电动机带出线的，不计算电动机检查接线费用（如排风机、电风扇等）。

（6）电机检查接线定额不包括控制装置的安装和接线。

（7）定额中电机接地材质是按照镀锌扁钢编制的，如采用铜接地时，可以调整接地材料费，但安装人工和机械不变。

（8）定额不包括发电机与电动机的安装。包括电动机空载试运转所消耗的电量，工程实际与定额不同时，不做调整。

（9）电动机控制箱安装执行电气定额第二章中"成套配电箱"相关定额。

（二）工程量计算规则

（1）发电机、电动机检查接线根据设备容量按照设计图示安装数量以"台"为计量单位。单台电动机重量在30t以上时，按照重量计算检查接线工程量。

（2）电动机检查接线定额中，每台电动机按照0.824m计算金属软管材料费。电机电源线为导线时，其接线端子分导线截面按照"个"计算工程量，执行电气定额第四章"配电控制、保护、直流装置安装工程"相关定额。

七、金属构件、穿墙套板安装工程工程量计算

内容包括金属构件、穿墙板、金属围网、网门的制作与安装等内容。

（一）消耗量定额有关说明

（1）电缆桥架支撑架制作与安装适用于电缆桥架的立柱、托臂现场制作与安装如果生产厂家成套供货时，只计算安装费。

（2）铁构件制作与安装定额适用于电气定额范围内除电缆桥架支撑架、沿墙支架以外的各种支架、构件的制作与安装。

（3）铁构件制作定额不包括镀锌、镀锡、镀铬、喷塑等其他金属防护费用，工程实际发生时，执行相关定额另行计算。

（4）轻型铁构件是指铁构件的主体结构厚度小于或等于3mm的铁构件。单件重量大于100kg的铁构件安装执行《通用安装工程消耗量定额　第三册　静止设备与工艺金属结构制作安装工程》相应项目。

（5）穿墙套板制作与安装定额综合考虑了板的规格与安装高度，执行定额时不做调整。定额中不包括电木板、环氧树脂板的主材，应按照安装用量加损耗量另行计算主材费。

（6）金属围网、网门制作与安装定额包括网或门的边柱、立柱制作与安装。

（7）金属构件制作定额中包括除锈、刷油漆费用。

（二）工程量计算规则

（1）基础槽钢、角钢制作与安装，根据设备布置，按照设计图示安装数量以"m"为计量单位。

（2）电缆桥架支撑架、沿墙支架、铁构件的制作与安装，按照设计图示安装成品重量以

"t"为计量单位。计算重量时，计算制作螺栓及连接件重量，不计算制作与安装损耗量、焊条重量。

（3）金属箱、盒制作按照设计图示安装成品重量以"kg"为计量单位。计算重量时，计算制作螺栓及连接件重量，不计算制作损耗量、焊条重量。

（4）穿墙套板制作与安装根据工艺布置和套板材质，按照设计图示安装数量以"块"为计量单位。

（5）围网、网门制作与安装根据工艺布置，按照设计图示安装成品数量以"m²"为计量单位。计算面积时，围网长度按照中心线计算，围网高度按照实际高度计算，不计算围网底至地面的高度。

八、滑触线安装工程工程量计算

内容包括轻型滑触线、安全节能型滑触线、型钢类滑触线、滑触线支架的安装及滑触线拉紧装置、挂式支持器的制作与安装，以及移动软电缆安装等内容。

（一）消耗量定额有关说明

（1）滑触线及滑触线支架安装定额包括下料、除锈、刷防锈漆与防腐漆，伸缩器、坐式电车绝缘子支持器安装。定额不包括预埋铁件与螺栓、辅助母线安装。

（2）滑触线及支架安装定额是按照安装高度小于或等于10m编制，若安装高度大于10m时，超出部分的安装工程量按照定额人工乘以系数1.1。

（3）安全节能型滑触线安装不包括滑触线导轨、支架、集电器及其附件等材料安全节能型滑触线为三相式时，执行单相滑触线安装定额乘以系数2.0。

（4）移动软电缆安装定额不包括轨道安装及滑轮制作。

（二）工程量计算规则

（1）滑触线安装根据材质及性能要求，按照设计图示安装成品数量以"m/单相"为计量单位，计算长度时，应考虑滑触线挠度和连接需要增加的工程量，不计算下料、安装损耗量。滑触线另行计算主材费，滑触线安装预留长度按照设计规定计算，设计无规定时按照表3-10的规定计算。

表3-10　　　　　　　　　　　　　　　滑触线安装附加和预留长度表

序号	项目		预留长度（m/根）	说明
1	圆钢、铜母线与设备连接		0.2	从设备接线端子接口起算
2	圆钢、铜滑触线终端		0.5	从最后一个固定点起算
3	角钢滑触线终端		1.0	从最后一个支持点起算
4	扁钢滑触线终端		1.3	从最后一个固定点起算
5	扁钢母线分支		0.5	分支线预留
6	扁钢母线与设备连接		0.5	从设备接线端子接口起算
7	工字钢、槽钢、轻轨滑触线终端		0.8	从最后一个支持点起算
8	安全节能及其他滑触线终端		0.5	从最后一个固定点起算

（2）滑触线支架、拉紧装置、挂式支持器安装根据构件形式及材质按照设计图示安装成品数量以"副"或"套"为计量单位三相一体为1副或1套。

（3）沿钢索移动软电缆按照每根长度以"套"为计量单位，不足每根长度按照 1 套计算；沿轨道移动软电缆根据截面面积，以"m"为计量单位。

九、配电、输电电缆敷设工程工程量计算

内容包括直埋电缆辅助设施、电缆保护管铺设、电缆桥架与槽盒安装、电力电缆敷设、电力电缆头制作与安装、控制电缆敷设、控制电缆终端头制作与安装、电缆防火设施安装等内容。

（一）消耗量定额有关说明

（1）直埋电缆辅助设施定额包括开挖与修复路面、沟槽挖填、铺砂与保护、揭或盖或移动盖板等内容。

1）定额不包括电缆沟与电缆井的砌砖或浇筑混凝土、隔热层与保护层制作与安装，工程实际发生时，执行相应定额。

2）开挖路面、修复路面定额包括安装警戒设施的搭拆、开挖、回填、路面修复、余物外运、场地清理等工作内容。定额不包括施工场地的手续办理、秩序维护、临时通行设施搭拆等。

3）开挖路面定额综合考虑了人工开挖、机械开挖执行定额时不因施工组织与施工技术的不同而调整。

4）修复路面定额综合考虑了不同材质的制备，执行定额时不做调整。

5）沟槽挖填定额包括土石方开挖、回填、余土外运等适用于电缆保护管土石方施工。定额是按照人工施工考虑的，工程实际采用机械施工时，执行人工施工定额不做调整。

6）揭、盖、移动盖板定额综合考虑了不同的工序，执行定额时不因工序的多少而调整。

7）定额中渣土、余土（余石）外运距离综合考虑 1km，不包括弃土场费用。工程实际运距大于 1km 时，执行《市政工程消耗量定额》相应项目。

（2）电缆保护管铺设定额分为地下铺设、地上铺设两个部分。入室后需要敷设电缆保护管时，执行电气定额第十二章相关定额。

1）地下铺设不分人工或机械铺设、铺设深度，均执行定额，不做调整。

2）地下顶管、拉管定额不包括入口、出口施工，应根据施工措施方案另行计算。

3）地上铺设保护管定额不分角度与方向，综合考虑了不同壁厚与长度，执行定额时不做调整。

4）多孔梅花管安装参照相应的 UPVC 管定额执行。

（3）桥架安装定额适用于输电、配电及用电工程电力电缆与控制电缆的桥架安装。通信、热工及仪器仪表、建筑智能等弱电工程控制电缆桥架安装根据其定额说明执行相应桥架安装定额。

（4）桥架安装定额包括组对、焊接、桥架开孔、隔板与盖板安装、接地、附件安装、修理等。定额不包括桥架、支撑架安装。定额综合考虑了螺栓、焊接和膨胀螺栓三种固定方式，实际安装与定额不同时不做调整。

1）梯式桥架安装定额是按照不带盖考虑的，若梯式桥架带盖，则执行相应的槽式桥架定额。

2）钢制桥架主结构设计厚度大于 3mm 时，执行相应安装定额的人工、机械乘以系数 1.20。

3）不锈钢桥架安装执行相应的钢制桥架定额乘以系数1.10。

4）电缆桥架安装定额是按照厂家供应成品安装编制的，若现场需要制作桥架时，应执行电气定额第七章"金属构件、穿墙套板安装工程"相关定额。

5）槽盒安装根据材质与规格，执行相应的槽式桥架安装定额，其中人工、机械乘以系数1.08。

（5）电力电缆敷设定额包括输电电缆敷设与配电电缆敷设项目根据敷设环境执行相应定额。定额综合了裸包电缆、铠装电缆、屏蔽电缆等电缆类型，凡是电应等级小于或等于10kV电力电缆和控制电缆敷设不分结构形式和型号一律按照相应的电缆截面和芯数执行定额。

1）输电电力电缆敷设环境分为直埋式、电缆沟（隧）道内、排管内、街码金具上。输电电力电缆起点为电源点或变（配）电站，终点为用户端配电站。

2）配电电力电缆敷设环境分为室内、竖井通道内。配电电力电缆起点为用户端配电站，终点为用电设备。室内敷设电力电缆定额综合考虑了用户区内室外电缆沟、室内电缆沟、室内桥架、室内支架、室内线槽、室内管道等不同环境敷设，执行定额时不做调整。

3）预制分支电缆、控制电缆敷设定额综合考虑了不同的敷设环境，执行定额时不做调整。

4）矿物绝缘电力电缆敷设根据电缆敷设环境与电缆截面执行相应的电力电缆敷设定额与接头定额。

5）矿物绝缘控制电缆敷设根据电缆敷设环境与电缆芯数执行相应的控制电缆敷设定额与接头定额。

6）电缆敷设定额中综合考虑了电缆布放费用，当电缆布放穿过高度大于20m的竖井时，需要计算电缆布放增加费。电缆布放增加费按照穿过竖井电缆长度计算工程量执行竖井通道内敷设电缆相关定额乘以系数0.3。

7）竖井通道内敷设电缆定额适用于单段高度大于3.6m的竖井。在单段高度小于或等于3.6m的竖井内敷设电缆时，应执行"室内敷设电力电缆"相关定额。

8）预制分支电缆敷设定额中，包括电缆吊具、每个长度小于或等于10m分支电缆安装；不包括分支电缆头的制作安装，应根据设计图示数量与规格执行相应的电缆接头定额；每个长度大于10m分支电缆，应根据超出的数量与规格及敷设的环境执行相应的电缆敷设定额。

（6）室外电力电缆敷设定额是按照平原地区施工条件编制的未考虑在积水区、水底、深井下等特殊条件下的电缆敷设。电缆在一般山地、丘陵地区敷设时其定额人工乘以系数1.30。该地段施工所需的额外材料（如固定桩、夹具等）应根据施工组织设计另行计算。

（7）电力电缆敷设定额是按照三芯（包括三芯连地）编制的，电缆每增加一芯相应定额增加15%。单芯电力电缆敷设按照同截面电缆敷设定额乘以系数0.7，两芯电缆按照三芯电缆定额执行。截面400mm²以上至800mm²的单芯电力电缆敷设，按照400mm²电力电缆敷设定额乘以系数1.35。截面800mm²以上至1600mm²的单芯电力电缆敷设按照400mm²电力电缆敷设定额乘以系数1.85。

（8）电缆敷设需要钢索及拉紧装置安装时，应执行电气定额第十三章相关定额。

（9）电缆头制作安装定额中包括镀锡裸铜线、扎索管、接线端子、压接管、螺栓等消耗性材料。定额不包括终端盒、中间盒、保护盒、插接式成品头、铅套管主材及支架安装。

（10）双屏蔽电缆头制作安装执行相应定额人工乘以系数 1.05。若接线端子为异型端子，需要单独加工时，应另行计算加工费。

（11）电缆防火设施安装不分规格、材质，执行定额时不做调整。

（12）阻燃槽盒安装定额按照单件槽盒 2.05m 长度考虑，定额中包括槽盒、接头部件的安装，包括接头防火处理。执行定额时不得因阻燃槽盒的材质、壁厚、单件长度而调整。

（13）电缆敷设定额中不包括支架的制作与安装，工程应用时，执行本册定额第七章"金属构件、穿墙套板安装工程"相关定额。

（14）铝合金电缆敷设根据规格执行相应的铝芯电缆敷设定额。

（15）电缆沟盖板采用金属盖板时，根据设计图纸分工执行相应的定额。属于电气安装专业设计范围的电缆沟金属盖板制作与安装，执行电气定额第七章按相应定额乘以系数 0.6。

（16）定额是按照区域内（含厂区、站区、生活区等）施工考虑，当工程在区域外施工时，按相应定额乘以系数 1.065。

（17）电缆沟道、隧道、工井工程，根据项目施工地点分别执行《房屋建筑与装饰工程消耗量定额》或《市政工程消耗量定额》相应项目。

1）项目施工地点在区域内（含厂区、站区、生活区等）的工程，执行《房屋建筑与装饰工程消耗量定额》相应项目。

2）项目施工地点在区域外且城市内（含市区、郊区、开发区）的工程，执行《市政工程消耗量定额》相应项目。

3）项目施工地点在区域外且城市外的工程，执行《房屋建筑与装饰工程消耗量定额》相应项目乘以系数 1.05，所有材料按照电气定额第十一章计算工地运输费。

（二）工程量计算规则

（1）开挖路面、修复路面根据路面材质与厚度，结合施工组织设计按照实际开挖的数量以"m²"为计量单位。需要单独计算渣土外运工作量时，按照路面开挖厚度乘以开挖面积计算，不考虑松散系数。

（2）直埋电缆沟槽挖填根据电缆敷设路径，除特殊要求外，按照表 3-11 规定以"m³"为计量单位。沟槽开挖长度按照电缆敷设路径长度计算。需要单独计算余土（余石）外运工程量时按照直埋电缆沟槽挖填量 12.5% 计算。

表 3-11　　　　　　　　　直埋电缆沟槽土石方挖填计算表

项　　目	电缆根数	
	1～2	每增一根
每米沟长挖方量（m³）	0.45	0.153

注　1. 2 根以内电缆沟，按照上口宽度 600mm、下口宽度 400mm、深 900mm 计算常规土方盘（深度按规范的最低标准）。

2. 每增加 1 根电缆，其宽度增加 170mm。

3. 土石方最从向然地坪挖起，若挖深大于 900mm 时，按照开挖尺寸另行计算。

4. 挖淤泥、流砂按照本表中数量乘以系数 1.5。

（3）电缆沟揭、盖、移动盖板根据施工组织设计以揭一次与盖一次或者移出一次与移团一次为计算基础，按照实际揭与盖或移出与移团的次数乘以其长度，以"m"为计量单位。

（4）电缆保护管铺设根据电缆敷设路径，应区别不同敷设方式、敷设位置、管材材质、规格，按照设计图示敷设数量以"m"为计量单位。计算电缆保护管长度时设计无规定者按照以下规定增加保护管长：

1）横穿马路时，按照路基宽度两端各增加 2m。

2）保护管需要出地面时弯头管口距地面增加 2m。

3）穿过建（构）筑物外墙时，从基础外缘起增加 1m。

4）穿过沟（隧）道时，从沟（隧）道壁外缘起增加 1m。

（5）电缆保护管地下敷设，其土石方量施工有设计图纸的，按照设计图纸计算；无设计图纸的，沟深按照 0.9m 计算，沟宽按照保护管边缘每边各增加 0.3m 工作面计算。

（6）电缆桥架安装根据桥架材质与规格按照设计图示安装数量以"m"为计量单位。

（7）组合式桥架安装按照设计图示安装数量以"片"为计量单位；复合支架安装按照设计图示安装数量以"副"为计量单位。

（8）电缆敷设根据电缆敷设环境与规格按照设计图示单根敷设数量以"m"为计量单位。不计算电缆敷设损耗量。

1）竖井通道内敷设电缆长度按照电缆敷设在竖井通道垂直高度以延长米计算工程量。

2）预制分支电缆敷设长度按照敷设主电缆长度计算工程量。

3）计算电缆敷设长度时，应考虑因波形敷设、弛度、电缆绕梁（柱）所增加的长度以及电缆与设备连接、电缆接头等必要的预留长度。预留长度按照设计规定计算，设计无规定时按照表 3-12 的规定计算。

表 3-12　　　　　　　　　　　　　　电缆敷设附加长度计算表

序号	项目	预留长度（附加）	说明
1	电缆敷设弛度、波形弯度、交叉	2.5%	按电缆全长计算
2	电缆进入建筑物	2.0m	规范规定最小值
3	电缆进入沟内或吊架时引上（下）预留	1.5m	规范规定最小值
4	变电所进线、出线	1.5m	规范规定最小值
5	电力电缆终端头	1.5m	检修余量最小值
6	电缆中间接头盒	两端各留 2.0m	检修余量最小值
7	电缆进控制、保护屏及模拟盘等	高＋宽	按盘面尺寸
8	高压开关柜及低压配电盘、柜	2.0m	盘下进出线
9	电缆至电动机	0.5m	从电机接线盒算起
10	厂用变压器	3.0m	从地坪起算
11	电缆绕过梁柱等增加长度	按实计算	按被绕物的断面情况计算增加长度
12	电梯电缆与电缆架固定点	每处 0.5m	范围最小值

（9）电缆头制作与安装根据电压等级与电缆头形式及电缆截面，按照设计图示单根电缆接头数量以"个"为计量单位。

1）电力电缆和控制电缆均按照一根电缆有两个终端头计算。

2）电力电缆中间头按照设计规定计算；设计没有规定的以单根长度 400m 为标准，每增加 400m 计算一个中间头，增加长度小于 400m 时计算一个中间头。

（10）电缆防火设施安装根据防火设施的类型及材料，按照设计用量分别以不同计量单位计算工程量。

十、防雷及接地装置安装工程工程量计算

内容包括避雷针制作与安装、避雷引下线敷设、避雷网安装、接地极（板）制作与安装、接地母线敷设、接地跨接线安装、桩承台接地、设备防雷装置安装、阴极保护接地、等电位装置安装及接地系统测试等内容。

（一）消耗量定额有关说明

（1）定额适用于建筑物与构筑物的防雷接地、变配电系统接地、设备接地以及避雷针（塔）接地等装置安装。

（2）接地极安装与接地母线敷设定额不包括采用爆破法施工、接地电阻率高的土质换土、接地电阻测定工作。工程实际发生时，执行相关定额。

（3）避雷针制作、安装定额不包括避雷针底座及埋件的制作与安装。工程实际发生时，应根据设计划分，分别执行相关定额。

（4）避雷针安装定额综合考虑了高处作业因素执行定额时不做调整。避雷针安装在木杆和水泥杆上时，包括了其避雷引下线安装。

（5）独立避雷针安装包括避雷针塔架、避雷引下线安装不包括基础浇筑。塔架制作执行电气定额第七章相关制作定额。

（6）利用建筑结构钢筋作为接地引下线安装定额是按照每根柱子内焊接两根主筋编制的，当焊接主筋超过两根时，可按照比例调整定额安装费。防雷均压环是利用建筑物梁内主筋作为防雷接地连接线考虑的，每根梁内按焊接两根主筋编制当焊接主筋数超过两根时可按比例调整定额安装费。如果采用单独扁钢或圆钢明敷设作为均压环时，可执行户内接地母线敷设相关定额。

（7）利用铜绞线作为接地引下线时，其配管、穿铜绞线执行同规格相关定额。

（8）高层建筑物屋顶防雷接地装置安装应执行避雷网安装定额。避雷网安装沿折板支架敷设定额包括了支架制作与安装，不得另行计算。电缆支架的接地线安装执行"户内接地母线敷设"定额。

（9）利用基础梁内两根主筋焊接连通作为接地母线时，执行"均压环敷设"定额。

（10）户外接地母线敷设定额是按照室外整平标高和一般土质综合编制的，包括地沟挖填土和夯实，执行定额时不再计算土方工程量。户外接地沟挖深为 0.75m，每米沟长土方量为 0.34m³。如设计要求埋设深度与定额不同时应按照实际土方量调整。如遇有石方、矿渣、积水、障碍物等情况时应另行计算。

（11）利用建（构）筑物梁、柱、桩承台等接地时，柱内主筋与梁、柱内主筋与桩承台跨接不另行计算，其工作量已经综合在相应项目中。

（12）阴极保护接地等定额适用于接地电阻率高的土质地区接地施工。包括挖接地井、安装接地电极、安装接地模块、换填降阻剂、安装电解质离子接地极等。

（13）定额不包括固定防雷接地设施所用的预制混凝土块制作（或购置混凝土块）与安装费用。工程实际发生时，执行《房屋建筑与装饰工程消耗量定额》相应项目。

（二）工程量计算规则

（1）避雷针制作根据材质及针长按照设计图示安装成品数量以"根"为计量单位。

（2）避雷针、避雷小短针安装根据安装地点及针长按照设计图示安装成品数量以"根"为计量单位。

（3）独立避雷针安装根据安装高度按照设计图示安装成品数量以"基"为计量单位。

（4）避雷引下线敷设根据引下线采取的方式，按照设计图示敷设数量以"m"为计量单位。

（5）断接卡子制作与安装按照设计规定装设的断接卡子数量以"套"为计量单位。检查井内接地的断接卡子安装按照每井一套计算。

（6）均压环敷设长度按照设计需要作为均压接地梁的中心线长度以"m"为计量单位。

（7）接地极制作与安装根据材质与土质按照设计图示安装数量以"根"为计量单位。接地极长度按照设计长度计算，设计无规定时，每根按照 2.5m 计算。

（8）避雷网、接地母线敷设按照设计图示敷设数量以"m"为计量单位。计算长度时，按照设计图示水平和垂直规定长度 3.9 计算附加长度（包括转弯、上下波动、避绕障碍物、搭接头等长度），当设计有规定时，按照设计规定计算。

（9）接地跨接线安装根据跨接线位置结合规程规定按照设计图示跨接数量以"处"为计量单位。户外配电装置构架按照设计要求需要接地时，每组构架计算一处；钢窗、铝合金窗按照设计要求需要接地时，每一樘金属窗计算一处。

（10）桩承台接地根据桩连接根数，按照设计图示数量以"基"为计量单位。

（11）电子设备防雷接地装置安装根据需要避雷的设备，按照个数计算工程量。

（12）阴极保护接地根据设计采取的措施按照设计用量计算工程量。

（13）等电位装置安装根据接地系统布置，按照安装数量以"套"为计量单位。

（14）接地网测试。

1）工程项目连成一个母网时按照一个系统计算测试工程量；单项工程或单位工程自成母网不与工程项目母网相连的独立接地网，单独计算一个系统测试工程量。

2）工厂、车间、大型建筑群各自有独立的接地网（按照设计要求），在最后将各接地网连在一起时，需要根据具体的测试情况计算系统测试工程量。

十一、电压等级 10kV 及以下架空线路输电工程工程量计算

内容包括工地运输工程、土石方工程、基础工程、杆及塔组立、横担与绝缘子安装、架线工程、杆上变配电设备安装等内容。定额中已包括需要搭拆脚手架的费用，执行定额时不做调整。

（一）地形特征划分

（1）平地：指地形比较平坦、开阔地面土质含水率小于或等于 40 的地带。

（2）丘陵：指地形有起伏的地貌，水平距离小于或等于 1km，地形起伏小于或等于 50m 的地带。

（3）一般山地：指一般山岭或沟谷地带、高原台地，水平距离小于或等于 250m，地形起伏在 50～150m 的地带。

（4）泥沼地带：指经常积水的田地或泥水淤积的地带。

（5）沙漠：指沙漠边缘地带。

（6）高山：指人力、牲畜攀登困难，水平距离小于或等于 250m，地形起伏在 150～250m 的地带。

（二）地形系数调整表

定额是按照平地施工条件考虑的如在其他地形条件下施工时其人工、机械按照表 3-13 规定的地形系数调整。

表 3-13　　　　　　　　　　　　　　　地形系数调整表

地形类别	丘陵	一般山地、沼泽地带、沙漠	高山
系数调整	1.20	1.60	2.20

（三）地形系数执行要求

地形系数根据工程设计条件和工程实际情况执行。

（1）输电线路全线路径分几种地形时可按照各种地形线路长度所占比例计算综合系数。

（2）在确定运输地形时应按照运输路径的实际地形划分。

（3）在西北地区高原台地上建设小于或等于 2km 线路工程时地形按照一般山地标准计算。

（4）在城市市区建设线路工程时地形按照丘陵标准计算。城市市区界定按照相应标准执行。

（四）消耗量定额有关说明

（1）工地运输包括材料自存放仓库或集中堆放点运至沿线各杆或塔位的装卸、运输及空载回程等全部工作。定额包括人力运输、汽车运输、船舶运输。

1）人力运输运距按照卸料点至各杆塔位的实际距离计算；高山地带进行人力工地运输时，运距应以山地垂直高差平均值作为直角边，按照斜长计算，不按照实际运输距离计算。杆上设备如发生人力运输时，参照相应的线材运输定额执行。计算人力运输运距时，结果保留两位小数。

2）汽车、船舶运输定额综合考虑了车或船的性能与运载能力、路面或水域级别以及一次装、分次卸等因素，执行定额时不做调整。计算汽车、船舶运输距离时，按照公里计算，运输距离小于 1km 时按照 1km 计算。

3）汽车利用盘山公路行驶进行工地运输时，其运输地形按照一般山地考虑。

4）杆上变配电设备工地运输参照金具、绝缘子运输定额乘以系数 1.2。

（2）土石方工程定额包括施工定位、杆（塔）位及施工基面平整、基坑土方施工、基坑石方施工、沟槽土方施工、沟槽石方施工、施工排地下水。

1）施工定位定额中包括复测桩位、测定基坑与施工基面、厚度小于或等于±300mm 杆（塔）基位及施工基面范围内土石方平整。厚度大于±300mm 土石方量，执行"杆（塔）基位及施工基面平整"定额。施工定位跨越房屋时，每跨越一处相应定额增加 0.7 工日。

2）杆（塔）位及施工基面平整、基坑与沟槽土石方施工定额包括土石方开挖、边坡修整、回填、余土外运距离小于或等于 100m 及平整。当余土外运距离大于 100m 时执行"工地运输工程"相应的定额另行计算费用。定额不包括对原地形与地貌的恢复及保护、施工排水，工程实际发生时，根据有关规定或标准执行相关定额。

3）土质分类。

a. 普通土：指种植土、黏砂土、黄土和盐碱土等，主要用锹、铲挖掘，少许用铁铺翻松后即能挖掘的土质。

b. 坚土：指土质坚硬难挖的红土、板状黏土、重块土、高岭土，必须用铁镐、条锄挖松，再用锹、铲挖掘的土质。

c. 松砂石：指碎石、卵石和土的混合体，各种不坚实砾岩、叶岩、风化岩，节理较多的岩石（不需要爆破可以开采的岩石），需要用铺、撬棍、大锤、楔子等工具配合才能挖掘的土质。

d. 岩石：指不能用一般挖掘工具进行开挖的各类岩石，必须采用打眼、爆破或部分用风情打凿才能开挖的土质。

e. 泥水：指坑周围经常积水，坑的土质松散，如淤泥和沼泽地等，挖掘时因水渗入和浸润而成泥浆，容易坍塌，需要用挡土板和适量排水才能开挖的土质。

f. 流砂：指坑的土质为砂质或分层砂质，挖掘过程中砂层有上涌现象并容易坍塌的土质，挖掘时需排水和采用挡土板或采取井点设备降水才能开挖的土质。不需要排水使之成为干砂坑。

g. 水坑：指土质较密实，开挖中坑壁不易坍塌，但有地下水涌出，挖掘过程中需用机械排水才能开挖的土质。

4）土质类别根据设计地质资料确定，同一坑、槽出现不同土质类别时，分层计算。出现流砂层时，全坑均按照流砂坑计算。

5）定额包括挖掘过程中因少量坍塌而多挖土方量，或石方爆破过程中因人力不易控制而多爆破石方量，执行定额时不做调整。

6）泥水坑、水坑、流砂坑的土方施工定额综合考虑、了必要的挡土板安拆，执行定额时不做调整。施工需要排地下水时，应单独计算。

7）人工开凿岩石定额适用于受现场地形或客观条件限制，施工组织设计要求不能采用爆破施工的项目。

8）工程出现冻土厚度大于或等于300mm时，冻土层的挖方费用执行坚土挖方定额乘以系数2.5，其他土层仍按照地质资料执行原定额标准。

（3）基础与地基处理工程定额包括预制基础、现浇基础、岩石嵌固基础、钢筋混凝土灌注桩、钢筋混凝土预制桩、钢管桩、桩头处理、钢筋铁件制作与安装、基础与拉线棒防腐、排洪沟与护坡及挡土墙。桩定额中不包括桩基检测费。

1）工程采用预拌混凝土浇筑基础、灌注混凝土桩时，在综合考虑混凝土搅拌费、运输费、损耗量、材料费、材料价差等因素后，按照价差处理。

2）浇制杆塔基础定额是按照有筋基础编制的，工程实际若为无筋基础时，执行相应定额乘以系数0.95。

3）定额中现场搅拌混凝土用水平均运距是按照100m编制的，工程实际运距大于100m时，超过部分运距可按照每立方米混凝土500kg用水量执行工地运输定额。500kg用水量标准综合考虑了清洗石子、养护、淋湿模板、清洗机具等用水量。

4）岩石嵌固基础定额是按照单杆单孔编制的，工程采用双杆单孔时，执行定额乘以系数1.75。

5）凡一孔中有不同土质时，应按照设计提供的地质资料分层计算。灌注桩成孔土质分类：

    a. 砂土、亚黏土：指亚砂土和中、轻亚黏土。

    b. 黏土：指重亚黏土、结土和松散黄土。

    c. 砂砾土：指重亚黏土、僵石黏土并伴有含量大于或等于 20%、粒径小于或等于 15cm 砾石或卵石。

    6）钢筋混凝土灌注桩形孔定额包括机具移动与搬运、形孔、人岩、孔内照明。人工挖孔参照人工推钻形孔定额执行。

    7）灌注桩定额不包括基础防沉台、承台板、承台梁的浇筑，工程实际发生时，执行浇制杆塔基础定额。

    8）灌注桩定额中不包括余土清理，工程实际发生时，执行相应的施工基面平整定额。

    9）钢管桩定额不包括桩芯灌混凝土、浇制混凝土承台板及垫层，应执行"现浇基础"相关定额。

    10）排洪沟、护坡、挡土墙定额不包括土方施工，应执行"沟槽土方"相关定额。

    11）锥形护坡和挡土墙内侧如需要填土时，可执行沟槽普通土施工定额和相应的运输定额。

    12）钢筋加工定额中不包括钢筋热镀锌。

    （4）杆、塔组立定额包括木杆组立、混凝土杆组立、钢管杆组立、铁塔组立、拉线制作与安装、接地安装等。杆塔组立定额是按照工程施工电杆大于 5 基考虑的，如果工程施工电杆小于或等于 5 基时，执行本章定额的人工、机械乘以系数 1.3。

    1）定额中杆长包括埋入基础部分杆长。

    2）离心杆、钢管杆组立定额中，单基重量系指杆身自重加横担与螺栓等全部杆身组合构件的总重量。

    3）钢管杆组立定额是按照螺栓连接编制的，插入式钢管杆执行定额时人工、机械乘以系数 0.9。

    4）铁塔组立定额中，单基重量系指铁塔总重量，包括铁塔本体型钢、连接板、螺栓、脚钉、爬梯、基座等重量。

    5）拉线制作与安装定额综合考虑了不同材质、规格，执行定额时不做调整。定额是按照单根拉线考虑，当工程实际采用 V 形、Y 形或双拼形拉线时，按照两根计算。

    6）接地安装定额仅适用于铁塔、钢管杆接地以及长距离线路的接地。柱上设备及配电装置的接地执行本册定额第十章"防雷及接地装置安装工程"相应定额。接地安装定额不包括接地槽土方挖填；定额中接地极长度是按照 2.5m 考虑的工程实际长度大于 2.5m 时执行定额乘以系数 1.25。

    （5）横担与绝缘子安装定额包括横担安装、绝缘子安装、街码金具安装。

    1）横担安装定额包括本体、支撑、支座安装。定额是按照单杆安装横担编制的，工程实际采用双杆安装横担时，执行相应定额乘以系数 2.0。

    2）10kV 横担安装定额是按照单回路架线编制的，当工程实际为单杆双回路架线时，垂直排列挂线执行相应定额乘以系数 2.0；水平排列挂线执行相应定额乘以系数 1.6。

    3）街码金具安装定额适用于沿建（构）筑物外墙架设的输电线路工程。

    （6）架线工程定额包括裸铝绞线架设、钢芯铝绞线架设、绝缘铝绞线架设、绝缘铜绞线、钢绞线架设、1kV 以下低压电力电缆架设、集束导线架设、导线跨越、进户线架设。

1）导线架设定额中导线是按照三相交流单回线路编制的，当工程实际为单杆双回路架线时，垂直排列同时挂线执行相关定额材料乘以系数 2.0、人工与机械（仪器仪表）乘以系数 1.8；垂直排列非同时挂线执行相关定额材料乘以系数 2.0、人工与机械（仪器仪表）乘以系数 1.95；水平排列同时挂线执行相关定额材料乘以系数 2.0、人工与机械（仪器仪表）乘以系数 1.7；水平排列非同时挂线执行相关定额材料乘以系数 2.0、人工与机械（仪器仪表）乘以系数 1.9。

2）导线架设定额综合考虑了耐张杆塔的数量以及耐张终端头制作和挂线、耐张（转角）杆塔的平衡挂线、跳线及跳线串的安装等工作。工程实际与定额不同时不做调整，金具材料费按设计用量加 0.5％另行计算。

3）钢绞线架设定额适用于架空电缆承力线架设。

4）导线跨越定额的计量单位"处"是指在一个挡距内，对一种被跨越物所必须搭设的跨越设施而言。如同一挡距内跨越多种（或多次）跨越物时，应根据跨越物种类分别执行定额。

5）导线跨越定额仅考虑因搭拆跨越设施而消耗的人工、材料和机械。在计算架线工程量时，其跨越挡的长度不予扣除。

6）导线跨越定额不包括被跨越物产权部门提出的咨询、监护、路基占用等费用，如工程实际需要时，可按照政府或有关部门的规定另行计算。

7）跨越电气化铁路时，执行跨越铁路定额乘以系数 1.2。

8）跨越电力线定额是按照停电跨越编制的。如工程实际需要带电跨越按照表 3-14 的规定另行计列带电跨越措施费。如被跨越电力线为双回路、多线（4 线以上）时，措施费乘以系数 1.5。带电跨越措施费以增加人工消耗量为计算基础，参加取费。

表 3-14　　　　带电跨越措施费用表

电压等级（kV）	10	6	0.38	0.22
增加工日数量（普通/一般技工/高级技工）	7/12/4	6/11/3	3/4/0	3/3/0

9）跨越河流定额仅适用于有水的河流、湖泊（水库）的一般跨越。在架线期间，凡属于人能涉水而过的河道，或处于干涸的河流、湖泊（水库）均不计算跨越河流费用。对于通航河道必须采取封航措施，或水流湍急施工难度较大的峡谷，其导线跨越可根据审定的施工组织设计采取的措施，另行计算。

10）导线跨越定额是按照单回路线路建设编制的，若为同杆塔架设双回路线路时，执行相关定额人工、机械乘以系数 1.5。

11）进户线是指供电线路从杆线或分线箱接出至用户计量表箱间的线路。

（7）杆上变配电设备安装定额包括变压器安装、配电设备安装、接地环安装、绝缘护罩安装。安装设备所需要的钢支架主材、连引线、线夹、金具等应另行计算。

1）杆上变压器安装定额不包括变压器抽芯与干燥、检修平台与防护栏杆及设备接地装置安装。

2）杆上配电箱安装定额不包括焊（压）接线端子、带电搭接头措施费。

3）杆上设备安装包括设备单体调试、配合电气设备试验。

4）"防鸟刺""防鸟占位器"安装执行驱鸟器定额。

（五）工程量计算规则

（1）工地运输根据运输距离与运输物品种类区分人力、汽车、船舶运输方式按照工程施工组织设计以"t·km"为计量单位。

1）单位工程汽车运输材料重量不足 3t 时，按照 3t 计算。材料运输工程量计算公式如下

$$材料运输工程量 = 施工图用量 \times（1 + 损耗率）+ 包装物重量。$$

其中：材料包括工程施工所用的自然材料、人工材料、构件成品、构件半成品、周转性材料、消耗性材料、线路工程设备等；损耗量包括材料堆放保管损耗量、运输损耗量、加工损耗量、施工损耗量；工程量转换成材料量时包括施工措施用材量、材料密实量、材料充盈量；不需要包装的材料不计算包装物重量。

2）主要材料运输重量按照表 3-15 计算。

表 3-15　　　　　　　　　　　　　　　主要材料运输重量表

材料名称		单位	运输重量（kg）	备注
混凝土制品	人工浇制	m³	2600	包括钢筋
	离心浇制	m³	2860	包括钢筋
线材	导线	kg	$W \times 1.15$	有线盘
	避雷线、拉线	kg	$W \times 1.07$	无线盘
木杆材料		m³	500	包括木横担
金具、绝缘子		kg	$W \times 1.07$	
螺栓、垫圈、脚钉		kg	$W \times 1.01$	
土方		m³	1500	实挖量
块石、碎石、卵石		m³	1600	
黄砂（干中砂）		m³	1550	自然砂 1200kg/m³
水		kg	$W \times 1.2$	

注　1. W 为理论重量；
　　2. 未列入的其他材料，按照净重计算。

3）塔材、钢管杆装卸与运输重量应计算螺栓、脚钉、垫圈等重量。

（2）土石方工程量根据土质类别和开挖条件区分坑与槽、开挖深度按照工程设计图示尺寸以"m³"为计量单位。

1）杆塔位或施工基面平整根据设计地坪标高与区域布置按照方格网法或断面法计算工程量。

2）基坑或沟槽土方开挖起点标高为杆塔位或施工基面整平标高。整平标高以上的土方按照杆塔位施工基面平整工程量计算。

3）需要放坡开挖的基坑按照棱台体积计算工程量；不放坡开挖的基坑按照矩形柱体积计算工程量。

4）需要放坡开挖的沟槽按照梯形断面面积乘以开挖长度计算工程量，计算开挖长度时应增加开挖深度乘以放坡系数值；不需要放坡开挖的沟槽按照矩形面积乘以开挖长度计算工

程量。

5）开挖基坑或沟槽深度大于 1.2m 时各类土质放坡系数按照表 3-16 的规定计算。

表 3-16 土方开挖放坡系数表

项目名称	普通土坑或槽	坚土坑或槽	松砂石坑或槽	泥水、流砂、岩石坑或槽
2.0m 以内	1：0.35	1：0.25	1：0.3	不放坡
2.0m 以外	1：0.5	1：0.35	1：0.4	不放坡

6）基础（不包括垫层）施工工作面每边增加宽度：

a. 普通土、坚土坑、水坑、松砂石坑为 0.20m；

b. 泥水坑、流砂坑、干砂坑为 0.30m；

c. 岩石坑支模板为 0.2m，岩石坑不支模板为 0.10m。

7）杆塔基坑坡道土、石方量计算：挖深小于或等于 1.2m 基坑，每坑计算 0.3m³；挖深小于或等于 2m 基坑，每坑计算 0.8m³；挖深大于 2m 基坑，每坑计算 1.5m³。

8）带卡盘的基坑，如原计算的尺寸不能满足卡盘安装时，因卡盘超长而增加的土（石）方量另行计算。

9）接地装置需要增加降阻剂时，沟槽开挖宽度按照设计规定计算；当设计无规定时，开挖槽宽可按照 0.6m 计算。

10）特殊情况下余土运输工程量按照下列规定计算：

a. 灌注桩钻孔渣土为：设计整平标高以下桩体积（m³）1.7t/m³。

b. 现浇和预制基础占基坑土为：混凝土体积（m³）1.5t/m³（58%）。

11）施工排地下水根据排水泵出口直径，按照排水泵实际运行时间以"台班"为计量单位。排水泵运行时间应以现场签证记录为准连续运行 5h 计算一个台班。

（3）预制基础根据种类和单块重量，按照设计图示安装数量以"块"为计量单位，不计算制作、运输、安装损耗量。计算主材费、材料运输时，应计算相应的损耗量。

（4）现浇基础底层、垫层根据材料种类，按照设计图示尺寸浇筑数量以"m³"为计量单位。

（5）浇筑杆塔基础根据单基混凝土量按照设计图示尺寸浇筑数量以"m³"为计量单位。

（6）岩石嵌固基础根据钻孔深度按照设计图示钻孔数量以"孔"为计量单位。铁塔基础结合腿数计算孔数。

（7）钢筋混凝土灌注桩形孔根据孔深和孔直径区分土质、钻孔方法按照设计图示钻孔深度以"m"为计量单位。钻孔深度从钻孔地面标高计算至桩入岩底标高。

（8）计算浇筑桩芯混凝土工程量时，应计算混凝土超灌量。

1）桩芯混凝土按照设计成桩数量以"m³"为计量单位。成桩直径按照设计单桩承载力的直径计算，成桩长度从桩顶标高计算至桩入岩底标高。

2）混凝土超灌量按照设计规定计算，当设计无规定时，按照下列规定计算：

a. 灌注桩超灌量为设计工程量 10%；

b. 岩石嵌固基础超灌量为设计工程量的 7%。

（9）钢筋混凝土预制桩根据桩入土方式和设计桩长按照设计图示打桩数量以"m³"为计量单位。

1）打预制桩体积按照设计桩长乘以桩截面面积计算，不扣除桩尖虚体积。不计算制作、运输、打桩损耗量。计算桩主材费、运输重量时，应计算相应的损耗量。

2）送桩体积按照桩截面面积乘以设计桩顶标高至打桩地坪标高另加 0.5m 计算。

（10）破桩头根据桩型，按照实际破桩头数量以"m³"为计量单位。

1）预制钢筋混凝土管桩、方桩破桩头的高度应小于或等于 0.75m 高度大于 0.75m 时应先截桩后破桩。被截桩断面面积小于或等于 0.2m² 时，每截一个桩头增加普通工 0.358 个工日；被截桩断面面积大于 0.2m² 时，每截一个桩头增加普通工 0.598 个工日。截桩头按照被截桩根数计算。

2）灌注桩破桩头按照超灌长度乘以设计桩截面面积计算，超灌长度按照 0.25m 计算（特殊情况下按照相应规定）；破桩护壁按照实际体积计算，并入破桩头工程量中。

（11）钢筋加工与安装、铁件制作与安装，按照设计成品重量以"t"为计量单位。不计算加工、制作、运输、安装损耗量以及焊条、铅丝重量。钢筋成品重量应包括搭接用量。计算钢材主材费、运输重量时，应计算相应的损耗量、施工措施量。

（12）排洪沟、护坡、挡土墙根据材质及结构形式，按照设计图示体积以"m³"为计量单位。

（13）杆塔组立根据材质和杆长，区别杆塔组立形式、重量，按照设计图示安装数量以"基"为计量单位。

（14）拉线制作与安装根据拉线形式与截面面积按照设计图示安装数量以"根"为计量单位。拉线长度按照设计全根长度计算，当设计无规定时，按照表 3-17 的规定计算。

表 3-17　　　　　　　　　　拉线长度计算表　　　　　　　　　　（m/根）

项　目		普通拉线	V（Y）形拉线	弓形拉线
杆高（m）	8	11.47	22.94	9.33
	9	12.61	25.22	10.1
	10	13.74	27.48	10.92
	11	15.1	30.2	11.82
	12	16.14	32.28	12.62
	13	18.69	37.38	13.42
	14	19.68	39.36	15.12
水平拉线		26.47		

（15）接地安装根据接地组成部分，区分土质、接地线单根敷设长度、降阻接地方式，按照设计图示数量计算工程量。

（16）横担安装根据材质、安装根数，区分电压等级、杆的位置、导线根数，按照设计图示安装数量以"组"为计量单位。

（17）绝缘子安装根据绝缘子性质按照设计图示安装数量以"片"或"只"为计量单位。

（18）街码金具安装根据电压等级与配线方式，按照设计图示安装数量以"组"为计量单位。

（19）架线工程按照设计图示单根架设数量以"km"为计量单位。计算架线长度时，应考虑弛度、弧垂、导线与设备连接、导线接头等必要的预留长度。预留长度按照设计规定计算，设计无规定时按照表 3-18 的规定计算。计算主材费、运输重量时，应计算损耗量。

1）导线架设应区别导线材质与截面面积计算工程量。

2）电压等级小于或等于 1kV 电力电缆架设应区别电缆芯数与单芯截面面积计算工程量。

3）集束导线架设应区别导线芯数与单芯截面面积计算工程量。

表 3-18　　　　　　导线、电缆、集束导线预留长度表　　　　　　m/根

项　目　名　称		长　　度
高压	转角	2.5
	分支、终端	2
低压	分支、终端	0.5
	交叉跳线转角	1.5
与设备连线		0.5
进户线		2.5

（20）导线跨距根据被跨越物的种类、规格，按照施工组织设计实际跨越的数量以"处"为计量单位。定额中每个跨越距离按照小于或等于 50m 考虑，当跨越距离每增加 50m 时，计算一处跨越，增加距离小于 50m 时按照 1 处计算。

（21）杆上变配电设备安装根据安装设备的种类与规格，按照设计图示安装数量以"台、组、个"为计量单位。

十二、配管工程工程量计算

内容包括套接紧定式镀锌钢导管（JDG）、镀钵钢管、防爆钢管、可挠金属套管、塑料管、金属软管、金属线槽的敷设等内容。

（一）消耗量定额有关说明

（1）配管定额中钢管材质是按照镀锌钢管考虑的，定额不包括采用焊接钢管刷油漆、刷防火漆或防火涂料、管外壁防腐保护以及接线箱、接线盒、支架的制作与安装。焊接钢管刷油漆、刷防火漆或涂防火涂料、管外壁防腐保护执行《通用安装工程消耗量定额　第十二册　刷油、防腐蚀、绝热工程》相应项目；接线箱、接线盒安装执行电气定额第十三章相关定额；支架的制作与安装执行电气定额第七章相关定额。

（2）工程采用镀锌电线管时执行镀锌钢管定额计算安装费；镀锌电线管主材费按照镀锌钢管用量另行计算。

（3）工程采用扣压式薄壁钢导管（KBG）时，执行套接紧定式镀锌钢导管（JDG）定额计算安装费；扣压式薄壁钢导管（KBG）主材费按照镀锌钢管用量另行计算。计算其管主材费时，应包括管件费用。

（4）定额中刚性阻燃管为刚性 PVC 难燃线管，管材长度一般为 4m/根，管子连接采用专用接头插入法连接，接口密封；半硬质塑料管为阻燃聚乙烯软管，管子连接采用专用接头抹塑料胶后粘接。工程实际安装与定额不同时，执行定额不做调整。

（5）定额中可挠金属套管是指普利卡金属管（PULLKA），主要应用于混凝土内埋管及低压室外电气配线管。可挠金属套管规格见表 3-19。

表 3-19　　　　　　　　　　　　可挠金属套管规格表

规格	10 号	12 号	15 号	17 号	24 号	30 号	38 号	50 号	63 号	76 号	83 号	101 号
内径（mm）	9.2	11.4	14.1	16.6	23.8	29.3	37.1	49.1	62.6	76.0	81.0	100.2
外径（mm）	13.3	16.1	19.0	21.5	28.8	34.9	42.9	54.9	69.1	82.9	88.1	107.3

（6）配管定额是按照各专业间配合施工考虑的，定额中不考虑凿槽、刨沟、凿孔（洞）等费用。

（7）室外埋设配线管的土石方施工，执行电气定额第 9 章相关定额。室内埋设配线管的土石方原则上不单独计算。

（8）吊顶天棚板内敷设电线管根据管材介质执行"砖、混凝土结构明配"相关定额。

（二）工程量计算规则

（1）配管敷设根据配管材质与直径区别敷设位置、敷设方式按照设计图示安装数量以"m"为计量单位。计算长度时，不计算安装损耗量，不扣除管路中间的接线箱、接线盒、灯头盒、开关盒、插座盒、管件等所占长度。

（2）金属软管敷设根据金属管直径及每根长度按照设计图示安装数量以"m"为计量单位。计算长度时，不计算安装损耗量。

（3）线槽敷设根据线槽材质与规格，按照设计图示安装数量以"m"为计量单位。计算长度时，不计算安装损耗量，不扣除管路中间的接线箱、接线盒、灯头盒、开关盒、插座盒、管件等所占长度。

十三、配线工程工程量计算

内容包括管内穿线、绝缘子配线、线槽配线、塑料护套线明敷设、绝缘导线明敷设、车间配线、接线箱安装、接线盒安装、盘（柜、箱、板）配线等内容。

（一）消耗量定额有关说明

（1）管内穿线定额包括扫管、穿线、焊接包头；绝缘子配线定额包括埋螺钉、钉木楞、埋穿墙管、安装绝缘子、配线、焊接包头；线槽配线定额包括清扫线槽、布线、焊接包头；导线明敷设定额包括埋穿墙管、安装瓷通、安装街码、上卡子、配线、焊接包头。

（2）照明线路中导线截面面积大于 6mm^2 时，执行"穿动力线"相关定额。

（3）车间配线定额包括支架安装、绝缘子安装、母线平直与连接及架设、刷分相漆。定额不包括母线伸缩器制作与安装。

（4）接线箱、接线盒安装及盘柜配线定额适用于电压等级小于或等于 380V 电压等级用电系统。定额不包括接线箱、接线盒费用及导线与接线端子材料费。

（5）暗装接线箱、接线盒定额中槽孔按照事先预留考虑，不计算开槽、开孔费用。

（二）工程量计算规则

（1）管内穿线根据导线材质与截面面积区别照明线与动力线按照设计图示安装数量以"10m"为计量单位；管内穿多芯软导线根据软导线芯数与单芯软导线截面面积，按照设计图示安装数量以"10m"为计量单位。管内穿线的线路分支接头线长度已综合考虑在定额中，不得另行计算。

（2）绝缘子配线根据导线截面面积，区别绝缘子形式（针式、鼓形、碟式）、绝缘子配线位置（沿屋架、梁、柱、墙，跨屋架、梁、柱、木结构，顶棚内，砖、混凝土结构，沿钢支架及钢索），按照设计图示安装数量以"10m"为计量单位。当绝缘子暗配时计算引下线工程量其长度从线路支持点计算至天棚下缘距离。

（3）线槽配线根据导线截面面积按照设计图示安装数量以"10m"为计量单位。

（4）塑料护套线明敷设根据导线芯数与单芯导线截面面积，区别导线敷设位置（木结构、砖混凝土结构、沿钢索），按照设计图示安装数量以"10m"为计量单位。

（5）绝缘导线明敷设根据导线截面面积，按照设计图示安装数量以"10m"为计量单位。

（6）车间带型母线安装根据母线材质与截面面积，区别母线安装位置（沿屋架、梁、柱、墙，跨屋架、梁、柱），按照设计图示安装数量以单相10延长米为计量单位。

（7）车间配线钢索架设区别圆钢、钢索直径，按照设计图示墙（柱）内缘距离以"10m"为计量单位，不扣除拉紧装置所占长度。

（8）车间配线母线与钢索拉紧装置制作与安装，根据母线截面面积、索具螺栓直径，按照设计图示安装数量以"套"为计量单位。

（9）接线箱安装根据安装形式（明装、暗装）及接线箱半周长，按照设计图示安装数量以"个"为计量单位。

（10）接线盒安装根据安装形式（明装、暗装）及接线盒类型，按照设计图示安装数量以"个"为计量单位。

（11）盘、柜、箱、板配线根据导线截面面积，按照设计图示配线数量以"10m"为计量单位。配线进入盘、柜、箱、板时每根线的预留长度按照设计规定计算，设计无规定时按照表3-20的规定计算。

表 3-20　　　　　　　　　　　　配线进入盘、柜、箱、板的预留线长度表

序号	项　目	预留长度	说明
1	各种开关、柜、板	宽＋高	盘面尺寸
2	单独安装（元箱、盘）的铁壳开关、闸刀开关、启动器、母线槽进出线盒	0.3m	从安装对象中心算起
3	由地面管子出口引至动力接线箱	1.0m	从管口计算
4	电源与管内导线连接（管内穿线与软、硬母线接头）	1.5m	从管口计算
5	出户线	1.5m	从管口计算

（12）灯具、开关、插座、按钮等预留线，已分别综合在相应项目内，不另行计算。

十四、照明器具安装工程工程量计算

内容包括普通灯具、装饰灯具、荧光灯具、嵌入式地灯、工厂灯、医院灯具、霓虹灯、小区路灯、景观灯的安装，开关、按钮、插座的安装，艺术喷泉照明系统安装等内容。

（一）消耗量定额有关说明

（1）灯具引导线是指灯具吸盘到灯头的连线，除注明者外，均按照灯具自备考虑。如引导线需要另行配置时，其安装费不变，主材费另行计算。

（2）小区路灯、投光灯、氙气灯、烟囱或水塔指示灯的安装定额，考虑了超高安装（操作超高）因素，其他照明器具的安装高度大于5m时，按照册说明中的规定另行计算超高安装增加费。

（3）装饰灯具安装定额考虑了超高安装因素，并包括脚手架搭拆费用。

（4）吊式艺术装饰灯具的灯体直径为装饰灯具的最大外缘直径，灯体垂吊长度为灯座底部到灯梢之间的总长度。

（5）吸顶式艺术装饰灯具的灯体直径为吸盘最大外缘直径，灯体半周长为矩形吸盘的半周长，灯体垂在长度为吸盘到灯梢之间的总长度。

（6）照明灯具安装除特殊说明外均不包括支架制作与安装。工程实际发生时执行电气定额第七章相关定额。

（7）定额包括灯具组装、安装、利用摇表测量绝缘及一般灯具的试亮工作。

（8）小区路灯安装定额包括灯柱、灯架、灯具安装；成品小区路灯基础安装包括基础土方施工，现浇混凝土小区路灯基础及土方施工执行《房屋建筑与装饰工程消耗量定额》相应项目。

（9）普通灯具安装定额适用范围见表3-21。

表3-21　　　　　　　　　　　　　　普通灯具安装定额适用范围表

定额名称	灯具种类
圆球吸顶灯	材质为玻璃的独立的半圆球吸顶灯、扁圆罩吸顶灯、平圆形吸顶灯
方形吸顶灯	材质为玻璃的独立的矩形罩吸顶灯、方形罩吸顶灯、大口方罩吸顶灯
软线吊灯	利用软线为垂吊材料、独立的材质为玻璃、塑料罩等各式吊链灯
吊链灯	利用吊链作辅助悬吊材料、独立的，材料为玻璃、塑料罩的各式吊链灯
防水吊灯	一般防水吊灯
一般弯脖灯	圆球弯脖灯、风雨壁灯
一般墙壁灯	各种材质的一般壁灯、镜前灯
软线吊灯头	一般吊灯头
声光控座灯头	一般声控、光控座灯头
座头灯	一般塑料、瓷质座灯头

（10）组合荧光灯带、内藏组合式灯、发光棚荧光灯、立体广告灯箱、天棚荧光灯带的灯具设计用量与定额不同时，成套灯具根据设计数量加损耗量计算主材费，安装费不做调整。

（11）装饰灯具安装定额适用范围见表3-22。

表3-22　　　　　　　　　　　　　　装饰灯具安装定额适用范围表

定额名称	灯具种类（形式）
吊式艺术装饰灯具	不同材质、不同灯体垂吊长度、不同灯体直径的蜡烛灯、挂片灯、串珠（穗）、串棒灯、吊杆式组合灯、玻璃罩（带装饰）灯
吸顶式艺术装饰灯具	不同材质、不同灯体垂吊长度、不同灯体几何形状的串珠（穗）串棒灯、挂片、挂碗、挂吊蝶灯、玻璃（带装饰）灯
荧光艺术装饰灯具	不同安装形式、不同灯管数量的组合荧光灯光带不同几何组合形式的内藏组合式灯，不同几何尺寸、不同灯具形式的发光棚，不同形式的立体广告灯箱、荧光灯光沿
几何形状组合艺术灯具	不同固定形式、不同灯具形式的繁星灯、钻石星灯、礼花灯、玻璃罩钢架组合灯、凸片灯、反射挂灯、筒形钢架灯、U形组合灯、弧形管组合灯

定额名称	灯具种类（形式）
标志、诱导装饰灯具	不同安装形式的标志灯、诱导灯
水下艺术装饰灯具	简易形彩灯、密封形彩灯、喷水池灯、幻光型灯
点光源、艺术装饰灯具	不同安装形式、不同灯体直径的筒灯、牛眼灯、射灯、轨道射灯
草坪灯具	各种立柱式、墙壁式的草坪灯
歌舞厅灯具	各种安装形式的变色转盘灯、雷达射灯、幻影转彩灯、维纳斯旋转灯、卫星旋转效果灯、飞碟旋转效果灯、多头转灯、滚筒灯、频闪灯、太阳灯、雨灯、歌星灯、边界灯、射灯、泡泡发生器、迷你满天星彩灯、迷你单立（盘彩灯）、多头宇宙灯、镜面球灯、蛇光灯

（12）荧光灯具安装定额按照成套型荧光灯考虑，工程实际采用组合式荧光灯时，执行相应的成套型荧光灯安装定额乘以系数 1.1。荧光灯具安装定额适用范围见表 3-23。

表 3-23　　　　　　　　　　荧光灯具安装定额适用范围表

定额名称	灯具种类
成套型荧光灯	单管、双管、三管、四管、吊链式、吊管式、吸顶式、嵌入式、成套独立荧光灯

（13）工厂灯及防尘防水灯安装定额适用范围见表 3-24。

表 3-24　　　　　　　　　工厂灯及防水防尘灯安装定额适用范围表

定额名称	灯具种类
直杆工厂吊灯	配照（GC1-A）、广照（GC3-A）、深照（GC5-A）、圆球（GC17-A）、双照（GC19-A）
吊链式工厂灯	配照（GC1-B）、深照（GC3-A）、斜照（GC5-C）、圆球（GC7-A）、双照（GC19-A）
吸顶灯	配照（GC1-A）、广照（GC3-A）、深照（GC5-A）、斜照（GC7-C）、圆球双照（GC19-A）
弯杆式工厂灯	配照（GC1-D/E）、广照（GC3-D/E）、深照（GC5-D/E）、斜照（GC7-D/E）、双照（GC19-C）、局部深照（GC26-F/H）
悬挂式工厂灯	配照（GC21-2）、深照（GC23-2）
防水防尘灯	广照（GC9-A、B、C）、广照保护网（GC11-A、B、C）、散照（GC15-A、B、C、D、E）

（14）工厂其他灯具安装定额适用范围见表 3-25。

表 3-25　　　　　　　　　工厂其他灯具安装定额适用范围表

定额名称	灯具种类
防潮灯	扁形防潮灯（GC-31）、防潮灯（GC-33）
腰形舱顶灯	腰形舱顶灯 CCD-1
管形氙气灯	自然冷却式 220V/380V 功率≤20kW
投光灯	TG 型室外投光灯

（15）医院灯具安装定额适用范围见表 3-26。

表 3-26　　　　　　　　　　医院灯具安装定额适用范围表

定额名称	灯具种类
病房指示灯	病房指示灯
病房暗角灯	病房暗角灯
无影灯	3～12 孔管式无影灯

（16）工厂厂区内、住宅小区内路灯的安装执行电气定额。小区路灯安装定额适用范围见表 3-27。小区路灯安装定额中不包括小区路灯杆接地，接地参照"10kV 输电电杆接地"定额执行。

表 3-27　　　　　　　　　　小区路灯安装定额适用范围表

定额名称		灯　具　种　类
单臂挑灯		单抱箍臂长≤1200mm、臂长≤3000mm
		双抱箍臂长≤3000mm、臂长≤5000mm、臂长＞5000mm
		双拉梗臂长≤3000mm、臂长≤5000mm、臂长＞5000mm
		成套型臂长≤3000mm、臂长≤5000mm、臂长＞5000mm
		组装型臂长≤3000mm、臂长≤5000mm、臂长＞5000mm
双臂挑灯	成套型	组装型臂长≤3000mm、臂长≤5000mm、臂长＞5000mm
		非对称式臂长≤2500mm、臂长≤5000mm、臂长＞5000mm
	组装型	组装型臂长≤3000mm、臂长≤5000mm、臂长＞5000mm
		非对称式臂长≤2500mm、臂长≤5000mm、臂长＞5000mm
高杆灯架	成套型	灯高≤11m、灯高≤20m、灯高＞20m
	组装型	灯高≤11m、灯高＜20m、灯高＞20m
大马路弯灯		臂长≤1200m、臂长＞1200m
庭院小区路灯		光源≤五火、光源＞七火
桥栏杆灯		嵌入式、明装式

（17）艺术喷泉照明系统安装定额包括程序控制柜、程序控制箱、音乐喷泉控制设备、喷泉特技效果控制设备、喷泉防水配件、艺术喷泉照明等系统安装。

（18）LED 灯安装根据其结构、形式、安装地点执行相应的灯具安装定额。

（19）并列安装一套光源双罩吸顶灯时，按照两个单罩周长或半周长之和执行相应的定额；并列安装两套光源双罩吸顶灯时，按照两套灯具各自灯罩周长或半周长执行相关定额。

（20）灯具安装定额中灯槽、灯孔按照事先预留考虑，不计算开孔费用。

（21）插座箱安装执行相应的配电箱定额。

（22）楼宇亮化灯具控制器、小区路灯集中控制器安装执行"艺术喷泉照明系统安装"相关定额。

（二）工程量计算规则

（1）普通灯具安装根据灯具种类、规格，按照设计图示安装数量以"套"为计量单位。

（2）吊式艺术装饰灯具安装根据装饰灯具示意图所示区别不同装饰物以及灯体直径和灯体垂吊长度，按照设计图示安装数量以"套"为计量单位。

（3）吸顶式艺术装饰灯具安装根据装饰灯具示意图所示，区别不同装饰物、吸盘几何形状、灯体直径、灯体周长和灯体垂吊长度按照设计图示安装数量以"套"为计量单位。

（4）荧光艺术装饰灯具安装根据装饰灯具示意图所示，区别不同安装形式和计量单位计算。

1）组合荧光灯带安装根据灯管数量按照设计图示安装数量以灯带"m"为计量单位。

2）内藏组合式灯安装根据灯具组合形式按照设计图示安装数量以"m"为计量单位。

3）发光棚荧光灯安装按照设计图示发光棚数量以"m²"为计量单位。灯具主材根据实际安装数量加损耗量以"套"另行计算。

4）立体广告灯箱、天棚荧光灯带安装按照设计图示安装数量以"m"为计量单位。

（5）几何形状组合艺术灯具安装根据装饰灯具示意图所示，区别不同安装形式及灯具形式，按照设计图示安装数量以"套"为计量单位。

（6）标志、诱导装饰灯具安装根据装饰灯具示意图所示区别不同的安装形式按照设计图示安装数量以"套"为计量单位。

（7）水下艺术装饰灯具安装根据装饰灯具示意图所示区别不同安装形式按照设计图示安装数量以"套"为计量单位。

（8）点光源艺术装饰灯具安装根据装饰灯具示意图所示，区别不同安装形式、不同灯具直径，按照设计图示安装数量以"套"为计量单位。

（9）草坪灯具安装根据装饰灯具示意图所示，区别不同安装形式，按照设计图示安装数量以"套"为计量单位。

（10）歌舞厅灯具安装根据装饰灯具示意图所示区别不同安装形式按照设计图示安装数量以"套"或"m"或"台"为计量单位。

（11）荧光灯具安装根据灯具安装形式、灯具种类、灯管数量，按照设计图示安装数量以"套"为计量单位。

（12）嵌入式地灯安装根据灯具安装形式，按照设计图示安装数量以"套"为计量单位。

（13）工厂灯及防水防尘灯安装根据灯具安装形式，按照设计图示安装数量以"套"为计量单位。

（14）工厂其他灯具安装根据灯具类型、安装形式、安装高度按照设计图示安装数量以"套"或"个"为计量单位。

（15）医院灯具安装根据灯具类型按照设计图示安装数量以"套"为计量单位。

（16）霓虹灯管安装根据灯管直径，按照设计图示延长米数量以"m"为计量单位。

（17）霓虹灯变压器、控制器、继电器安装根据用途与容量及变化回路按照设计图示安装数量以"台"为计量单位。

（18）小区路灯安装根据灯杆形式、臂长、灯数，按照设计图示安装数量以"套"为计量单位。

（19）楼宇亮化灯安装根据光源特点与安装形式按照设计图示安装数量以"套"或"m"为计量单位。

（20）开关、按钮安装根据安装形式与种类、开关极数及单控与双控，按照设计图示安装数量以"套"为计量单位。

（21）声控（红外线感应）延时开关、柜门触动开关安装，按照设计图示安装数量以"套"为计量单位。

（22）插座安装根据电源数、定额电流、插座安装形式，按照设计图示安装数量以"套"为计量单位。

（23）艺术喷泉照明系统程序控制柜、程序控制箱、音乐喷泉控制设备、喷泉特技效果控制设备安装根据安装位置方式及规格，按照设计图示安装数量以"台"为计量单位。

（24）艺术喷泉照明系统喷泉防水配件安装根据玻璃钢电缆槽规格，按照设计图示安装长度以"m"为计量单位。

（25）艺术喷泉照明系统喷泉水下管灯安装根据灯管直径，按照设计图示安装数量以"m"为计量单位。

（26）艺术喷泉照明系统喷泉水上辅助照明安装根据灯具功能，按照设计图示安装数量以"套"为计量单位。

十五、低压电器设备安装工程工程量计算

内容包括插接式空气开关箱、控制开关、DZ 自动空气断路器、熔断器、限位开关、用电控制装置、电阻器、变阻器、安全变压器、仪表、民用电器安装及低压电器装置接线等内容。

（一）消耗量定额有关说明

（1）低压电器安装定额适用于工业低压用电装置、家用电器的控制装置及电器的安装。定额综合考虑了型号、功能，执行定额时不做调整。

（2）控制装置安装定额中，除限位开关及水位电气信号装置安装定额外，其他安装定额均未包括支架制作、安装。工程实际发生时可执行电气定额第七章相关定额。

（3）本章定额包括电器安装、接线（除单独计算外）、接地。定额不包括接线端子、保护盒、接线盒、箱体等安装，工程实际发生时，执行相关定额。

（二）工程量计算规则

（1）控制开关安装根据开关形式与功能及电流量，按照设计图示安装数量以"个"为计量单位。

（2）集中空调开关、请勿打扰装置安装，按照设计图示安装数量以"套"为计量单位。

（3）熔断器、限位开关安装根据类型，按照设计图示安装数量以"个"为计量单位。

（4）用电控制装置、安全变压器安装根据类型与容量按照设计图示安装数量以"台"为计量单位。

（5）仪表、分流器安装根据类型与容量按照设计图示安装数量以"个"或"套"为计量单位。

（6）民用电器安装根据类型与规模按照设计图示安装数量以"台"或"个"或"套"为计量单位。

（7）低压电器装置接线是指电器安装不含接线的电器接线，按照设计图示安装数量以"台"或"个"为计量单位。

（8）小母线安装是指电器需要安装的母线按照实际安装数量以"m"为计量单位。

十六、运输设备电气装置安装工程工程量计算

内容包括起重设备电气安装等内容。

（一）消耗量定额有关说明

（1）起重设备电气安装定额包括电气设备检查接线、电动机检查接线与安装、小车滑线安装、管线敷设、随设备供应的电缆敷设、校线、接线、设备本体灯具安装、接地、负荷试验、程序调试。不包括起重设备本体安装。

（2）定额不包括电源线路及控制开关的安装、电动发电机组安装、基础型钢和钢支架及轨道的制作与安装、接地极与接地干线敷设、电气分系统调试。

（二）工程量计算规则

起重设备电气安装根据起重设备形式与起重量及控制地点，按照设计图示安装数量以"台"为计量单位。

十七、电气设备调试工程工程量计算

内容包括发电、输电、配电、太阳能光伏电站、用电工程中电气设备的分系统调试、整套启动调试、特殊项目测试与性能验收试验内容。电动机负载调试定额包括带负载设备的空转、分系统调试期间电动机调试工作。

（一）消耗量定额有关说明

（1）调试定额是按照现行的发电、输电、配电、用电工程启动试运及验收规程进行编制的，标准与规程未包括的调试项目和调试内容所发生的费用应结合技术条件及相应的规定另行计算。

（2）调试定额中已经包括熟悉资料、编制调试方案、核对设备、现场调试、填写调试记录、整理调试报告等工作内容。

（3）定额所用到的电源是按照永久电源编制的，定额中不包括调试与试验所消耗的电量，其电费已包含在其他费用（甲方费用）中。当工程需要单独计算调试与试验电费时，应按照实际表计电量计算。

（4）分系统调试包括电气设备安装完毕后进行系统联动、对电气设备单体调试进行校验与修正、电气一次设备与二次设备常规的试验等工作内容。非常规的调试与试验执行特殊项目测试与性能验收试验相应的定额子目。

（5）输配电装置系统调试中电压等级小于或等于1kV的定额适用于所有低压供电回路，如从低压配电装置至分配电箱的供电回路（包括照明供电回路）；从配电箱直接至电动机的供电回路已经包括在电动机的负载系统调试定额内。凡供电回路中带有仪表、继电器、电磁开关等调试元件的（不包括刀开关、保险器），均按照调试系统计算。移动电器和以插座连接的家电设备不计算调试费用。输配电设备系统调试包括系统内的电缆试验、绝缘耐压试验等调试工作。桥形接线回路中的断路器、母线分段接线回路中断路器均作为独立的供电系统计算。配电箱内只有开关、熔断器等不含调试元件的供电回路，则不再作为调试系统计算。

（6）根据电动机的形式及规格计算电动机负载调试。

（7）移动式电器和以插座连接的家用电器设备及电量计量装置，不计算调试费用。

（8）定额不包括设备的干燥处理和设备本身缺陷造成的元件更换修理，亦未考虑因设备元件质量低劣或安装质量问题对调试工作造成的影响。发生时，按照有关的规定进行处理。

（9）定额是按照新的且合格的设备考虑的。当调试经更换修改的设备、拆迁的旧设备时，定额乘以系数1.15。

（10）调试定额是按照《电气装置安装工程电气设备交接试验标准》GB 50150及相应电气装置安装工程施工及验收系列规范进行编制的，标准与规范未包括的调试项目和调试内容所发生的费用，应结合技术条件及相应的规定另行计算。发电机、变压器、母线、线路的分系统调试中均包括了相应保护调试，"保护装置系统调试"定额适用于单独调试保护系统。

（11）调试定额中已经包括熟悉资料、核对设备、填写试验记录、保护整定值的整定、整理调试报告等工作内容。

（12）调试带负荷调压装置的电力变压器时，调试定额乘以系数1.12；三线圈变压器、整流变压器、电炉变压器调试按照同容量的电力变压器调试定额乘以系数 1.2。

（13）3～l0kV 母线系统调试定额中包含一组电压互感器电压等级小于或等于 1kV 母线系统调试定额中不包含电压互感器，定额适用于低压配电装置的各种母线（包括软母线）的调试。

（14）晶闸管调速直流电动机负载调试内容包括晶闸管整流装置系统和直流电动机控制回路系统两个部分的调试。

（15）直流、硅整流、晶闸管整流装置系统调试定额中包括其单体调试。

（16）交流变频调速直流电动机负载调试内容包括变频装置系统和交流电动机控制回路系统两个部分的调试。

（17）智能变电站系统调试中只考虑遥控、遥信、遥测的功能，若工程需要增加遥调时，相应定额应乘以系数 1.2。

（18）整套启动调试包括发电、输电、变电、配电、太阳能光伏发电部分在项目生产投料或使用前后进行的项目电气部分整套调试和配合生产启动试运以及程序校验、运行调整、状态切换、动作试验等内容。不包括在整套启动试运过程中暴露出来的设备缺陷处理或因施工质量、设计质量等问题造成的返工所增加的调试工作量。

（19）其他材料费中包括调试消耗、校验消耗材料费。

（二）工程量计算规则

（1）电气调试系统根据电气布置系统图，结合调试定额的工作内容进行划分，按照定额计量单位计算工程量。

（2）电气设备常规试验不单独计算工程量特殊项目的测试与试验根据工程需要按照实际数量计算工程量。

（3）供电桥回路的断路器、母线分段断路器，均按照独立的输配电设备系统计算调试费。

（4）输配电设备系统调试是按照一侧有一台断路器考虑的，若两侧均有断路器时，则按照两个系统计算。

（5）变压器系统调试是按照每个电压侧有一台断路器考虑的，若断路器多于一台时，则按照相应的电压等级另行计算输配电设备系统调试费。

（6）保护装置系统调试以被保护的对象主体为一套。其工程量按照下列规定计算：

1）发电机组保护调试按照发电机台数计算。

2）变压器保护调试按照变压器的台数计算。

3）母线保护调试按照设计规定所保护的母线条数计算。

4）线路保护调试按照设计规定所保护的进出线回路数计算。

5）小电流接地保护按照装设该保护装置的套数计算。

（7）自动投入装置系统调试包括继电器、仪表等元件本身和二次回路的调整试验。其工程量按照下列规定计算：

1）备用电源自动投入装置按照连锁机构的个数计算自动投入装置的系统工程量。一台备用厂用变压器作为三段厂用工作母线备用电源按照三个系统计算工程量。设置自动投入的两条互为备用的线路或两台变压器，按照两个系统计算工程量。备用电动机自动投入装置亦按此规定计算。

2）线路自动重合闸系统调试按照采用自动重合闸装置的线路自动断路器的台数计算系统工程量。综合重合闸亦按此规定计算。

3）自动调频装置系统调试以一台发电机为一个系统计算工程量。

4）同期装置系统调试按照设计构成一套能够完成同期并车行为的装置为一个系统计算工程量。

5）用电切换系统调试按照设计能够完成交直流切换的一套装置为一个系统计算工程量。

（8）测量与监视系统调试包括继电器、仪表等元件本身和二次回路的调整试验。其工程量按照下列规定计算：

1）直流监视系统调试以蓄电池的组数为一个系统计算工程量。

2）变送器屏系统调试按照设计图示数量以台数计算工程量。

3）低压低周波减负荷装置系统调试按照设计装设低周波低压减负荷装置屏数计算工程量。

（9）保安电源系统调试按照安装的保安电源台数计算工程量。

（10）事故照明、故障录波器系统调试根据设计标准按照发电机组台数、独立变电站与配电室的座数计算工程量。

（11）电除尘器系统调试根据烟气进除尘器入口净面积以套计算工程量。按照一台升压变压器、一组整流器及附属设备为一套计算。

（12）硅整流装置系统调试按照一套装置为一个系统计算工程量。

（13）电动机负载调试是指电动机连带机械设备及装置一并进行调试。电动机负载调试根据电机的控制方式、功率按照电动机的台数计算工程量。

（14）一般民用建筑电气工程中配电室内带有调试元件的盘、箱、柜和带有调试元件的照明配电箱，应按照供电方式计算输配电设备系统调试数量。用户所用的配电箱供电不计算系统调试费。电量计量表一般是由供应单位经有关检验校验后进行安装，不计算调试费。

（15）具有较高控制技术的电气工程（包括照明工程中由程控调光的装饰灯具），应按照控制方式计算系统调试工程量。

（16）成套开闭所根据开关间隔单元数量按照成套的单个箱体数量计算工程量。

（17）成套箱式变电站根据变压器容量，按照成套的单个箱体数量计算工程量。

（18）配电智能系统调试根据间隔数量，以"系统"为计量单位。一个站点为一个系统。一个柱上配电终端若接入主（子）站，可执行两个以下间隔的分系统调试定额，若就地保护则不能执行系统调试定额。

（19）整套启动调试按照发电、输电、变电、配电、太阳能光伏发电工程分别计算。发电厂根据锅炉蒸发量按照台计算工程量，无发电功能的独立供热站不计算发电整套调试；输电线路根据电压等级及输电介质不分回路数按照"条"计算工程量；变电、配电根据高压侧电压等级不分容量按照"座"计算工程量；太阳能光伏发电站根据发电功率，以项目为计量单位按照"座"计算工程量。

1）用电工程项目电气部分整套启动调试随用电工程项目统一考虑不单独计算有关用电电气整套启动调试费用。

2）用户端配电站（室）根据高压侧电压等级（接受端电压等级）计算配电整套启动调试费。

3）中心变电站至用户端配电室（含箱式变电站）的输电线路，根据输电电压等级计算输电线路整套启动调试费；用户端配电室（含箱式变电站）至用户各区域或用电设备的配电电缆、电线工程不计算输电整套启动调试费。

（20）特殊项目测试与性能验收试验根据技术标准与测试的工作内容按照实际测试与试验的设备或装置数量计算工程量。

十八、阴极保护及牺牲阳极工程工程量计算

内容包括陆地上管路、埋地电缆、储罐、构筑物的阴极保护。

（一）消耗量定额有关说明

（1）包括以下工作内容：

1）恒电位仪、整流器、工作台等设备开箱检查、清洁搬运、划线定位、安装固定、电气联结找正、固定、接地、密封、挂牌、记录整理。

2）阳极填料筛选、铺设阳极埋设、同回流线连接、接头防腐绝缘。

3）电气连接、补漆。

4）焊压铜鼻子、接线、焊点防腐、检查片制作、探头埋设。

5）TEG、CCVT、断电器：场内搬运、开箱检查、安装固定、连接进气管、电气接线、试车。

（2）不包括以下工作内容，应执行其他章节有关定额或规定：

1）水上工程、港口、船只的阴极保护。

2）挖填土工程、钻孔（井）、开挖路面工程。

3）接线箱安装、电缆敷设。

4）阴极保护工程中的土石方开挖、回填等。

5）阳极线杆架设、保护管敷设等。

6）绝　法兰、绝缘接头、绝缘短管等电绝缘装置安装。

7）测　　安装等。

8）与　　方设备通信。

（二）工程量计算规则

1. 阴极保护工程

（1）强制电流阴极保护。

1）恒电位仪、整流器、工作台安装，不分型号、规格，以"台"为计量单位，设备的电气连接材料不作调整。

2）TEG、CCVT、断电器：不分型号、规格，按成套供应，以"台"为计量单位。

3）辅助阳极安装：

a. 棒式阳极，包括石墨阳极、高硅铸铁阳极、磁性氧化铁阳极，按接线方式不同分为单头和双头两种，不分型号、规格以"根"为单位。

b. 钢铁阳极制作安装，不分阳极材料、规格，以"根"为单位，主材可按管材或型材用量乘以损耗率3%计列。

c. 柔性阳极，按图示长度（包括同测试桩连接部分），以"100m"为计量单位，柔性阳极主材损耗率1%，阳极弯接头、三通接头等配套主材按设计计算。用量以主材形式计列。

　　d. 深井阳极，按设计阳极井个数，以"个"为计量单位，深井中阳极支数可按设计用量以主材形式计列。

　　4）参比阳极安装：分别按长效 $CuSO_4$ 参比电极和锌阳极划分，按参比电极个数，以"个"为计量单位。

　　5）通电点和均压线电缆连接：

　　a. 通电点，按自恒电位仪引出的零位接阴电缆和阴极电缆同管线或金属结构的二点连接点的数量，以"处"为计量单位。

　　b. 均压线连接，按两条管线或金属结构之间，同一管线间不同绝缘隔离段间的直接均压线连接数量，以"处"为计量单位。

　　（2）牺牲阳极阴极保护。

　　1）块状牺牲阳极：不分品种、规格、埋设方式。按设计数量，以"10 支"为计量单位，阳极填料用量和配比可按设计要求换算。

　　2）带状牺牲阳极：

　　a. 同管沟敷设，按图纸阳极带标识长度，以"10m"为计量单位。

　　b. 套管内敷设，按阳极带的螺旋线展开长度，以"10m"为计量单位。

　　c. 等电位垫，按等电位垫铺设的个数，以"处"为计量单位，但等电位垫阳极带主材按展开长度计算。

　　2. 排流保护

　　（1）排流器。强制排流器和极性排流器不分型号、规格，以"台"为计量单位。

　　（2）接地极。

　　1）钢制接地极，以"支"为计量单位，主材按设计要求计列，损耗率 3%。

　　2）接地电阻测试，以组成接地系统的接地极组为计量单位计列。

　　3）化学降阻处理，按设计要求需降阻处理的钢制接地极支数以"支"为计量单位。

　　4）降阻材料为未计价材料用量按设计要求另计。

　　3. 其他

　　（1）测试桩接线、检查片、测试探头安装。

　　1）测试桩接线，按接线数量，以"对"为计量单位，每支测试桩同管线或金属结构的接线为一对接线。

　　2）检查片，以"对"为计量单位，每对检查片包括一片同管线（或测试桩）相连的试片和一片自然腐蚀的试片。

　　3）测试探头，按设计数量，以"个"为计量单位。

　　（2）电绝缘装置性能测试和保护装置安装。

　　1）电绝缘装置性能测试，以"处"为计量单位，每个绝缘法兰、绝缘接头为 1 处，每条穿越处的全部绝缘支撑、绝缘堵头为 1 处。

　　2）绝缘保护装置，按保护装置的个数，以"个"为计量单位。

　　（3）阴极保护系统调试。

　　1）线路：按阴极保护系统保护的管线里程，以"km"为计量单位，单独施工的穿跨越工程阴极保护工程量不足 1km 时，按 1km 计算。

　　2）站内：强制电流阴极保护，按阴极保护站数量，以"站"为计量单位，牺牲阳极阴极保护，按牺牲阳极的阳极组数量，以"组"为计量单位。

第五节 电气安装工程施工图预算编制实例

【例 3-1】 某房间照明系统中 1 回路

（一）采用定额

采用《青岛市 2016 省价目表》《山东省安装工程消耗量定额（2003 年出版）》《2013 年清单计价计量规范》为计算依据。因《通用安装工程消耗量定额》（编号为 TY02-31-2015）暂无配套价目表，并不影响学员学习。

（二）工程概况

图 3-18 所示为某房间照明系统中 1 回路，图例见表 3-28。

说明：

（1）照明配电箱 AZM 电源由本层总配电箱引来，配电箱为嵌入式安装。

（2）管路均为镀锌钢管 DN20 沿墙、顶板暗配，顶管敷管标高 4.50m。管内穿阻燃绝缘导线 2RBVV-500 $1.5mm^2$。

（3）开关控制装饰灯 FZS-164 为隔一控一。

（4）配管水平长度见图示上的数字，单位为 m。

（三）工程承包情况

（1）发包单位：山东省青岛市某公司，资金到位，材料满足。

（2）安装单位：国营二级企业，驻地距工程 48km。

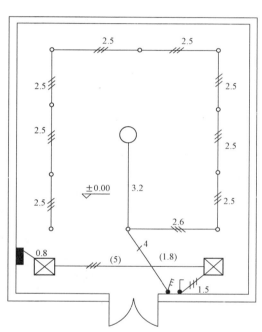

图 3-18 照明系统 1 回路示意（单位：m）

表 3-28 图 3-18 图例

序号	图例	名称、型号、规格	备注
1	◯	装饰灯 XDCZ-50 8×100W	吸顶
2	○	装饰灯 FZS-164 1×100W	

序号	图例	名称、型号、规格	备注
3		单联单控开关（暗装） 10A；250V	安装高度 1.4m
4		三联单控开关（暗装） 10A；250V	
5		排风扇 300×300 1×60W	吸顶
6		照明配电箱 AZM 300mm×200mm×120mm （宽×高×厚）	箱底标高 1.6m

（四）编制方法

电气工程视图很重要，应清楚几个关键点：一是线路走位问题，图示不一定就是走线，有些管线可能是斜向画的，但施工时必须和建筑物边框平行；二是楼板地面问题，管线走顶棚还是地面需要按规范和常用做法判断，这涉及竖向计算工程量；三是扣减和预留长度问题，一定按照计算规则处理；四是线路可能出现附加长度，要按规定计算。点数的工程量注意合并时，不能混类。注意：要始终熟悉清单项的内容，把一个清单项包括的定额项目计在一起，不可分开按类统计。

1. 工程量计算

装饰灯 XDCZ-50，8×100W，1 套；装饰灯 FZS-164，1×100W，10 套；配电箱 AZM，300mm×200mm×120mm，1 台；单联单控开关 10A，250V，1 个；三联单控开关 10A，250V，1 个；排风扇 300mm×300mm，1×60W，2 台。电气配线管内穿线 2RBVV，1.5mm^2。则

$[(4.5-1.6)\times2+0.8\times2+5\times3+1.5\times3+(4.5-1.4)\times2\times2+1.8\times4+3.2\times2+(2.6+2.5+2.5+2.5+2.5+2.5+2.5+2.5)\times3+2.5\times3]\text{m}=(5.8+1.6+15+4.5+6.2+7.2+6.4+60.3+7.5)\text{m}=114.5\text{m}$

镀锌钢管中 DN20 沿砖、混凝土结构暗配，则

$[(4.5-1.6)+0.8+5+1.5+(4.5-1.4)\times2+1.8+2.6+2.5\times8+3.2]\text{m}=(2.9+0.8+6.5+6.2+4.4+20+3.2)\text{m}=44\text{m}$

2. 软件套用及相关的报表输出文件

软件使用显示见图 3-18，前三项采用了展开方式，可以看到清单项目之下，目前仍然套用相关的定额子目，使用清单时，一般企业无法摆脱以前的预算模式，企业没有自己的定价能力，也不愿意脱离公认的程式。具体计算见表 3-29～表 3-31。

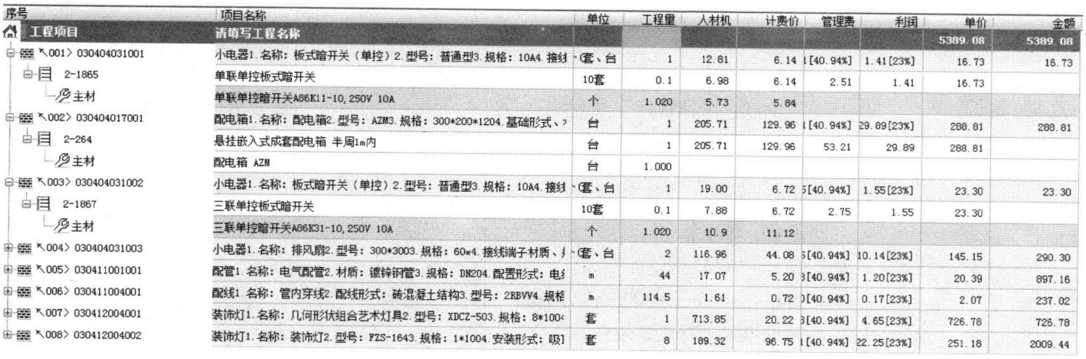

图 3-19　套用软件版面显示

表 3-29　　　　　　　　单位工程竣工结算汇总表

序号	汇总内容	计算公式	费率	金额（元）
1	分部分项工程费			4489.54
2	规费前合计	4489.54＋0＋0		4489.54
3	规费	（224.93）＋（13.47）＋（53.46）＋（5.39）＋（68.24）		365.49
3.1	安全文明施工费	（13.02）＋（26.49）＋（79.02）＋（106.4）		224.93
3.2	工程排污费	4489.54－0＋0	0.30%	13.47
3.3	住房公积金	1406.92＋0	3.80%	53.46
3.4	危险作业意外伤害保险	4489.54－0＋0	0.12%	5.39
3.5	社会保障费	4489.54－0＋0	1.52%	68.24
4	税金	4489.54＋365.49－0－0	11%	534.05
5	甲供税差	0－0＋0－0		
6	设备费调差	0		
	合计			5389.08

表 3-30　　　　　　分部分项工程和单价措施项目清单与计价表

序号	项目编码	项目名称 项目特征	计量单位	工程数量	综合单价	合价	其中：暂估价
1	030404031001	小电器 1. 名称：板式暗开关（单控） 2. 型号：普通型 3. 规格：10A 4. 接线端子材质、规格：	个 （套、台）	1	16.73	16.73	

序号	项目编码	项目名称 项目特征	计量单位	工程数量	金额（元）		其中： 暂估价
					综合单价	合价	
2	030404017001	配电箱 1. 名称：配电箱 2. 型号：AZM 3. 规格：300mm×200mm×120mm 4. 基础形式、材质、规格：悬挂 5. 接线端子材质、规格： 6. 端子板外部接线材质、规格： 7. 安装方式：嵌入式	台	1	288.81	288.81	
3	030404031002	小电器 1. 名称：板式暗开关（单控） 2. 型号：普通型 3. 规格：10A 4. 接线端子材质、规格：	个 （套、台）	1	23.3	23.3	
4	030404031003	小电器 1. 名称：排风扇 2. 规格：300mm×300mm 3. 规格：60W 4. 接线端子材质、规格：	个 （套、台）	2	145.15	290.3	
5	030411001001	配管 1. 名称：电气配管 2. 材质：镀锌钢管 3. 规格：DN20 4. 配置形式：电线管砖、混凝土结构暗配 5. 接地要求： 6. 钢索材质、规格：	m	44	20.39	897.16	
6	030411004001	配线 1. 名称：管内穿线 2. 配线形式：砖混凝土结构 3. 型号：2RBVV 4. 规格：1.5mm² 5. 材质：铜 6. 配线部位： 7. 配线线制： 8. 钢索材质、规格：	m	114.5	2.07	237.02	

续表

序号	项目编码	项目名称 项目特征	计量单位	工程数量	金额（元）		
					综合单价	合价	其中： 暂估价
7	030412004001	装饰灯 1. 名称：几何形状组合艺术灯具 2. 型号：XDCZ-50 3. 规格：8mm×100mm 4. 安装形式：吸顶	套	1	726.78	726.78	
8	030412004002	装饰灯 1. 名称：装饰灯 2. 型号：FZS-164 3. 规格：1mn×100mm 4. 安装形式：吸顶	套	8	251.18	2009.44	
合计						4489.54	

表 3-31　　　　　　　　　　　工程量清单申请（核准）表

序号	编号	名称/部位	单位	承包人 申报数量	备注
1	030404031001	小电器	个（套、台）	1	
	2-1865	单联单控板式暗开关	10 套	0.1	
2	030404017001	配电箱	台	1	
	2-264	悬挂嵌入式成套配电箱/半周 1m 内	台	1	
3	030404031002	小电器	个（套、台）	1	
	2-1867	三联单控板式暗开关	10 套	0.1	
4	030404031003	小电器	个（套、台）	2	
	2-1932	轴流排气扇	台	2	
5	030411001001	配管	m	44	
	2-1221	砖、混凝土结构暗配钢管/DN20 内	100m	0.44	
6	030411004001	配线	m	114.5	
	2-1387	照明线路管内穿线（单线）/铝芯 2.5mm² 内	100m	1.145	
7	030412004001	装饰灯	套	1	
	2-1712	单点固定灯具（繁星 46 火）	10 套	0.1	
8	030412004002	装饰灯	套	8	
	2-1684	吸顶玻璃罩灯（带装饰）L1500/400	10 套	0.8	

【例 3-2】 避雷工程

（一）计算说明

（1）仅计算图示部分。

（2）接地网调试按接地极组考虑。

（3）避雷网和引下线不在计算范围。

（4）按现行定额及配套取费标准：采用《2013 版清单计价规范》《2003 山东省安装工程消耗量定额》《通用安装工程工程量计算规范》《山东省安装工程价目表（2015）》、2016 营改增。《通用安装工程消耗量定额》（编号为 TY02-31-2015）尚未有配套价目表，不影响学习。

（二）防雷及接地说明

（1）基础外墙做接地极，现场实测接地阻值，如不满足，补打接地极。

（2）所有正常不带电的用电设备金属外壳，穿线钢管，电缆金属铠装层，金属构件及建筑物内各种金属管线（含煤气管道，暖气管及通气管等）均需接地，电源进户做总等电位连接。本例仅按图示。

（3）凡突出屋面的金属物体，烟囱及通风道等均需做防雷处理，做法见 L99D526-2-09.2-11。本例仅按图示。

（4）进出建筑物的各种金属管道，需在进出处与接地装置连接。

（5）所有防雷装置的各种金属构件必须热镀锌。

（6）利用柱内靠近外墙两主筋做引下线，钢筋截面要求不小于 $\phi16$。

（7）避雷网 $\phi12$ 镀锌钢筋沿脊、檐明敷，避雷线和引下线可靠焊接，焊接面大于 $6D$。

（8）在距室内坪 0.5m 处设接地电阻测试电。

（三）工程概况

某接地装置系统（见图 3-20），建筑物室内外高差 0.3m。

（1）室内接地母线镀锌扁钢-25×4 沿墙高 0.3m 处敷设，仅底层有母线。

（2）室外接地母线镀锌扁钢-25×4，埋于室外自然地坪下 1.2m。

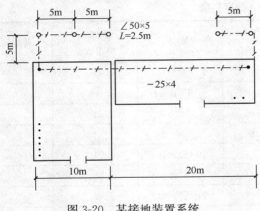

图 3-20　某接地装置系统

（四）编制方法

图示以外的部分不予考虑，土石方在此忽略不计。

1. 室外接地母线安装（镀锌扁钢-25×4）

　　$L=(5×5m+2×0.3m$ 室内外高差$+2×1.2m$ 埋深$)×1.039$ 附加长度$=29.1m$

2. 室内接地母线安装（镀锌扁钢-25×4）

$$L=(10+20)×1.039m=31.2m$$

3. 接地极制作安装（∠50×5）

4. 接地母线跨接

5. 接地装置调试

清单结算模式：清单接地母线无跨接子母，故不予套用；通过工程量申请（核准）表（见表 3-32～表 3-35）可以看出清单有时和原预算定额呈现完全的一致性。

表 3-32　　　　　　　　　　　　　单位工程竣工结算汇总表

序号	汇总内容	计算公式	费率	金额(元)
1	分部分项工程费			3597.14
2	规费前合计	3597.14＋0＋0		3597.14
3	规费	(180.21)＋(10.79)＋(64.37)＋(4.32)＋(54.68)		314.37
3.1	安全文明施工费	(10.43)＋(21.22)＋(63.31)＋(85.25)		180.21
3.2	工程排污费	3597.14－0＋0	0.3%	10.79
3.3	住房公积金	1694.03＋0	3.8%	64.37
3.4	危险作业意外伤害保险	3597.14－0＋0	0.12%	4.32
3.5	社会保障费	3597.14－0＋0	1.52%	54.68
4	税金	3597.14＋314.37－0－0	11%	430.27
5	甲供税差	0－0＋0－0		
6	设备费调差	0		
	合计			4341.78

表 3-33　　　　　　　　　分部分项工程和单项措施项目清单与计价表

序号	项目编码	项目名称 项目特征	计量单位	工程数量	金额(元)		
					综合单价	合价	其中: 暂估价
1	030409001001	接地极 1. 名称: 2. 材质: 3. 规格: 4. 土质: 5. 基础接地形式:	根 (块)	5	122.95	614.75	
2	030409002001	接地母线 1. 名称:室外接地母线 2. 材质:镀锌扁钢 3. 规格:截面积150mm²以内 4. 安装部位:室外 5. 安装形式:埋地	m	29.1	42.52	1237.33	
3	030409002002	接地母线 1. 名称:室内接地母线 2. 材质:镀锌扁钢 3. 规格:截面积100mm²以内 4. 安装部位:室内 5. 安装形式:明敷	m	31.2	24.17	754.10	

续表

序号	项目编码	项目名称 项目特征	计量单位	工程数量	金额（元）		其中： 暂估价
					综合单价	合价	
4	030414011001	接地装置 1. 名称：接地装置 2. 类别：组	系统/组	2	495.48	990.96	
		合计				3597.14	

表 3-34　　　　　　　　　　　工程量清单综合单价分析表

项目编码	030409001001	项目 名称		接地极		计量 单位	根 （块）	工程量	5

清单综合单价组成明细

定额编号	定额名称	单位	数量	单价				合价			
				人工费	材料费	机械费	管理费 和利润	人工费	材料费	机械费	管理费 和利润
2-831	角钢接地极制安普通土	根	5	36.48	2.66	10.14	22.16	182.40	13.31	50.70	110.79
人工单价			小计					182.40	13.31	50.70	110.79
80.00 元/工日			未计价材料费					257.57			
清单项目综合单价							614.75/5.000＝122.95				

材料费 明细	主要材料名称、规格、型号		单位	数量	单价	合价	暂估 单价	暂估 合价
	热镀锌角钢地极 L50×5×2500		根	5.25	49.06	257.57		
	其他材料费				—	13.31	—	
	材料费小计				—	270.88	—	0.00

项目编码	030409002001	项目 名称		接地母线		计量 单位	m	工程量	29.1

清单综合单价组成明细

定额编号	定额名称	单位	数量	单价				合价			
				人工费	材料费	机械费	管理费 和利润	人工费	材料费	机械费	管理费 和利润
2-839	接地母线埋地敷设 200mm²内	10m	2.91	231.84	1.80	2.25	140.82	674.65	5.25	6.56	409.80
人工单价			小计					674.65	5.25	6.56	409.80
80.00 元/工日			未计价材料费					141.16			
清单项目综合单价							1237.33/29.100 ＝42.52				

材料费 明细	主要材料名称、规格、型号		单位	数量	单价	合价	暂估 单价	暂估 合价
	接地母线 25×4		m	30.56	4.62	141.16		
	其他材料费				—	5.25	—	
	材料费小计				—	146.41	—	0.00

续表

项目编码	030409002002	项目名称		接地母线			计量单位	m	工程量	31.2

清单综合单价组成明细

定额编号	定额名称	单位	数量	单价				合价			
				人工费	材料费	机械费	管理费和利润	人工费	材料费	机械费	管理费和利润
2-837	沿砖混凝土接地母线明设	10m	3.12	104.16	17.19	6.20	63.27	324.98	53.65	19.33	197.40
人工单价		小计						324.98	53.65	19.33	197.40
80.00 元/工日		未计价材料费						158.89			
清单项目综合单价								754.10/31.200 ＝24.17			

材料费明细	主要材料名称、规格、型号	单位	数量	单价	合价	暂估单价	暂估合价
	热镀锌扁钢 25×4	m	32.76	4.85	158.89		
	其他材料费			—	53.65	—	
	材料费小计			—	212.54	—	0.00

项目编码	030414011001	项目名称		接地装置			计量单位	系统/组	工程量	2

清单综合单价组成明细

定额编号	定额名称	单位	数量	单价				合价			
				人工费	材料费	机械费	管理费和利润	人工费	材料费	机械费	管理费和利润
2-1038	独立接地装置调试	组	2	256.00	5.12	78.86	155.50	512.00	10.24	157.72	311.00
人工单价		小计						512.00	10.24	157.72	311.00
80.00 元/工日		未计价材料费						—			
清单项目综合单价								990.96/2.000 ＝495.48			

材料费明细	主要材料名称、规格、型号	单位	数量	单价	合价	暂估单价	暂估合价
	其他材料费			—	10.24	——	
	材料费小计			—	10.24	—	0.00

表 3-35   **工程量申请(核准)表**

序号	编号	名称/部位	单位	承包人申报数量	备注
1	030409001001	接地极	根(块)	5	
	2-831	角钢接地极制作安装　普通土	根	5	
2	030409002001	接地母线	m	29.1	
	2-839	接地母线埋地敷设/200mm² 内	10m	2.91	
3	030409002002	接地母线	m	31.2	
	2-837	沿砖、混凝土接地母线明设	10m	3.12	
4	030414011001	接地装置	系统/组	2	
	2-1038	独立接地装置调试	组	2	

第四章 消防及安全防范工程

第一节 工 程 简 介

消防工程按区域划分，可分为室外消防工程和室内消防工程。

室外消防工程一般为环状供水，进户供水管有两根以上，其最小管径不得小于100mm，消火栓应放置在交通方便、易于发现的地方。消火栓的布置要充分考虑灭火半径范围，可分为地上式和地下式两种，可设井或直埋。

室内消防系统根据使用灭火剂的种类和灭火方式，可分为水消防灭火系统和非水灭火剂的固定灭火系统，其中水消防灭火系统又分为消火栓给水系统和自动喷水灭火系统。

一、消火栓灭火系统

消火栓给水系统是把室外给水系统提供的水量，在外网压力满足不了需要时，经过加压输送到用于扑灭建筑物内的火灾而设置的固定灭火设备。消火栓给水系统一般由水枪、水带、消火栓、消防管道、消防水池、高位水箱、水泵接合器及增压水泵等组成。

（一）消火栓设备

由水枪、水带和消火栓组成，安装于消火栓箱内，如图4-1所示。水枪按其水流控制方向，可分为直流式和开关式两种，一般采用直流式较多。喷嘴直径有13、16、19mm三种；水带口径有50、65mm两种，水带长度一般为15、20、25、30m四种，材质有麻织和化纤两种。消火栓均为内扣式接口的球形阀式龙头，有单出口和双出口之分，单出口消火栓直径有50、65mm两种，双出口消火栓直径为65mm，安装形式有明装、暗装和半暗装三种，图4-2所示为双出口消火栓。

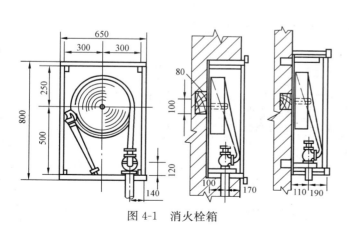

图 4-1　消火栓箱

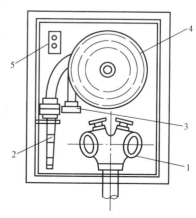

图 4-2　双出口消火栓

1—双出口消火栓；2—水枪；

3—水带接口；4—水带；5—按钮

（二）水泵接合器

水泵接合器通常与建筑物内的自动喷水灭火系统或消火栓等消防设备的供水系统相连接，当发生火灾时，消防车的水泵可迅速方便地通过该接合器的接口与建筑物内的消防设备相连接，并加压供水，从而使室内的消防设备得到充足的压力水源，用以扑灭不同楼层的火灾，有效地解决了建筑物发生火灾后，消防车灭火困难或因室内的消防设备得不到充足的压力水源而无法灭火的情况。

水泵接合器是连接消防车向室内消防给水系统加压供水的装置，一端由消防给水管网水平干管引出，另一端设于消防车易于接近的地方。水泵接合器有地上、地下和墙壁式 3 种，如图 4-3 所示，为水泵接合器安装图示。

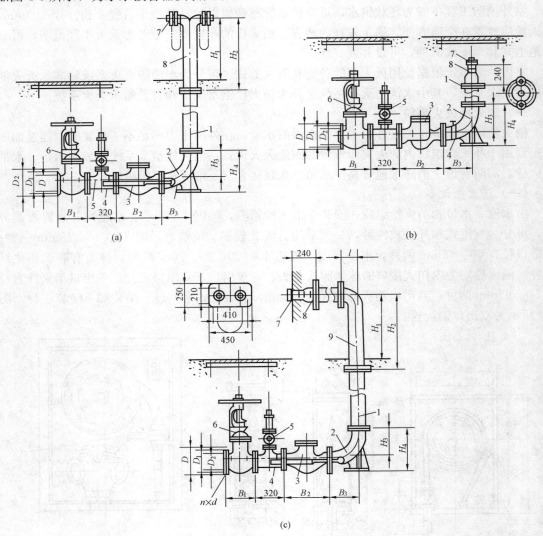

(a)　　　　　　　　　　　　　　　　(b)

(c)

图 4-3　水泵接合器安装图示
（a）SQ 型地上式；（b）SQ 型地下式；（c）SQ 型墙壁式
1—法兰接管；2—弯管；3—升降式单向阀；4—放水阀；5—安全阀；6—楔式闸阀；
7—进水用消防接口；8—本体；9—法兰弯管

二、自动喷水灭火系统

自动喷水灭火系统是一种在发生火灾时，能自动打开喷头喷水灭火并同时发出火警信号的消防灭火设施。自动喷水灭火系统由水源、加压储水设备、喷头、管网、报警装置等组成。

（一）系统分类

根据喷头的常开、闭形式和管网充水与否，分以下几种自动喷水灭火系统。

1. 湿式自动喷水灭火系统

为喷头常闭的灭火系统，管网中充满有压水，当建筑物发生火灾，火点温度达到开启闭式喷头时，喷头出水灭火。图4-4所示为湿式自动喷水灭火系统。

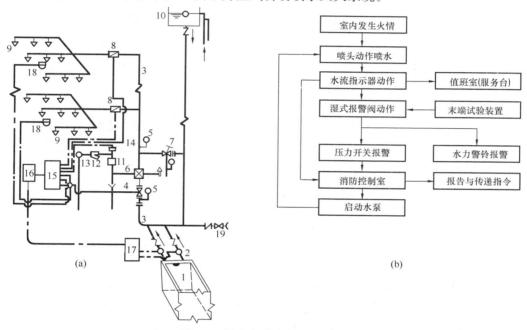

图4-4　湿式自动喷水灭火系统

（a）组成示意；（b）工作原理流程

1—消防水池；2—消防泵；3—管网；4—控制蝶阀；5—压力表；6—湿式报警阀；

7—泄防试验阀；8—水流指示器；9—喷头；10—高位水箱、稳压泵或气压给水设备；

11—延时器；12—过滤器；13—水力警铃；14—压力开关；15—报警控制器；

16—非标控制箱；17—水泵启动器；18—探测器；19—水泵接合器

2. 干式自动喷水灭火系统

为喷头常闭的灭火系统，管网中平时不充水，充有压缩空气或氮气，当建筑物发生火灾，火点温度达到开启闭式喷头时，喷头开启，排气、充水、灭火。图4-5所示为干式自动喷水灭火系统。

3. 预作用喷水灭火系统

为喷头常闭的灭火系统，管网中平时不充水，无压，发生火灾时，火灾探测器报警后，自动控制系统控制闸门排气、充水，由干式变为湿式系统。如图4-6所示为预作用自动喷水灭火系统。

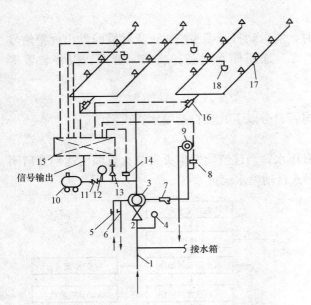

图 4-5　干式自动喷水灭火系统

1—供水管；2—闸阀；3—干式阀；4—压力表；5、6—截止阀；7—过滤器；8—压力开关；9—水力警铃；10—空压机；11—止回阀；12—压力表；13—安全阀；14—压力开关；15—火灾报警控制箱；16—水流指示器；17—闭式喷头；18—火灾探测器

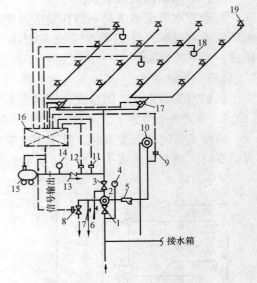

图 4-6　预作用喷水灭火系统

1—总控制阀；2—预作用阀；3—检修闸阀；4—压力表；5—过滤器；6—截止阀；7—手动开启截止阀；8—电磁阀；9—压力开关；10—水力警铃；11—压力开关（启闭空压机）；12—低气压报警压力开关；13—止回阀；14—压力表；15—空压机；16—火灾报警控制箱；17—水流指示器；18—火灾探测器；19—闭式喷头

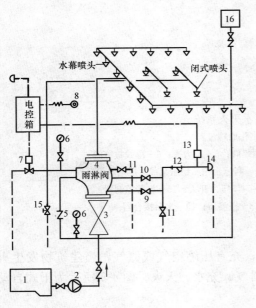

图 4-7　水幕灭火系统

1—水池；2—水泵；3—供水闸阀；4—雨淋阀；5—止回阀；6—压力表；7—电磁阀；8—按钮；9—试警铃阀；10、11—警铃管阀；12—滤网；13—压力开关；14—警铃；15—手动快开阀；16—水箱

4. 雨淋喷水灭火系统

为喷头常开的灭火系统，当建筑物发生火灾时，由自动控制装置打开集中控制闸门，使整个保护区域所有喷头喷水灭火。

5. 水幕系统

该系统喷头沿线状布置，发生火灾时主要起阻火、冷却、隔离的作用。图 4-7 所示为水幕系统。

6. 水喷雾灭火系统

该系统用喷雾喷头把水粉碎成细小的水雾滴之后，喷射到正在燃烧的物质表面，通过表面冷却、窒息以及乳化、稀释的同时作用实现灭火。

（二）喷头及控制配件

1. 喷头

（1）闭式喷头。闭式喷头的喷口用由热敏元件组成的释放机构封闭，当达到一定温度时能自动开启，如玻璃球爆炸、易熔合金脱落。其构造按溅水盘的形式和安装位置有直立型、下垂型、边墙型、普通型、吊顶型和干式下垂型等。

玻璃球洒水喷头主要由喷头架、密封件及玻璃球组成，具有探测火灾及自动喷水灭火的作用。隐蔽型玻璃球洒水喷头主要由玻璃球洒水喷头、支撑环、外壳及盖板等组成，可隐蔽安装于天花板内，具有探测火灾及自动喷水灭火的作用。

大口径玻璃球洒水喷头具有保护面积大、射程远等优点。扩展覆盖边墙型喷头特别适用于宾馆客房等不便在天花板下安装其他类型喷头的场所。

（2）开式喷头。水幕喷头是水幕系统的主要元件，它将压力水分布成一定的幕帘状，起到阻隔火焰穿透、吸热及隔烟的防火分隔作用。

撞击式水雾喷头，以冷却、抑制火灾及灭火为目的，主要特点是通过吸热，促使蒸汽稀释和散发，降低燃烧速度，减少爆炸危险和火灾破坏。

离心式水雾喷头具有良好的高压绝缘性能，对油类火灾扑灭效果良好，对电气火灾能带电灭火，火灾扑灭后，复燃的可能性极小。

2. 报警阀

湿式报警阀是湿式自动喷水灭火系统的一个重要组成部件，主要由湿式阀、延迟器及水力警铃等组成。该湿式阀具有止回阀的作用，由阀体、阀座和阀瓣等组成，在阀座的密封端面上设有通向延迟器报警管路的沟槽和小孔。适用于环境温度为 4～70℃ 且允许用水灭火的建筑物或构筑物内，如车间、仓库、宾馆、商场、娱乐场所、医院、影剧院、办公楼及车库等类似场所。图 4-8 所示为自动喷水灭火系统湿式报警阀。

雨淋报警阀是通过湿式、干式、电气或手动等控制方式进行启动，使水能够自动单方向流入喷水系统，同时进行报警的一种单向阀，主要由阀体、阀座、阀瓣组件、隔膜室顶杆组件、复位机构等组成，广泛用于雨淋系统、预作用系统、水雾系统和水幕系统。图 4-9 所示为自动喷水灭火系统雨淋报警阀。

温感雨淋阀主要由阀体、阀座、隔膜片及阀盖组成，适用于窗口、门洞的防火分隔及设备的防护冷却等。图 4-10 所示为温感雨淋阀。

图 4-8　自动喷水灭火系统湿式报警阀　　　　图 4-9　雨淋报警阀

3. 水流指示器

水流指示器是自动喷水灭火系统的一个组成部分，安装于管网配水干管或配水管的始端，用于显示火警发生区域，启动各种电报警装置或消防水泵等电气设备，适用于湿式、干式及预作用等自动喷水灭火系统。图 4-11 所示为水流指示器。

图 4-10　温感雨淋阀　　　　　　　　图 4-11　水流指示器

三、非水灭火剂的固定灭火系统

（一）干粉灭火系统

以干粉为灭火剂的灭火系统称为干粉灭火系统。干粉灭火剂是一种干燥的、易于流动的细微粉末，平时贮存于干粉灭火器或干粉灭火设备中，灭火时靠加压气体的压力将干粉从喷嘴射出，形成一股携加着加压气体的雾状粉流射向燃烧物。

干粉灭火系统按其安装方式有固定式、半固定式之分；按其控制启动方法有自动控制、手动控制之分；按其喷射干粉方式有全淹没和局部应用系统之分。

（二）泡沫灭火系统

泡沫灭火工作原理是应用泡沫灭火剂，使其与水混溶后产生一种可漂浮、黏附在可燃、易燃液体、固体表面，或者充满某一着火物质的空间，达到隔绝、冷却，使燃烧物质熄灭。泡沫灭火系统按其使用方式有固定式、半固定式和移动式之分；按泡沫喷射方式有液上喷射、液下喷射和喷淋方式之分；按泡沫发泡倍数有低倍、中倍和高倍之分。

（三）卤代烷灭火系统

卤代烷灭火系统是把具有灭火功能的卤代烷碳氢化合物作为灭火剂的消防系统。卤代烷灭火系统有全淹没、局部应用两类，全淹没卤代烷灭火系统能在一定的封闭空间内，保持一定浓度的卤代烷气体，从而达到灭火所需浸渍时间。局部应用卤代烷灭火系统是由灭火装置直接向燃烧物喷射灭火剂灭火，系统的各种部件是固定的，可自动喷射灭火剂。

卤代烷（1301）灭火系统在国内外早已开发应用，1301 灭火剂具有灭火效能高、低毒、电绝缘性好、灭火后对设备无污染等特点。该灭火系统主要由自动报警控制器、储存装置、阀驱动装置、选择阀、单项阀、压力信号器、框架、喷头、管网等部件组成，适用于电子计算机房、电信中心、地下工程、海上采油、图书馆、档案馆、珍品库、配电房等重要场所的消防保护。

悬挂式卤代烷 1301/七氟丙烷灭火装置是将储存容器、容器阀、喷头等预先装配成独立的可悬挂安装（或固定于墙壁上）的，火灾时可自动或手动启动，喷放灭火剂的一类灭火装置，主要适用于电子计算机房、配电房、变压器房、档案文物资料室、小型油库、电信中心等小型防护区的消防保护。

（四）二氧化碳灭火系统

二氧化碳灭火系统是一种纯物理的气体灭火系统，它可用于扑灭某些气体、固体表面、液体和电器火灾，一般可以使用灭卤代烷灭火系统的场合均可以采用二氧化碳灭火系统。

二氧化碳灭火设备是目前应用非常广泛的一种现代化消防设备，是常温储存系统，主要由自动报警控制器、储存装置、阀驱动装置、选择阀、单项阀、压力信号器、称重装置、框架、喷头、管网等部件组成，适用于计算机房、图书馆、档案馆、珍品库、配电房、电信中心等重要场所的消防保护。

（五）七氟丙烷（HFC-227ea）灭火设备

七氟丙烷（HFC-227ea）灭火设备目前在我国及世界其他地区已广泛应用，该设备主要由自动报警控制器、储存装置、阀驱动装置、选择阀、单项阀、压力信号器、框架、喷头、管网等部件组成。七氟丙烷灭火剂是无色、无味的气体，具有清洁、低毒、电绝缘性好、灭火效能高等特点，对臭氧层的耗损潜能值为零，是目前卤代烷灭火剂较理想的替代物。该设备主要适用于电子计算机房、电信中心、地下工程、海上采油、图书馆、档案馆、珍品库、配电房等重要场所的消防保护。

第二节　定额的编制

一、定额主要内容及编制依据

《通用安装工程消耗量定额　第九册　消防工程》（以下简称消防定额）适用于工业与民用建筑中的消防工程，编制时主要依据了以下规范、资料：

(1)《自动喷水灭火系统设计规范》（GB 50084—2005）；

(2)《自动喷水灭火系统施工及验收规范》（GB 50261—2005）；

(3)《固定消防炮灭火系统设计规范》（GB 50338—2003）；

(4)《固定消防炮灭火系统施工与验收规范》（GB 50498—2009）；

(5)《自动消防炮灭火系统设计规范》（CECS 245—2008）；

(6)《沟槽式连接管道工程技术规程》（CECS 151—2003）；

(7)《火灾自动报警系统设计规范》（GB 50116—2008）；

(8)《火灾自动报警系统施工及验收规范》（GB 50166—2007）；

(9)《气体灭火系统设计规范》（GB 50370—2005）；

(10)《气体灭火系统施工及验收规范》（GB 50263—2007）；

(11)《二氧化碳灭火系统设计规范》（GB 50193—2010）；

(12)《泡沫灭火系统设计规范》（GB 50151—2010）；

(13)《泡沫灭火系统施工及验收规范》（GB 50281—2006）；

(14)《消防联动控制系统》（GB 16806—2006）；

(15)《通用安装工程工程量计算规范》（GB 50586—2013）；

(16)《全国统一安装工程预算定额》（GYD—2000）；

(17)《建设工程劳动定额安装工程》（LD/T 74.1～4—2008）；

(18)《全国统一安装工程基础定额》（GJD—201—92006）；

(19)《全国统一施工机械台班费用定额》（2014）；

(20)《全国统一安装工程施工仪器仪表台班费用定额》（2014）。

二、定额与其他定额的关系

(1) 阀门、气压罐安装，消防水箱、套管、支架制作安装（注明者除外），执行《通用安装工程消耗量定额　第十册　给排水、采暖、燃气工程》相应项目。

(2) 各种消防泵、稳压泵安装，执行《通用安装工程消耗量定额　第一册　机械设备安装工程》相应项目。

（3）不锈钢管、铜管管道安装，执行《通用安装工程消耗量定额　第八册　工业管道工程》相应项目。

（4）刷油、防腐蚀、绝热工程，执行《通用安装工程消耗量定额　第十二册　刷油、防腐蚀、绝热工程》相应项目。

（5）电缆敷设、架桥安装、配管配线、接线盒、电动机检查接线、防雷接地装置等安装，执行《通用安装工程消耗量定额　第四册　电气设备安装工程》相应项目。

（6）各种仪表的安装及带电讯号的阀门、水流指示器、压力开关、驱动装置及泄漏报警开关的接线、校线等执行《通用安装工程消耗量定额　第六册　自动化控制仪表安装工程》相应项目。

（7）剔槽打洞及恢复执行《通用安装工程消耗量定额　第十册　给排水、采暖、燃气工程》相应项目。

（8）凡涉及沟管、基坑及井类的土方开挖、回填、运输、垫层、基础、砌筑、地沟盖板预制安装、路面开挖及修复、管道混凝土支墩的项目，执行《房屋建筑与装饰工程消耗量定额》和《市政工程消耗量定额》相应项目。

三、费用计取

下列费用可按系数分别计取：

（1）脚手架搭拆费。可按定额人工费的5％计算，其中人工费占35％；

（2）操作高度增加费。消防定额操作高度，均按5m以下编制；安装高度超过5m时，超过部分工程量按定额人工费乘以表4-1中系数。

表4-1　　　　　　　　　　　操作高度增加系数

操作物高度（m）	10m及以下	30m及以下
系数	1.10	1.20

（3）建筑物超高增加费。高度在六层或20m以上的工业与民用建筑上进行安装时增加的费用，可按表4-2计算（其中人工费占65％）。

表4-2　　　　　　　　　　　高层建筑增加系数

建筑物檐高（m）	≤40	≤60	≤80	≤100	≤120	≤140	≤160	≤180	≤200
建筑层数（层）	≤12	≤18	≤24	≤30	≤36	≤42	≤48	≤54	≤60
按人工费的％	2	5	9	14	20	26	32	38	44

四、界限划分

（1）消防系统室内外管道以建筑物外墙皮1.5m为界，入口处设阀门者以阀门为界；室外埋地管道执行《通用安装工程消耗量定额　第十册　给排水、采暖、燃气工程》中室外给水管道安装相应项目。

（2）厂区范围内的装置、站、罐区的架空消防管道执行消防定额相应子目。

（3）与市政给水管道的界限：以与市政给水管道碰头点（井）为界。

第三节　定　额　的　应　用

一、水灭火系统安装工程量计算

内容包括水喷淋钢管、消火栓钢管、水喷淋（雾）喷头、报警装置、温感式水幕装置、水流指示器、减压孔板、末端试水装置、集热板、消火栓、消防水泵接合器、灭火器、消防水炮等安装。适用于工业和民用建（构）筑物设置的水灭火系统的管道、各种组件、消火栓、消防水炮的安装。

（一）管道安装相关规定

（1）钢管（法兰连接）定额中包括管件及法兰安装，但管件、法兰数量应按设计图纸用量另行计算，螺栓按设计用量加 3％损耗计算。

（2）若设计规或规范要求钢管需要镀锌，其镀锌及场外运输另行计算。

（3）管道安装（沟槽连接）已包括直接卡箍件安装，其他沟槽管件另执行相关项目。

（4）消火栓管道采用无缝钢管焊接时，定额中包括管件安装，管件主材依据设计图纸数量另计工程量。

（5）消火栓管道采用钢管（沟槽连接）时，执行水喷淋钢管（沟槽连接）相关项目。

（二）消耗量定额有关说明

（1）沟槽式法兰阀门安装执行沟槽管件安装相应项目，人工乘以系数 1.1。

（2）报警装置安装项目，定额中已包括装配管、泄放试验管及水力警铃出水管安装，水力警铃进水管按图示尺寸执行管道安装相应项目；其他报警装置适用于雨淋、干湿两用及预作用报警装置。

（3）水流指示器（马鞍型连接）项目，主材中包括胶圈、u 形卡；若设计要求水流指示器采用丝接时，执行《通用安装工程消耗量定额　第十册　给排水、采暖及燃气工程》丝接阀门相应项目。

（4）喷头、报警装置及水流指示器安装定额均按管网系统试压、冲洗合格后安装考虑的，定额中已包括丝堵、临时短管的安装、拆除及摊销。

（5）温感式水幕装置安装定额中已包括给水三通至喷头、阀门间的管道、管件、阀门、喷头等全部安装内容，但管道的主材数量按设计管道中心长度另加损耗计算；喷头数量按设计数量另加损耗计算。

（6）集热罩安装项目，主材中应包括所配备的成品支架。

（7）落地组合式消防柜安装，执行室内消火栓（明装）定额项目。

（8）室外消火栓、消防水泵接合器安装，定额中包括法兰接管及弯管底座（消火栓三通）的安装，本身价值另行计算。

（9）消防水炮及模拟末端装置项目，定额中仅包括本体安装，不包括型钢底座制作安装和混凝土基础砌筑；型钢底座制作安装执行《通用安装工程消耗量定额　第十册　给排水、采暖及燃气工程》设备支架制作安装相应项目，混凝土基础执行《房屋建筑与装饰工程消耗量定额》相应项目。

（10）设置于管道间、管廊内的管道，其定额人工、机械乘以系数 1.2。

（三）工程量计算规则

（1）管道安装按设计管道中心线长度，以“10m”为计量单位，不扣除阀门、管件及各种组件所占长度。

（2）管件连接分规格以“10 个”为计量单位。沟槽管件主材包括卡箍及密封圈以“套”为计量单位。

（3）喷头、水流指示器、减压孔板、集热板按设计图示数量计算。按安装部位、方式、分规格以"个"为计量单位。

（4）报警装置、室内消火栓、室外消火栓、消防水泵接合器均按设计图示数量计算。报警装置、室内消火栓、消防水泵接合器分形式，按成套产品以"组"为计量单位。

（5）末端试水装置按不同规格以"组"为计量单位。

（6）温感式水幕装置安装，按不同型号和规格以"组"为计量单位。

（7）灭火器按设计图示数量计算，分形式以"具、组"为计量单位。

（8）消防水炮按设计图示数量计算，分规格以"台"为计量单位。

二、气体灭火系统安装工程量计算

内容包括无缝钢管、气体驱动装置管道、选择阀、气体喷头、储存装置、称重检漏装置、无管网气体灭火装置、管网系统试验等安装工程。适用于工业和民用建筑中设置的七氟丙烷、IG541、二氧化碳灭火系统中的管道、管件、系统装置及组件等的安装。

定额中的无缝钢管、钢管制件、选择阀安装及系统组件试验等适用于七氟丙烷、IG541 灭火系统；高压二氧化碳灭火系统执行消防定额第二章相关定额，人工、机械乘以系数 1.20。

（一）管道及管件安装定额

（1）中压加厚无缝钢管（法兰连接）定额包括管件及法兰安装，但管件、法兰数量应按设计用量另行计算，螺栓按设计用量加 3% 损耗计算。

（2）若设计或规范要求钢管需要镀锌，其镀锌及场外运输另行计算。

（二）消耗量定额有关说明

（1）气体灭火系统管道若采用不锈钢管、铜管时，管道及管件安装执行《通用安装工程消耗量定额　第八册　工业管道工程》相应项目。

（2）储存装置安装定额，包括灭火剂储存容器和驱动瓶的安装固定支框架、系统组件（集流管，容器阀，气、液单向阀，高压软管）、安全阀等储存装置和驱动装置的安装及氮气增压。二氧化碳储存装置安装不需增压，执行定额时应扣除高纯氮气，其余不变。称重装置价值含在储存装置设备价中。

（3）二氧化碳称重检漏装置包括泄漏报警开关、配重及支架安装。

（4）管网系统包括管道、选择阀、气液单向阀、高压软管等组件。管网系统试验工作内容包括充氮气，但氮气消耗量另行计算。

（5）气体灭火系统装置调试费执行消防定额第五章相应子目。

（6）阀门安装分压力执行《通用安装工程消耗量定额　第八册　工业管道工程》相应项目；阀驱动装置与泄漏报警开关的电气接线执行《通用安装工程消耗量定额　第六册　自动化控制仪表安装工程》相应项目。

（三）工程量计算规则

（1）管道安装按设计管道中心线长度，以"10m"为计量单位，不扣除阀门、管件及各种组件所占长度。

（2）选择阀、喷头安装按设计图示数量计算，按不同规格以"个"为计量单位。

（3）钢制管件连接分规格，以"10 个"为计量单位。

（4）贮存装置、称重检漏装置、无管网气体灭火装置安装按设计图示数量计算，以"套"为计量单位。

（5）气体驱动装置管道按设计图示管道中心线长度计算，以"10m"为计量单位。

（6）管网系统试验按贮存装置数量，以"套"为计量单位。

三、泡沫灭火系统定额说明

内容包括泡沫发生器、泡沫比例混合器等安装工程，适用于高、中、低倍数固定式或半固定式泡沫灭火系统的发生器及泡沫比例混合器安装。

（一）消耗量定额有关说明

（1）泡沫发生器及泡沫比例混合器安装中包括整体安装、焊法兰、单体调试及配合管道试压时隔离本体所消耗的人工和材料。

（2）本章设备安装工作内容中不包括支架的制作、安装和二次灌浆，上述工作另行计算。

（3）泡沫灭火系统的管道、管件、法兰、阀门、管道支架等的安装及管道系统试压及冲（吹）洗，执行《通用安装工程消耗量定额　第八册　工业管道工程》相应项目。

（4）泡沫发生器、泡沫比例混合器安装定额中不包括泡沫液充装，泡沫液充装另行计算。

（5）泡沫灭火系统的调试另行计算。

（二）工程量计算规则

泡沫发生器、泡沫比例混合器安装按设计图示数量计算，均按不同型号以"台"为计量单位，法兰和螺栓根据设计图纸要求另行计算。

四、火灾自动报警系统安装工程量计算

内容包括点型探测器、线型探测器、按钮、消防警铃/声光报警器、空气采样型探测器、消防报警电话插孔（电话）、消防广播（扬声器）、消防专用模块（模块箱）、区域报警控制箱、联动控制箱、远程控制箱（柜）、火灾报警系统控制主机、联动控制主机、消防广播及电话主机（柜）、火灾报警控制微机、备用电源及电池主机柜、报警联动控制一体机的安装工程。适用于工业和民用建（构）筑物设置的火灾自动报警系统的安装。

（一）工作内容

（1）设备和箱、机及元件的搬运、开箱、检查、清点、杂物回收、安装就位、接地、密封，箱、机内的校线、接线、挂锡、编码、测试、清洗、记录整理等。

（2）本体调试。

（二）消耗量定额有关说明

（1）安装定额中箱、机是以成套装置编制的，柜式及琴台式安装均执行落地式安装相应项目。

（2）闪灯执行声光报警器。

（3）电气火灾监控系统。

1）报警控制器按点数执行火灾自动报警控制器安装。

2）探测器模块按输入回路数量执行多输入模块安装。

3）剩余电流互感器执行相关电气安装定额。

4）温度传感器执行线性探测器安装定额。

（4）不包括事故照明及疏散指示控制装置安装内容，执行《通用安装工程消耗量定额　第四册　电气设备安装工程》相应项目。

（5）火灾报警控制微机安装中不包括消防系统应用软件开发内容。

（三）工程量计算规则

（1）火灾报警系统按设计图示数量计算。

（2）点型探测器不分规格、型号、安装方式与位置，以"个""对"为计量单位。探测器安装包括了探头和底座的安装及本体调试。

（3）线型探测器依据探测器长度、信号转换装置数量、报警终端电阻数量按设计图示数量计算，分别以"m""台""个"为计量单位。

（4）空气采样管依据图示设计长度计算，以"m"为计量单位；极早期空气采样报警器依据探测回路数按设计图示计算，以"台"为计量单位。

（5）区域报警控制箱、联动控制箱、火灾报警系统控制主机、联动控制主机、报警联动一体机按设计图示数量计算，区分不同点数、安装方式，以"台"为计量单位。

五、消防系统调试工程量计算

内容包括自动报警系统调试、水灭火控制装置调试、防火控制装置调试、气体灭火系统装置调试等工程。适用于工业与民用建筑中的消防工程系统调试。

（一）消耗量定额有关说明

（1）系统调试是指消防报警和防火控制装置灭火系统安装完毕且连通，并达到国家有关消防施工验收规范、标准，进行的全系统检测、调整和试验。

（2）定额中不包括气体灭火系统调试试验时采取的安全措施，应另行计算。

（3）自动报警系统装置包括各种探测器、手动报警按钮和报警控制器；灭火系统控制装置包括消火栓、自动喷水、七氟丙烷、二氧化碳等固定灭火系统的控制装置。

（4）切断非消防电源的点数以执行切除非消防电源的模块数量确定点数。

（二）工程量计算规则

（1）自动报警系统调试区分不同点数根据集中报警器台数按系统计算。自动报警系统包括各种探测器、报警器、报警按钮、报警控制器组成的报警系统，其点数按具有地址编码的器件数量计算。火灾事故广播、消防通信系统调试按消防广播喇叭及音箱、电话插孔和消防通信的电话分机的数量分别以"10只"或"部"为计量单位。

（2）自动喷水灭火系统调试按水流指示器数量以"点（支路）"为计量单位；消火栓灭火系统按消火栓启泵按钮数量以"点"为计量单位；消防水炮控制装置系统调试按水炮数量以"点"为计量单位。

（3）防火控制装置调试按设计图示数量计算。

（4）气体灭火系统装置调试按调试、检验和验收所消耗的试验容量总数计算，以"点"为计量单位。气体灭火系统调试，是由七氟丙烷、IG541、二氧化碳等组成的灭火系统：按气体灭火系统装置的瓶头阀以点计算。

（5）电气火灾监控系统调试按模块点数执行自动报警系统调试相应子目。

六、除锈、刷油、防腐蚀涂料工程工程量计算

除锈内容包括金属表面的手工除锈、动力工具除锈、喷射除锈、化学除锈等工程。刷油内容包括金属管道、设备、通风管道、金属结构与玻璃布面、石棉布面、玛琋脂面、抹灰面等制（喷）油漆工程。防腐蚀涂料内容包括设备、管道、金属结构等各种防腐蚀涂料工程。

（一）除锈消耗量定额有关说明

（1）各种管件、阀件及设备上人孔、管口凸凹部分的除锈已综合考虑在定额内，不另行计算。

（2）除锈区分标准：

1）手工、动力工具除锈锈蚀标准分为轻、中两种：

a. 轻锈：已发生锈蚀，并且部分氧化皮已经剥落的钢材表面。

b. 中锈：氧化皮已锈蚀而剥落或者可以刮除并且有少量点蚀的钢材表面。

2）手工、动力工具除锈过的钢材表面分为 St2 和 St3 两个标准：

a. St2 标准：钢材表面应无可见的油脂和污垢并且没有附着不牢的氧化皮、铁锈和油漆涂层等附着物。

b. St3 标准：钢材表面应无可见的油脂和污垢并且没有附着不牢的氧化皮、铁锈和油漆涂层等附着物。除锈应比 St2 标准更为彻底，底材显露出部分的表面应具有金属光泽。

3）喷射除锈过的钢材表面分为 Sa2，Sa2 $\frac{1}{2}$ 和 Sa3 三个标准：

a. Sa2 级：彻底的喷射或抛射除锈。

钢材表面会无可见的油脂、污垢并且氧化皮、铁锈和油漆层等附着物已基本清除，其残留物应是牢固附着的。

b. Sa2 $\frac{1}{2}$ 级：非常彻底的喷射或抛射除锈。

钢材表面会无可见的油脂、污垢、氧化皮、铁锈和油漆层等附着物，任何残留的痕迹应仅是点状或条纹状的轻微色斑。

c. Sa3 级：使钢材表观洁净的喷射或抛射除锈钢材表面应无可见的油脂、污垢、氧化皮、铁锈和油漆层等附着物，该表面应显示均匀的金属色泽。

（3）关于下列各项费用的规定：

1）手工和动力工具除锈按 St2 标准确定。若变更级别标准如按 St3 标准定额乘以系数 1.1。

2）喷射除锈按 Sa2 $\frac{1}{2}$ 级标准确定。若变更级别标准时，Sa3 级定额乘以系数 1.1，Sa2 级定额乘以系数 0.9。

3）不包括除微锈（标准：氧化皮完全紧附，仅有少量锈点），发生时其工程量执行轻锈定额乘以系数 0.2。

（二）刷油消耗量定额有关说明

（1）各种管件、阀件和设备上人孔、管口凹凸部分的刷油已综合考虑在定额内，不另行计算。

（2）金属面刷油不包括除锈工作内容。

（3）关于下列各项费用的规定：

1）标志色环等零星刷油，执行消防定额第六章相关定额，其人工乘以系数 2.0。

2）刷油和防腐蚀工程按安装场地内涂刷油漆考虑，如安装前集中刷油，人工乘以系数 0.45（暖气片除外）。如安装前集中喷涂，执行刷油子目人工乘以系数 0.45，材料乘以系数 1.16，增加喷涂机械电动空气压缩机 3m³/min（其台班消耗量同调整后的合计工日消耗量）。

（4）主材与稀干料可以换算，但人工和材料消耗量不变。

（三）防腐蚀涂料消耗量定额有关说明

（1）不包括除锈工作内容。

（2）涂料配合比与实际设计配合比不同时可根据设计要求进行换算其人工、机械消耗量不变。

（3）聚合热固化是采用蒸汽及红外线间接聚合固化考虑的，如采用其他方法，应按施工方案另行计算。

（4）未包括的新品种涂料，应按相近定额项目执行，其人工、机械消耗量不变。

（5）无机富锌底漆执行氯磺化聚乙烯漆，漆用量进行换算。

（6）如涂刷时需要强行通风，应增加轴流通风机 7.5kW，其台班消耗量同合计工日消耗量。

（四）工程量计算规则

1. 计算公式

设备筒体、管道表面积计算公式为

$$S=\pi \times D \times L \tag{4-1}$$

式中　π——圆周率；

　　　D——设备或管道直径；

　　　L——设备筒体高或管道延长米。

2. 计量规则

（1）计算设备筒体、管道表面积时已包括各种管件、阀门、人孔、管口凹凸部分，不再另外计算。

（2）管道、设备与矩形管道、大型型钢钢结构、铸铁管暖气片（散热面积为准）的除锈工程以"10m²"为计量单位。

（3）一般钢结构、管廊钢结构的除锈工程以"100kg"为计量单位。

（4）灰面、玻璃布、白布面、麻布、石棉布面、气柜、玛𰌽脂面刷油工程以"10m²"为计量单位。

七、喷镀（涂）工程消耗量定额有关说明

内容包括金属管道、设备、型钢等表面气喷镀工程及塑料和水泥砂浆的喷涂工程。

（1）不包括除锈工作内容。

（2）施工工具：喷镀采用国产 SQP-1（高速、中速）气喷枪；喷塑采用塑料粉末喷枪。

（3）喷镀和喷塑采用氧乙炔焰。

八、管道补口补伤工程消耗量定额有关说明

内容包括金属管道的补口补伤的防腐工程。

（1）施工工序包括了补口补伤，不包括表面除锈工作。

（2）管道补口补伤防腐涂料有环氧煤沥青漆、氯磺化聚乙烯漆、聚氨酯漆、无机富锌漆。

（3）定额项目均采用手工操作。

（4）管道补口每个口取定为：DN400 以下（含 DN400）管道每个口补口长度为 400mm；DN400 以上管道每个口补口长度为 600mm。

第四节　施工图预算编制实例

【例 4-1】消防自动喷淋工程例题

（一）采用定额

采用《青岛市 2016 省价目表》《山东省安装工程消耗量定额（2003 年出版）》《2013 年清单计价计量规范》为计算依据。因《通用安装工程消耗量定额》（编号为 TY02-31-2015）

暂无配套价目表而无法使用，并不影响学员学习。

（二）工程概况

（1）本案例为山东省青岛市市区某办公楼部分房间自动喷水系统的一部分，见图 4-12 和图 4-13，喷淋系统均采用热镀锌钢管，螺纹连接。

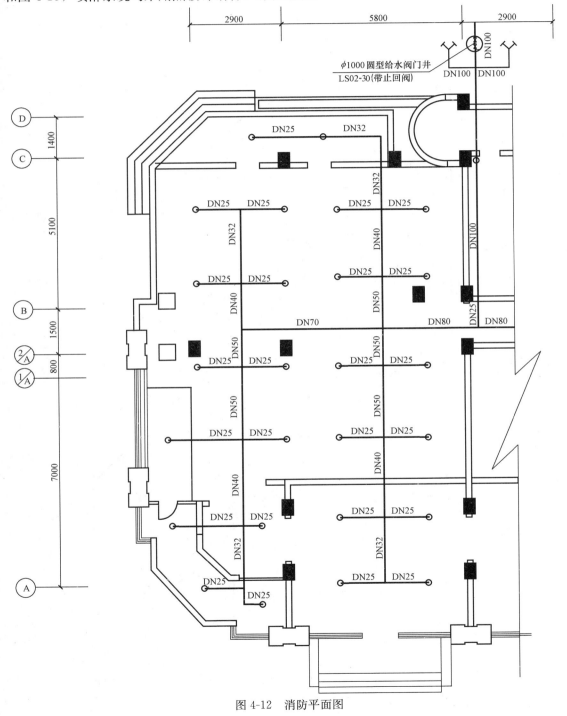

图 4-12　消防平面图

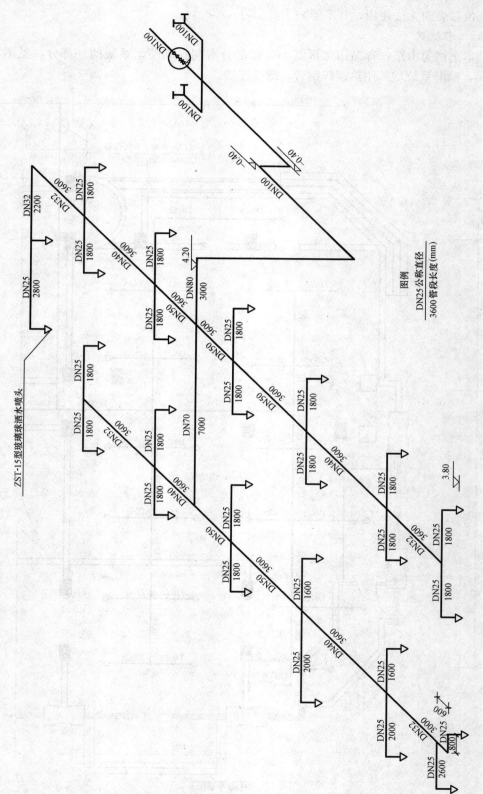

图 4-13 某办公楼部分房间消防喷淋系统图

（2）消防水管穿基础侧墙设柔性防水套管，穿楼板时设一般钢套管，水平干管在吊顶内敷设。

（3）施工完毕，整个系统应进行静水压力试验，喷淋系统为 0.55MPa。

（4）图中标高均以 m 计，其他尺寸标注均以 mm 计。

（5）DN100 镀锌管外径 114mm，不保温处管道采用超细玻璃棉 30mm 厚；管道安装后喷银粉一道。

（6）阀门井内阀件暂不计。

（7）未尽事宜执行现行施工及验收规范的有关规定。

（三）编制方法

工程识图很重要，系统图是看图的基本，一般顺总管向支管进行，为了避免重复计算或者漏算，计算过的管线随时标记。应清楚几个关键点：一是线路走位问题，有些管线可能是斜向画的，系统图中不能作为长度计算依据，竖向工程量按照系统图图示标高计算；二是扣减和预留长度问题，一定按照计算规则处理。对于成组成套的工程量要了解包括的范围界限，不能多算或者少算，特别是有的项目组和套是完全不同的内涵。注意：要始终熟悉掌握清单项的内容，把一个清单项包括的定额项目计在一起，不可分开按类统计。

1. 工程量计算书

工程量计算书见表 4-3，在表中可以先不计算管件等，根据定额套用情况随时计算。在程序中防水套管需要借用其他章节内容，这种情况也经常出现。

在消耗量定额中，除锈、刷油、保温、保护层等可以跟随清单，有对应的程序选用，在输入基础数据后程序自动计算。

表 4-3　　　　　　　　　　　　　　　　　　　工程量计算书

工程名称：××办公楼部分房间自动喷淋工程

序号	分部分项工程名称	单位	工程量（m）	计算公式
管道系统				
1	埋地镀锌钢管 DN100	m	15.2	4＋[−0.4−(−1.40)]＋5.6＋[0−(−0.4)]＝11
2	镀锌钢管 DN100	m	4.2	4.2
3	镀锌钢管 DN80	m	3.0	3.0
4	镀锌钢管 DN70	m	7.0	7.0
5	镀锌钢管 DN50	m	18.0	3.6＋3.6＋3.6＋3.6＋3.6＝18.0
6	镀锌钢管 DN40	m	14.4	3.6＋3.6＋3.6＋3.6＝14.4
7	镀锌钢管 DN32	m	16.0	3.0＋3.6＋3.6＋3.6＋2.2＝16.0
8	镀锌钢管 DN25	m	56.8	2.6＋0.8＋0.6＋(2.0＋1.6)×2＋(1.8＋1.8)×9 ＋2.8＋(4.2−3.8)×26＝56.8
其　　他				
9	ZXT-15 型洒水喷头	个	26	26
10	柔性防水套管制作安装 DN100	个	1	1
11	一般钢套管制作安装 DN100	个	1	1
12	消防水泵接合器 DN100	套	2	2

2. 定额套用及对应输出表格

具体见图 4-14 及表 4-4～表 4-6。

┗11-1	手工除管道轻锈	10m²	0.084	2.47	2.11	0.86	0.49	3.82	
┗11-1	手工除管道轻锈	10m²	0.084	2.47	2.11	0.86	0.49	3.82	
005> 03090	水喷淋钢管1.安装部位:水平干管2.材质、规格、镀锌钢管DN703.连接形式:	m	3	101.13	32.50	10.94%]	47[23%]	121.91	365.73
7-48	镀锌钢管(螺纹连接) DN70内	10m	0.3	135.29	95.26	39.00	21.91	359.65	
主材	热镀锌钢管 Dg70	m	3.060	49.56	151.65				
主材	镀锌钢管接头零件Dg70	个	1.000	11.81	11.81				
┗11-277	管道喷银粉　第一遍	10m²	0.072	2.54	0.42	0.17	0.10	2.81	
┗11-1	手工除管道轻锈	10m²	0.072	2.12	1.81	0.74	0.42	3.28	
006> 03090	水喷淋钢管1.安装部位:水平干管2.材质、规格、镀锌钢管DN503.连接形式,	18	79.17	28.86	10.94%]	64[23%]	97.62	1757.16	
7-47	镀锌钢管(螺纹连接) DN50内	10m	1.8	692.47	509.03	208.40	117.08	1728.63	
主材	热镀锌钢管 Dg50	m	18.360	36.87	676.93				
主材	镀锌钢管接头零件Dg50	个	5.000	6.75	33.75				
┗11-277	管道喷银粉　第一遍	10m²	0.339	11.96	1.96	0.80	0.45	13.21	
┗11-1	手工除管道轻锈	10m²	0.339	9.97	8.50	3.48	1.96	15.41	
007> 03090	水喷淋钢管1.安装部位:水平干管2.材质、规格、镀锌钢管DN403.连接形式,	m	14.4	65.76	27.27	10.94%]	27[23%]	83.19	1197.94
7-46	镀锌钢管(螺纹连接) DN40内	10m	1.44	519.59	385.99	158.02	88.78	1179.67	
主材	热镀锌钢管 Dg40	m	14.688	26.95	395.84				
主材	镀锌钢管接头零件Dg40	个	4.000	4.36	17.44				
┗11-277	管道喷银粉　第一遍	10m²	0.217	7.65	1.25	0.51	0.29	8.46	
┗11-1	手工除管道轻锈	10m²	0.217	6.38	5.44	2.23	1.25	9.60	
008> 03090	水喷淋钢管1.安装部位:水平干管2.材质、规格、镀锌钢管DN323.连接形式,	m	16	58.57	24.85	10.94%]	71[23%]	74.46	1191.36
7-45	镀锌钢管(螺纹连接) DN32内	10m	1.6	520.86	391.07	160.10	89.95	1173.49	
主材	热镀锌钢管 Dg32	m	16.320	23.7	386.78				
主材	镀锌钢管接头零件Dg32	个	5.000	3.16	15.80				
┗11-277	管道喷银粉　第一遍	10m²	0.211	7.44	1.22	0.50	0.28	8.22	
┗11-1	手工除管道轻锈	10m²	0.211	6.21	5.29	2.17	1.22	9.60	
009> 03090	水喷淋钢管1.安装部位:水平干管2.材质、规格、DN253.连接形式、螺纹4.钅	m	16	52.76	23.84	10.94%]	48[23%]	68.01	1088.16
7-44	镀锌钢管(螺纹连接) DN25内	10m	1.6	491.34	376.23	154.03	86.53	1073.71	
主材	热镀锌钢管 Dg25	m	16.320	17.04	278.09				
主材	镀锌钢管接头零件Dg25	个	27.000	2.36	63.72				
┗11-277	管道喷银粉　第一遍	10m²	0.171	6.03	0.99	0.41	0.23	6.67	
┗11-1	手工除管道轻锈	10m²	0.171	5.03	4.29	1.76	0.99	7.77	
010> 03090	水喷淋(雾)喷头1.安装部位:屋面楼板下2.材质、型号、规格:DN153.连接开	个	26	26.37	12.01	10.94%]	76[23%]	34.05	885.30
7-53	无吊顶喷头安装 DN15内	10个	2.6	416.21	312.21	127.82	71.81	885.27	
主材	洒水喷头 ZST-15/68	个	26.260	10.26	269.43				
011> 03090	水灭火控制装置调试系统形式:	点	1	1168.74	3638.88	10.94%]	94[23%]	6495.44	6495.44
7-370	水灭火系统控制装置调试 200点内	系统	1	1168.74	3638.88	489.76	836.94	6495.44	
012> 03081	套管制作安装1.类型:防水套管2.材质、钢3.规格:DN1004.填料材质:	台	1	480.06	212.72	10.94%]	93[23%]	616.08	616.08

图 4-14　清单输入表格界面

表 4-4　　　　　　　　　　　　**单位工程竣工结算表**

序号	汇总内容	计算公式	费率	金额(元)
1	分部分项工程费			24705.85
2	规费前合计	24705.85＋0＋0		24705.85
3	规费	(1237.76)＋(74.12)＋(288.59)＋(29.65)＋(375.53)		2005.65
3.1	安全文明施工费	(71.65)＋(145.76)＋(434.82)＋(585.53)		1237.76
3.2	工程排污费	24705.85－0＋0	0.30%	74.12
3.3	住房公积金	7594.58＋0	3.80%	288.59
3.4	危险作业意外伤害保险	24705.85－0＋0	0.12%	29.65
3.5	社会保障费	24705.85－0＋0	1.52%	375.53

续表

序号	汇总内容	计算公式	费率	金额（元）
4	税金	24705.85＋2005.65－0－0	11％	2938.27
5	甲供税差	0－0＋0－0		
6	设备费调差	0		
	合计			29649.77

表 4-5 　　　　　**分部分项工程和单价措施项目清单与计价表**

序号	项目编码	项目名称 项目特征	计量单位	工程数量	金额（元）		
					综合单价	合价	其中： 暂估价
1	030901012001	消防水泵接合器 1. 安装部位：地上 2. 型号、规格：DN100 3. 附件材质、规格：	套	2	3722.62	7445.24	
2	030901001001	水喷淋钢管 1. 安装部位：进户及出地面 2. 材质、规格：镀锌钢管 DN100 3. 连接形式：卡套连接 4. 钢管镀锌设计要求： 5. 压力试验及冲洗设计要求： 6. 管道标识设计要求：	m	11	214.31	2357.41	
3	030901001002	水喷淋钢管 1. 安装部位：立管 2. 材质、规格：镀锌钢管 DN100 3. 连接形式：卡套连接 4. 钢管镀锌设计要求： 5. 压力试验及冲洗设计要求： 6. 管道标识设计要求：	m	4.2	211.48	888.22	
4	030901001003	水喷淋钢管 1. 安装部位：水平干管 2. 材质、规格：镀锌钢管 DN80 3. 连接形式：卡套连接 4. 钢管镀锌设计要求： 5. 压力试验及冲洗设计要求： 6. 管道标识设计要求：	m	3	139.27	417.81	
5	030901001004	水喷淋钢管 1. 安装部位：水平干管 2. 材质、规格：镀锌钢管 DN70 3. 连接形式：卡套连接 4. 钢管镀锌设计要求： 5. 压力试验及冲洗设计要求： 6. 管道标识设计要求：	m	3	121.91	365.73	

续表

序号	项目编码	项目名称 项目特征	计量单位	工程数量	金额(元)		其中： 暂估价
					综合单价	合价	
6	030901001005	水喷淋钢管 1. 安装部位：水平干管 2. 材质、规格：镀锌钢管 DN50 3. 连接形式：螺纹 4. 钢管镀锌设计要求： 5. 压力试验及冲洗设计要求： 6. 管道标识设计要求：	m	18	97.62	1757.16	
7	030901001006	水喷淋钢管 1. 安装部位：水平干管 2. 材质、规格：镀锌钢管 DN40 3. 连接形式：螺纹 4. 钢管镀锌设计要求： 5. 压力试验及冲洗设计要求： 6. 管道标识设计要求：	m	14.4	83.19	1197.94	
8	030901001007	水喷淋钢管 1. 安装部位：水平干管 2. 材质、规格：镀锌钢管 DN32 3. 连接形式：螺纹 4. 钢管镀锌设计要求： 5. 压力试验及冲洗设计要求： 6. 管道标识设计要求：	m	16	74.46	1191.36	
9	030901001008	水喷淋钢管 1. 安装部位：水平干管 2. 材质、规格：DN25 3. 连接形式：螺纹 4. 钢管镀锌设计要求： 5. 压力试验及冲洗设计要求： 6. 管道标识设计要求：	m	16	68.01	1088.16	
10	030901003001	水喷淋(雾)喷头 1. 安装部位：屋面楼板下 2. 材质、型号、规格：DN15 3. 连接形式：螺纹 4. 装饰盘设计要求：	个	26	34.05	885.3	
11	030905002001	水灭火控制装置调试系统形式：	点	1	6495.44	6495.44	

续表

序号	项目编码	项目名称 项目特征	计量单位	工程数量	综合单价	合价	其中： 暂估价
					金额（元）		
12	030817008001	套管制作安装 1. 类型：防水套管 2. 材质：钢 3. 规格：DN100 4. 填料材质：	台	1	616.08	616.08	
合计						24705.85	

表 4-6　　　　　　　　　　工程量申请（核准）表

序号	编号	名称/部位	单位	承包人 申报数量	备注
1	030901012001	消防水泵接合器	套	2	
	7-92	地下式消防水泵接合器 DN100	套	2	
2	030901001001	水喷淋钢管	m	11	
	7-50h	镀锌钢管（螺纹连接）　DN100 内　/管道间、管廊、已封闭吊顶和地沟内管道（人工×1.30）	10m	1.1	
	11-1	手工除管道轻锈	10m²	0.394	相关
	11-277	管道喷银粉第一遍	10m²	0.394	相关
	11-953	管道纤维类制品 φ133 内	m³	0.155	相关
	11-1057	管道铝箔保护层	10m²	0.642	相关
3	030901001002	水喷淋钢管	m	4.2	
	7-50	镀锌钢管（螺纹连接）DN100 内	10m	0.42	
	11-277	管道喷银粉第一遍	10m²	0.15	相关
	11-1	手工除管道轻锈	10m²	0.15	相关
4	030901001003	水喷淋钢管	m	3	
	7-49	镀锌钢管（螺纹连接）DN80 内	10m	0.3	
	11-277	管道喷银粉第一遍	10m²	0.084	相关
	11-1	手工除管道轻锈	10m²	0.084	相关
5	030901001004	水喷淋钢管	m	3	
	7-48	镀锌钢管（螺纹连接）DN70 内	10m	0.3	
	11-277	管道喷银粉第一遍	10m²	0.072	相关
	11-1	手工除管道轻锈	10m²	0.072	相关

续表

序号	编号	名称/部位	单位	承包人申报数量	备注
6	030901001005	水喷淋钢管	m	18	
	7-47	镀锌钢管(螺纹连接)DN50 内	10m	1.8	
	11-277	管道喷银粉第一遍	10m²	0.339	相关
	11-1	手工除管道轻锈	10m²	0.339	相关
7	030901001006	水喷淋钢管	m	14.4	
	7-46	镀锌钢管(螺纹连接)DN40 内	10m	1.44	
	11-277	管道喷银粉第一遍	10m²	0.217	相关
	11-1	手工除管道轻锈	10m²	0.217	相关
8	030901001007	水喷淋钢管	m	16	
	7-45	镀锌钢管(螺纹连接)DN32 内	10m	1.6	
	11-277	管道喷银粉第一遍	10m²	0.211	相关
	11-1	手工除管道轻锈	10m²	0.211	相关
9	030901001008	水喷淋钢管	m	16	
	7-44	镀锌钢管(螺纹连接)DN25 内	10m	1.6	
	11-277	管道喷银粉第一遍	10m²	0.171	相关
	11-1	手工除管道轻锈	10m²	0.171	相关
10	030901003001	水喷淋(雾)喷头	个	26	
	7-53	无吊顶喷头安装 DN15 内	10 个	2.6	
11	030905002001	水灭火控制装置调试	点	1	
	7-370	水灭火系统控制装置调试 200 点内	系统	1	
12	030817008001	套管制作安装	台	1	
	6-2978	柔性防水套管制安 DN100 内	个	1	

【例 4-2】气体灭火工程

(一)采用定额及清单说明

采用《青岛市 2016 省价目表》《山东省安装工程消耗量定额(2003 年出版)》《2013 年清单计价计量规范》为计算依据。因《通用安装工程消耗量定额》(编号为 TY02-31-2015)暂无配套价目表而无法使用,本例题并不影响学员学习。

(二)工程概况

图 4-15 所示为某加油站区泡沫灭火系统。其共有 6 个储油罐,用泡沫进行灭火,有 2 个 5000m³ 的消防水池作为消防储存水用,泡沫比例混合器之前采用不锈钢管道进行连接,泡沫比例混合器与油罐之间的部分采用碳钢管进行连接。

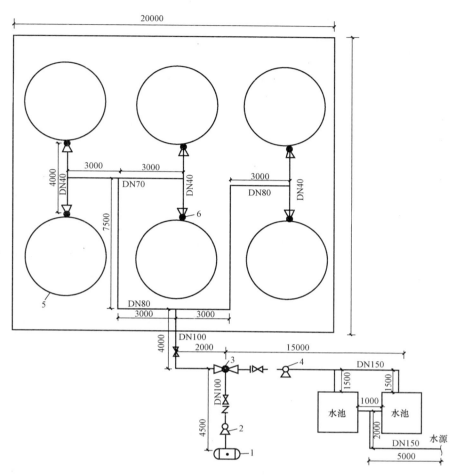

图 4-15　所示为某加油站区泡沫灭火系统

1—泡沫液储罐；2—泡沫液泵；3—泡沫比例混合器；4—水泵；5—储油罐；6—泡沫发生器

控制方式：

（1）设自动控制、手动控制和机械应急操作三种启动方式。

（2）当采用火灾探测器时，灭火系统的自动控制应在接收到两个独立的火灾信号后才能启动。根据人员疏散要求，系统延迟启动，延迟时间不大于 30s。

未说明事宜均符合现行施工验收规范。

图示管线标高假设是同标高，试计算泡沫灭火系统工程量并套用清单。

（三）工程量计算

设备安装工作内容中不包括支架的制作、安装和二次灌浆，上述工作另行计算。

泡沫发生器、泡沫比例混合器安装定额中不包括泡沫液充装，泡沫液充装另行计算。

刷油、防腐蚀、绝热工程不计。土石方不计。

（1）DN150 不锈钢管：（5+2+1+1.5×2+15）m＝26m。

（2）DN100 不锈钢管：4.5m。

（3）DN100 碳钢管：（2+4）m＝6m。

（4）DN80 碳钢管：$(3 \times 2 + 7.5 \times 2 + 3)$ m＝24m。

（5）DN70 碳钢管：3m×2＝6m。

（6）DN40 碳钢管：4×3m＝12m。

（7）法兰阀门 DN150，1 个；法兰阀门 DN100，2 个；止回阀 DN100，1 个。

（8）泡沫发生器 6 台。

（9）泡沫比例混合器 1 台。

（10）泡沫液储罐 1 台。

（11）水泵 1 台。

（12）泡沫液泵 1 台。

（四）清单套用及相应输出部分表格

具体见表 4-7～表 4-9。

表 4-7   **单位工程竣工结算汇总表**

序号	汇总内容	计算公式	费率	金额（元）
1	分部分项工程费			34788.58
2	规费前合计	34788.58＋0＋0		34788.58
3	规费	$(1742.91)＋(104.37)＋(143.8)＋(41.75)＋(528.79)$		2561.62
3.1	安全文明施工费	$(100.89)＋(205.25)＋(612.28)＋(824.49)$		1742.91
3.2	工程排污费	34788.58－0＋0	0.30％	104.37
3.3	住房公积金	3784.28＋0	3.80％	143.8
3.4	危险作业意外伤害保险	34788.58－0＋0	0.12％	41.75
3.5	社会保障费	34788.58－0＋0	1.52％	528.79
4	税金	34788.58＋2561.62－0－0	11％	4108.52
5	甲供税差	0－0＋0－0		
6	设备费调差	0		
	合计			41 458.72

表 4-8   **分部分项工程和单价措施项目清单与计价表**

序号	项目编码	项目名称 项目特征	计量单位	工程数量	综合单价	合价	其中：暂估价
					金额（元）		
1	030902002001	不锈钢管 1. 材质、压力等级：不锈钢 2. 规格：DN150 3. 焊接方法：电弧焊 4. 充氩保护方式、部位：是 5. 压力试验及吹扫设计要求： 6. 管道标识设计要求：	m	26	535.47	13 922.22	

续表

序号	项目编码	项目名称 项目特征	计量单位	工程数量	金额（元）		
					综合单价	合价	其中：暂估价
2	030902002002	不锈钢管 1. 材质、压力等级：不锈钢 2. 规格：DN100 3. 焊接方法：电弧焊 4. 充氩保护方式、部位：是 5. 压力试验及吹扫设计要求： 6. 管道标识设计要求：	m	4.5	276.34	1243.53	
3	030903001001	碳钢管 1. 材质、压力等级：碳钢 2. 规格：DN100 3. 焊接方法：电弧焊 4. 无缝钢管镀锌设计要求： 5. 压力试验、吹扫设计要求： 6. 管道标识设计要求：	m	6	96.41	578.46	
4	030903001002	碳钢管 1. 材质、压力等级：碳钢 2. 规格：DN80 3. 焊接方法：电弧焊 4. 无缝钢管镀锌设计要求： 5. 压力试验、吹扫设计要求： 6. 管道标识设计要求：	m	24	63.17	1516.08	
5	030903001003	碳钢管 1. 材质、压力等级：碳钢 2. 规格：DN60 3. 焊接方法：电弧焊 4. 无缝钢管镀锌设计要求： 5. 压力试验、吹扫设计要求： 6. 管道标识设计要求：	m	6	44.65	267.9	
6	030903001004	碳钢管 1. 材质、压力等级：碳钢 2. 规格：DN40 3. 焊接方法：电弧焊 4. 无缝钢管镀锌设计要求： 5. 压力试验、吹扫设计要求： 6. 管道标识设计要求：	m	12	20.45	245.4	
7	030903006001	泡沫发生器 1. 类型：水轮 2. 型号、规格：PFS3 3. 二次灌浆材料：	台	6	514.38	3086.28	

序号	项目编码	项目名称 项目特征	计量单位	工程数量	金额（元）		其中：暂估价
					综合单价	合价	
8	030903007001	泡沫比例混合器 1. 类型：平衡压力式 2. 型号、规格：PHY32/30 3. 二次灌浆材料：	台	1	8899.66	8899.66	
9	030903008001	泡沫液储罐 1. 质量/容量：2t 2. 型号、规格：储液罐 3. 二次灌浆材料：	台	1	2211.46	2211.46	
10	030905004001	气体灭火系统装置调试 1. 试验容器规格： 2. 气体试喷：	点	1	809.91	809.91	
11	030109001001	离心式泵 1. 名称：单级离心泵 2. 型号： 3. 规格： 4. 质量：0.1t 以内 5. 材质： 6. 减振装置形式、数量： 7. 灌浆配合比： 8. 单机试运转要求：	台	2	387.67	775.34	
12	030807003001	低压法兰阀门 1. 名称：法兰阀门 2. 材质：铜 3. 型号、规格：DN100 4. 连接形式：法兰 5. 焊接方法：	个	2	362.63	725.26	
13	030807003002	低压法兰阀门 1. 名称：法兰止回阀 2. 材质：铜 3. 型号、规格：DN100 4. 连接形式：法兰 5. 焊接方法：	个	1	507.08	507.08	
		合计				34 788.58	

表 4-9 　　　　　　　　　　　　工程计量申请（核准）表

序号	编号	名称/部位	单位	承包人申报数量	备注
1	030902002001	不锈钢管	m	26	
	6-456	中压不锈钢管（电弧焊）/DN150 内	10m	2.6	
2	030902002002	不锈钢管	m	4.5	
	6-454	中压不锈钢管（电弧焊）/DN100 内	10m	0.45	
3	030903001001	碳钢管	m	6	
	6-30	碳钢管（电弧焊）/DN100 内	10m	0.6	
4	030903001002	碳钢管	m	24	
	6-29	碳钢管（电弧焊）/DN80 内	10m	2.4	
5	030903001003	碳钢管	m	6	
	6-28	碳钢管（电弧焊）/DN65 内	10m	0.6	
6	030903001004	碳钢管	m	12	
	6-26	碳钢管（电弧焊）/DN40 内	10m	1.2	
7	030903006001	泡沫发生器	台	6	
	7-133	水轮机式泡沫发生器 PFS3	台	6	
8	030903007001	泡沫比例混合器	台	1	
	7-142	平衡压力式比例混合器 PHP20	台	1	
9	030903008001	泡沫液贮罐	台	1	
	5-708	一般中低压碳不锈钢容器 10m-2t	台	1	
10	030905004001	气体灭火系统装置调试	点	1	
	7-373	气体灭火系统装置调试 40L	个	1	
11	030109001001	离心式泵	台	2	
	1-813	单级离心泵、离心耐腐蚀泵 0.2t 内	台	2	
12	030807003001	低压法兰阀门	个	2	
	6-1314	法兰阀门 DN100 内	个	2	
13	030807003002	低压法兰阀门	个	1	
	6-1314	法兰阀门 DN100 内	个	1	

第五章 给水排水工程

第一节 工程简介

一、给水排水基本知识

给水排水工程由给水工程和排水工程两大部分组成。给水工程分为建筑内部给水和室外给水两部分，它的任务是从水源取水，按照用户对水质和水压的要求进行处理后，将水输送到用户区，并向用户供水，满足人们生活和生产的需要。排水工程也分为建筑内部排水和室外排水两部分，它的任务是将污、废水等收集起来并及时输送至适当地点，妥善处理后排放或再利用。

（一）室外给水工程

室外给水工程是指向民用和工业生产部门提供用水而建造的构筑物和输配水管网等工程设施，一般包括取水构筑物、水处理构筑物、泵站、输水管渠和管网及调节构筑物。

（二）室外排水工程

室外排水工程是指把室内排出的生活污水、生产废水及雨水和冰雪融化水等，按一定系统组织起来，经过处理，达到排放标准后再排入天然水体。室外排水系统包括排水设备、检查井、管渠、水泵站、污水处理构筑物等。

（三）建筑内部给水工程

建筑内部的给水系统的任务是在满足各用水点对水量、水压和水质的要求下，将城镇给水管网或自备水源给水管网的水引入室内，经配水管送至生活、生产和消防用水设备。

（1）建筑内部的给水工程按不同的用途可分为：

1）生活给水系统：供生活、洗涤用水。

2）生产给水系统：供生产设备所需用水。

3）消防给水系统：供消防设备用水。

（2）建筑内部给水系统如图 5-1 所示，其组成可分为：

1）引入管：也称进户管，自室外给水管将水引入室内的管段。

2）水表节点：安装在引入管上的水表及其前后设置的阀门和泄水装置的总称。

3）给水管道：包括干管、立管和支管。

4）配水装置和用水设备：各类卫生器具、用水设备的配水龙头和生产、消防等用水设备。

5）给水附件：管道系统中调节水量、水压，控制水流方向，以及关断水流，便于管道、仪表和设备检修的各类阀门。

6）增压和储水设备：设置的水泵、气压给水设备和水池、水箱等。

（四）建筑内部排水工程

建筑内部排水系统是将建筑内部人们在日常生活和工业生产中使用过的水以及屋面上的

雨、雪水加以收集，及时排到室外。按系统接纳的污、废水类型不同，建筑内部排水系统可分为：

（1）生活排水系统。排除居住建筑、公共建筑及工厂生活间的污废水。

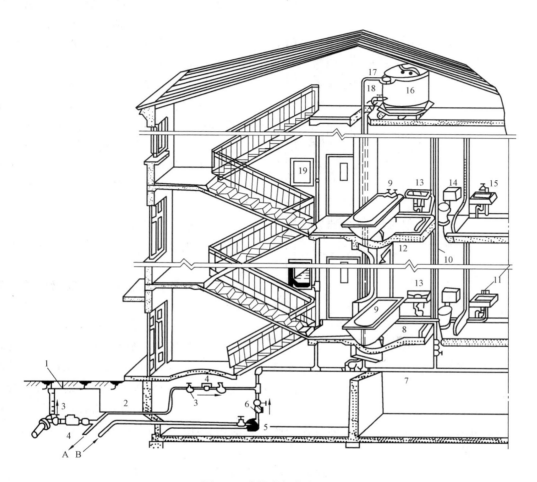

图 5-1 建筑内部给水系统

1—阀门井；2—引入管；3—闸阀；4—水表；5—水泵；6—止回阀；7—干管；8—支管；
9—浴盆；10—立管；11—水龙头；12—淋浴器；13—洗脸盆；14—大便器；15—洗涤盆；
16—水箱；17—进水管；18—出水管；19—消火栓；
A—入储水池；B—来自储水池

（2）工业废水排水系统。排除工艺生产过程中产生的污废水。

（3）屋面雨水排水系统。收集排除降落到多跨工业厂房、大屋面建筑和高层建筑屋面上的雨雪水。

建筑内部排水最终要排入室外排水系统，室内排水体制是指污水与废水的分流与合流；室外排水体制是指污水和雨水的分流与合流。当室外只有雨水管道时，室内宜分流；当室外有污水管网和污水厂时，室内宜合流。

建筑内部排水系统如图 5-2 所示，其组成可分为：

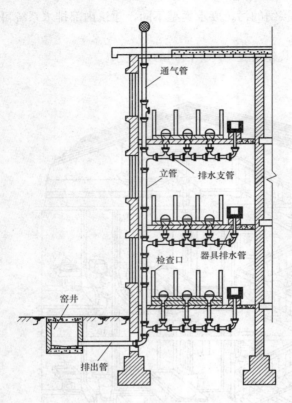

图 5-2 建筑内部排水系统

1）卫生设备和生产设备受水器：满足日常生活和生产过程中各种卫生要求，收集和排除污废水的设备。

2）排水管道：包括器具排水管、排水横支管、立管、埋地干管和排出管。

3）清通设备：疏通建筑内部排水管道，保障排水通畅。

4）提升设备：某些工业或民用建筑的地下建筑物内的污废水不能自流排至室外检查井，必须设置污废水提升设备。

5）污水局部处理构筑物：当建筑内部污水未经处理，不允许直接排入市政排水管网或水体时，必须设置污水局部处理构筑物。

6）通气管道系统：防止因气压波动造成的水封破坏，防止有毒有害气体进入室内。

二、给水排水工程常用管材、管件及附件

（一）管材、管件及附件的公称直径

为了使管道、管件和阀门之间具有互换性，而规定的一种通用直径，称为公称直径，用 DN 表示，单位是 mm。公称直径是控制管材设计及制造规格的一种标准直径，管材的公称直径与管内径相接近，但它既不等于管道或配件的实际内径，也不等于管道或配件的外径，而只是一种公认的称呼直径。不论管道或配件的内径和外径为多大，只要公称直径一样，就能相互连接，且具有互换性。

（二）管材、管件及附件的压力

管道及其管件的压力可分为公称压力、试验压力和工作压力三种。

1. 公称压力

一般以介质温度 20℃时，管道或附件所能承受的压力作为耐压强度标准，称为公称压力，用 Pg 表示单位为 MPa。例如：公称压力 1.6MPa，应写做 Pg1.6。管道公称压力的等级划分可分为：

（1）低压管道：一般指≤Pg1.6MPa 的管道。

（2）中压管道：一般指 Pg1.6MPa～10.0MPa 的管道。

（3）高压管道：一般指≥Pg10.0MPa 的管道。

2. 试验压力

是对管道进行水压或严密性试验而规定的压力，用 Ps 表示，单位为 MPa。例如：试验压力 2MPa，应写做 Ps2.0。水压压力又分为水压试验和气压试验。

（1）水压试验：Ps＝设计工作压力×试验的安全系数（安装规范为 1.5 倍）。

（2）气压试验：Ps＝设计工作压力×试验的安全系数（安装规范为 1.25 倍）。

3. 工作压力

是根据管道输送介质的各级温度所规定的最大压力，是表明管材质量的一种参数。工作压力用 P 表示，并在 P 的右下角标注介质最高温度数值，其数值是以 10 除以介质最高温度所得的整数。例如：介质最高温度为 250℃，则工作压力应写做 P_{25}。

（三）室内给水工程常用管材、管件及附件

给水管道按制造材质分，可分为钢管、铸铁管和塑料管；按制造方法分，可分为有缝管和无缝管。

（1）无缝钢管。无缝钢管分为冷拔和热轧两种，通常使用在需要承受较大压力的管道上，一般生产、工艺用水管道常用无缝钢管，或者使用在自动喷水灭火系统的给水管上。

（2）有缝钢管。有缝钢管又称为焊接钢管，分为镀锌钢管（白铁管）和非镀锌钢管（黑铁管）两种。镀锌钢管和非镀锌钢管相比，具有耐腐蚀、不易生锈、使用寿命长等特点。生活给水管管径大于或等于 150mm 时，应采用热镀锌工艺生产的镀锌钢管；生活、消防公用给水系统应采用镀锌钢管。

常用焊接钢管的规格见表 5-1。

表 5-1 常用焊接钢管的规格表

公称口径		外径	钢管			
			普通管		加厚管	
mm	in	mm	壁厚（mm）	理论重量（不计管接头）(kg/m)	壁厚（mm）	理论重量（不计管接头）(kg/m)
6	$\frac{1}{8}$	10.00	2.00	0.39	2.50	0.46
8	$\frac{1}{4}$	13.50	2.25	0.62	2.75	0.73
10	$\frac{3}{8}$	17.00	2.25	0.82	2.75	0.97
15	$\frac{1}{2}$	21.25	2.75	1.25	3.25	1.44
20	$\frac{3}{4}$	26.75	2.75	1.63	3.50	2.01
25	1	33.50	3.25	2.42	4.00	2.91
32	$1\frac{1}{4}$	42.25	3.25	3.13	4.00	3.77
40	$1\frac{1}{2}$	48.00	3.50	3.84	4.25	4.58
50	2	60.00	3.50	4.88	4.50	6.16
70	$2\frac{1}{2}$	75.50	3.75	6.64	4.50	7.88
80	3	88.50	4.00	8.34	4.75	9.81
100	4	114.00	4.00	10.85	5.00	13.44
125	5	140.00	4.50	15.04	5.50	18.24
150	6	165.00	4.50	17.81	5.50	21.63

注 1. 公称口径是钢管的规格称呼，它不一定等于管外径减 2 倍壁厚之差。

2. 镀锌钢管比普通管（不镀锌）重 3%～6%。

钢管连接方法有螺纹连接、焊接、卡箍和法兰连接，为避免焊接时锌层破坏，镀锌钢管必须用螺纹连接，其连接配件有管箍、异直径箍、活接头、补芯、90°头弯头、45°头弯头、异径弯头、内管箍、管塞、等径三通、异径三通、根母、等径四通、异径四通、阀门等。非镀锌钢管一般用螺纹连接，也可焊接。

（3）给水铸铁管。与钢管相比，优点是耐腐蚀、使用寿命长、价格较低。多用于室外给水工程和室内的给水管道，生产和消火栓给水系统可采用非镀锌钢管和给水铸铁管。给水铸铁管按其连接方式可分为承插式和法兰式两种，接口材料有石棉水泥接口、膨胀水泥接口、青铅接口等。

给水铸铁管的配件有承插渐缩管、三承三通、三承四通、双盘三通、双盘四通、90°承插弯头、45°承插弯头等。

（4）给水塑料管。给水塑料管有硬聚氯乙烯管、聚乙烯管、聚丙烯管和聚丁烯管等。塑料管具有耐化学腐蚀性强、水流阻力小、质量轻、运输安装方便等优点。

（5）管道附件。管道附件可分为配水附件和控制附件。

1）配水附件。指装在给水支管末端，供给各类卫生器具和用水设备的配水龙头和生产、消防等用水设备。球形阀式配水龙头，一般装在洗涤盆、污水盆、盥洗槽等卫生器具上；旋塞式配水龙头，适用于洗衣房、开水间等用水设备；普通洗脸盆水龙头，为单放水型，单供冷水或热水；单手柄浴盆水龙头，喷头处有转向接头，可转动一定角度。近年来，节水、节能、低噪声水龙头在工程中得到较广泛的应用，如单手柄洗脸盆水龙头，其出水口端部装有节水消声装置，可减小出水压力和噪声，使水流柔和而不四溅；自动水龙头，利用光电元件控制启闭，不但节水节能，而且实现了无接触操作，清洁、卫生，可防止疾病的传染。

2）控制阀门。指控制水流方向，调节水量、水压以及关断水流，便于管道、仪表和设备检修的各类阀门，如图 5-3 所示。

截止阀，适用于管径小于或等于 50mm 的管道上；闸阀，宜在管径大于 50mm 的管道上采用；蝶阀，阀板在 90°翻转范围内可起调节、节流和关闭水流的作用；旋启式止回阀，不宜在压力大的管道系统中采用；升降式止回阀，适用于小管径的水平管道上；消声止回阀，可消除阀门关闭时产生的水锤冲击和噪声；梭式止回阀，是利用压差梭动原理制造的新型止回阀，水流阻力小，且密闭性能好；浮球阀，控制水位的高低；液压水位控制阀，是浮球阀的升级换代产品；弹簧式安全阀、杠杆式安全阀，避免管网、用具或密闭水箱超压破坏。

（四）室内排水工程常用管材、管件及附件

排水管道常用的管材主要有排水铸铁管、排水塑料管、带釉陶土管，工业废水还可用陶瓷管、玻璃钢管、玻璃管等。

（1）排水铸铁管。排水铸铁管不同于给水铸铁管，管壁较薄，不能承受高压，主要作为生活污水、雨水以及一般工业废水管用。接口为承插式，连接方法有石棉水泥接口、膨胀水泥接口、水泥砂浆接口等。

（2）排水塑料管。目前建筑内使用的排水塑料管是硬聚氯乙烯塑料管（简称 UPVC管），具有光滑、重量轻、耐腐蚀、加工方便、便于安装等特点。连接多以粘接为主，配以适当橡胶柔性接口。

（3）带釉陶土管。带釉陶土管耐酸碱腐蚀，主要用于排放腐蚀性工业废水，也可用于室

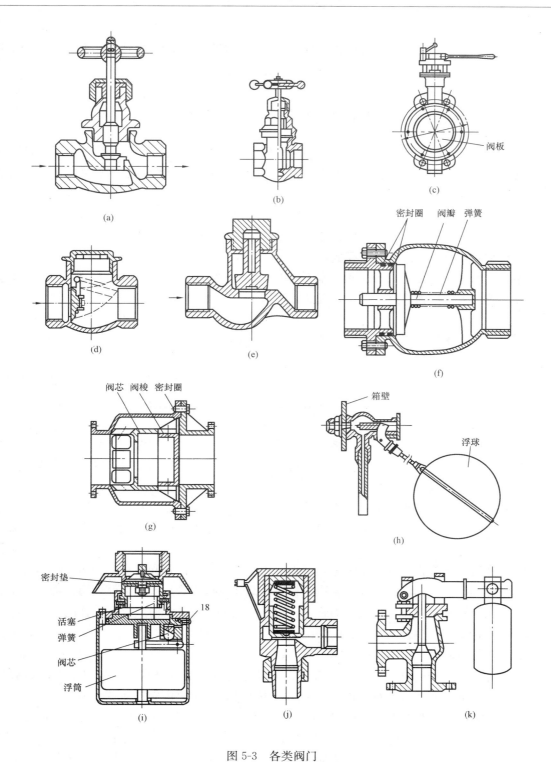

图 5-3　各类阀门
（a）截止阀；（b）闸阀；（c）蝶阀；（d）旋启式止回阀；（e）升降式止回阀；（f）消声止回阀；
（g）梭式止回阀；（h）浮球阀；（i）液压水位控制阀；（j）弹簧式安全阀；（k）杠杆式安全阀

内生活污水埋地管。

（4）清通设备。为使排水管道排水畅通，需在横支管上设清扫口或带清扫门的 90°弯头和三通，在立管上设检查口，在室内埋地横干管上设检查口井。

第二节　工 程 识 图

给水排水工程施工图分为室外给水排水和室内给水排水两部分。室外给排水工程施工图表示的是一个区域的给排水管网，主要由平面图、纵断面图和详图等组成。室内排水工程施工图表示一幢建筑物的给排水工程，主要由平面图、系统图（轴测图）和详图等组成。

在上述施工图中均有施工说明，说明中对所采用的设备、材料名称、规格、型号、施工质量要求，采用的标准图集名称、代号、编号和图例等一般都有交代。

一、室外给水排水工程施工图的识读

给水排水施工图是用来表达和交流工程中技术思想的重要工具，设计人员用它来表达设计意图，施工人员依据它进行施工，因此常把施工图称为工程的语言。

（一）平面图

室外给水排水管道平面图主要表示一个厂区、地区（或街道）的给水排水布置情况。识读的主要内容和注意事项如下：

（1）查明管道平面的布置和走向。通常，给水管道、排水管道、检查井等的表示方法，给水管道的走向，是从大管径到小管径通向建筑物的；排水管道的走向则是从建筑物出来到检查井，各检查井之间从高标高到低标高，管径从小到大。

（2）室外给水管道要查明消火栓、水表井、阀门井的具体位置。当管路上有泵站、水池、水塔以及其他构筑物时，要查明构筑物的位置、管道进出口的方向，以及各构筑物上管道、阀门及附件的设置情况。

（3）要了解给水排水管道的埋深及管径。管道标高往往标注绝对标高，识读时要搞清楚地面的自然标高，以便计算管道的埋设深度，室外给水排水管道的标高，通常是按管底来标注的。

（4）在查看室外排水管道图纸时，特别要注意检查井的位置和检查井进出管的标高。当没有标注标高时，可用坡度计算出管道的相对标高。当排水管道有局部处理构筑物时，还要查明这些构筑物的位置，进出接管的管径、距离、坡度等，必要时应查有关详图，进一步搞清构筑物的构造以及构筑物上配管的情况。

（二）纵剖面图

由于地下管道种类繁多，布置复杂，为了更好地表示给水排水管道的纵剖面图布置情况，有些工程还绘制了管道纵剖面图，识读时应该掌握的主要内容和注意事项如下：

（1）查明管道、检查井的纵断面情况。有关数据均列在图纸下面的表格中，一般应列有检查井编号及距离、管道埋深、管底标高、地面标高、管道坡度和管道直径等。

（2）由于管道长度方向比直径方向大得多，绘制剖面图时，纵横采用不同比例。横向比例，城市（或居住区）为 1∶50000 或 1∶10000，工矿企业为 1∶1000 或 1∶2000；纵向比例为 1∶100 或 1∶200。

（三）详图

室外给水排水工程详图，主要是表示管道节点、检查井、室外消火栓、阀门井、水塔水池构件、水处理设备及各种污水处理设备等，有些已经制成标准图，在全国或某一地区内通用。

二、室内给水排水工程施工图的识读

（一）平面图

室内给排水平面图是以建筑物各层平面为依据绘制的，是施工图纸中最基本和最重要的图样，常用的比例有 1∶100 和 1∶50 两种，主要表明管道在各楼层的平面位置及编号，管道和设备器具的规格型号，以及给水引入管和排水出户管与室外给排水管网的关系。这种图纸上的线条都是示意性的，管配件（如管箍、活接头、补芯等）不直接画在图纸上，因此在识读时，必须熟悉给水排水管道的施工工艺。

（1）查明卫生器具、用水设备及升压设备的类型、数量、安装位置、定位尺寸。卫生设备和其他设备通常是用图例表示，只能说明器具和设备的类型，而不能表示各部分的具体结构和外部尺寸。所以，必须参考技术资料和有关详图，弄清楚其构造、配管方式、安装尺寸等，便于准确地计算工程量和施工。

（2）弄清楚给水引入管和污水排出管的平面位置、走向、定位尺寸、管径、坡度以及与室外管网的连接方式等。给水引入管上一般都装设阀门，若阀门设在室外阀门井中，在平面图上就能表示出来，要查明阀门的规格型号及离建筑物的距离。污水排出管与室外排水管的连接是通过检查井来实现的，要了解排出管的管径、埋深及离建筑物的距离。

（3）查明给水排水干管、立管、支管的平面位置、走向、管径及立管编号。平面图上的管线虽然是示意性的，但是它还是按照一定比例绘制的，因此，在计算平面图的工程量时，可以结合详图、图注尺寸或用比例尺进行计算。在计算时，每一个立管都要进行编号，且要与引入（出）管的编号统一。

（4）消防给水管道要查明消火栓的布置、口径大小及消防箱的形式与安装位置。若图中有自动喷水消防系统或水幕灭火系统，则要查明喷头的型号、构造、安装方式及安装要求。

（5）查明水表的安装位置、型号、水表前后阀门的设置情况，以及所采用的安装标准图号。

（6）室内排水管道要查明检查井进出管的连接方向以及清通口、清扫口的布置情况；对于雨水管道，要查明雨水斗的型号、数量及布置情况，结合详图弄清雨水斗与天沟的连接方式。

（二）系统图

系统图分为给水系统图和排水系统图两部分，系统图是用轴测投影的方法，表明的是管道和楼层的标高，系统中各管道和设备器具的上下、左右、前后之间的空间位置及相互连接关系，在系统图中标注有管道的直径尺寸、立管的编号、管道的标高和排水管的坡度。

（1）查明给水管道系统的具体走向、干管的敷设方式、管径及其变径情况，阀门的位置，引入管、干管和各支管的标高，识读时，可按引入管、干管、支管、给水配件及附件的顺序进行阅读和计算。

（2）查明排水管道系统的具体走向、管路分支情况、管径、水平管道坡度、标高存水弯形式等，结合平面图，弄清楚卫生器具的种类、型号、位置等。识读时，可按卫生设备器具、卫生器具排水管、排水横支管、立管、出户管的顺序进行阅读计算。

（3）在给水排水施工图上一般不表示管道支架，但在识图时要按照有关规定，确定其数量和位置。给水管道支架一般采用管卡、钩钉、吊环和角钢托架；铸铁排水立管通常用铸铁立管卡子，固定在承口下面，排水横管上则采用吊卡，一般为每根管一个，最多不超过2m。

（三）详图

详图又称大样图，是为了详细表明用水设备、器具和管道节点的详细构造、尺寸与安装要求的图样，分为标准详图与非标准详图。详图是用正投影法绘制的，图中标注的尺寸可供计算工程量和材料量时使用。

三、常用图例符号

给排水工程施工图是用图例符号来表示管线、卫生器具、附件、阀门及附属设备的，常用图例见表5-2，具体看图纸的图例说明。

表 5-2　　　　　　　　　　　　给水排水施工图常用图例

名　称	图　例	名　称	图　例
生活给水管	——— J ———	通气帽	 成品　　铅丝球
热水给水管	——— RJ ———	雨水斗	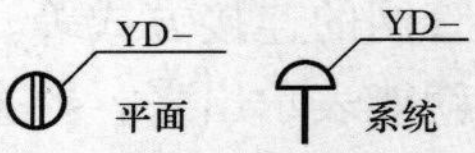 YD-　　YD- 平面　　系统
循环给水管	——— XJ ———	放水龙头	
消火栓给水管	——— XH ———	洒水（栓）龙头	
污水管	——— W ———	化验龙头	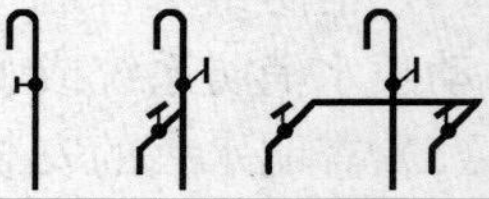
废水管	——— F ———	混合水龙头	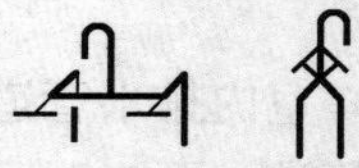
雨淋灭火给水管	——— YL ———	蒸汽管	——— Z ———
管道立管	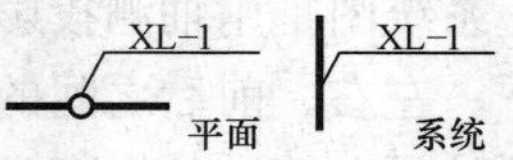 XL-1　　XL-1 平面　　系统	凝结水管	——— N ———
立管检查口		中水给水管	——— ZJ ———
清扫口	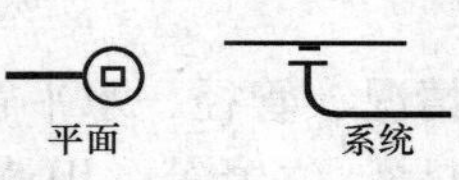 平面　　系统	自动喷水灭火给水管	——— ZP ———

名　称	图　例	名　称	图　例
通气管	——————— T ———————	自动喷洒头（闭式）	平面 ——○—— 系统
雨水管	——————— Y ———————	湿式报警阀	平面 ◉ 系统
水幕灭火给水管	——— SM ———	立式洗脸盆	
保温管		挂式洗脸盆	
圆形地漏		化验盆、洗涤盆	
方形地漏		盥洗槽	
排水漏斗	⊙ 平面　　Y 系统	妇女卫生盆	
自动冲洗水箱		壁挂式小便器	
皮带龙头		坐式大便器	
肘式龙头		淋浴喷头	
脚踏开关		圆形化粪池	⊙⊙ HC
旋转水龙头		水表井	——▶——
浴盆带喷头混合水龙头		水泵	平面　　系统
室内消火栓（单口）	平面　　系统	阀门井、检查井	——○—— ——□——
水泵接合器		室外消火栓	

名　称	图　例	名　称	图　例
室内消火栓（双口）	平面　　系统	立式小便器	
自动喷洒头（开式）	平面　　系统	蹲式小便器	
干式报警阀	平面　　系统	小便槽	
预作用报警阀	平面　　系统	矩形化粪池	HC
台式洗脸盆		雨水口（单口）	
浴盆		雨水口（双口）	
带沥水板洗涤盆		水表	
污水池		开水器	

第三节　定　额　的　编　制

一、定额主要内容及编制依据

《通用安装工程消耗量定额　第十册　给排水、采暖、燃气工程》（简称给排水定额）适用于工业与民用建筑的生活用给排水系统中的管道、附件、器具及附属设备等安装工程。

给排水定额编制时主要依据了以下标准规范：

（1）《室外给水设计规范》（GB 50013—2006）；

（2）《室外排水设计规范》（GB 50014—2006，2011 年修订）；

（3）《建筑给水排水设计规范》（GB 50015—2010）；

（4）《给水排水工程基本术语标准》（GB/T 50125—2010）；

（5）《建筑给水排水及采暖工程施工质量验收规范》（GB 50242—2002）；

（6）《给水排水管道工程施工及验收规范》（GB 50268—2008）；

（7）《建筑中水设计规范》（GB 50336—2002）；

（8）《建筑给水聚丙烯管道工程技术规范》（GB/T 50349—2005）；

（9）《城镇给水排水技术规范》（GB 50788—2012）；

（10）《建筑给水排水薄壁不锈钢管连接技术规程》（CECS 277—2010）；

（11）《通用安装工程工程量计算规范》（GB 50856—2013）；

（12）《全国统一安装工程预算定额》（GYD—2000）；

（13）《建设工程劳动定额安装工程》（LD/T 74.1～4—2008）；

（14）《全国统一安装工程基础定额》（GJD—2006）；

（15）现行国家建筑设计标准图集、协会标准、产品标准等其他资料。

二、定额与其他册定额的关系

（1）工业管道、生产生活共用的管道，泵房、站类管道以及建筑物内加压泵房的管道，管道焊缝热处理、无损探伤执行《通用安装工程消耗量定额　第八册　工业管道工程》相应项目。

（2）给排水定额未包括的给排水设备安装执行《通用安装工程消耗量定额　第一册　机械设备安装工程　第三册　静置设备与工艺金属结构制作安装工程》等相应项目。

（3）给排水、器具等电气检查、接线工作，执行《通用安装工程消耗量定额　第四册　电气设备安装工程》相应项目。

（4）刷油、防腐蚀、绝热工程执行《通用安装工程消耗量定额　第十二册　刷油、防腐蚀、绝热工程》相应项目。

（5）凡涉及管沟、工作坑及井类的土方开挖、回填、运输、垫层、基础、砌筑、地沟盖板预制安装、路面开挖及修复、管道混凝土支墩的项目，以及混凝土管道、水泥管道安装执行相关定额项目。

三、共性问题的说明

（1）脚手架搭拆费按定额人工费的 5% 计算，其费用中人工费占 35%。单独承担的室外埋地管道工程，不计取该费用。

（2）操作高度增加费。定额中操作物高度以距楼地面 3.6m 为限，超过 3.6m 时，超过部分工程量按定额人工费乘以表 5-3 所列系数。

表 5-3　　　　　　　　　　　　　**操作物高度增加系数**

操作物高度（m）	≤10	≤30	≤50
系数	1.10	1.20	1.50

（3）建筑物超高增加费，指高度在 6 层或 20m 以上的工业与民用建筑物上进行安装时增加的费用，按表 5-4 计算，其费用中人工费占 65%。

表 5-4　　　　　　　　　　　　　**建筑物超高增加费**

建筑物檐高（m）	≤40	≤60	≤80	≤100	≤120	≤140	≤160	≤180	≤200
建筑层数（层）	≤12	≤18	≤24	≤30	≤36	≤42	≤48	≤54	≤60
按人工费的%	2	5	9	14	20	26	32	38	44

（4）在洞库、暗室，在已封闭的管道间（井）、地沟、吊顶内安装的项目，人工、机械乘以系数 1.20。

（5）给排水定额与市政管网工程的界线划分：

1）给水管道以与市政管道碰头点或以计量表、阀门（井）为界。

2）室外排水管道以与市政管道碰头井为界。

（6）各定额项目中，均包括安装物的外观检查。

第四节　定额的应用

一、给排水管道工程量计算

适用于室内外生活用给排水管道的安装，包括镀锌钢管、钢管、不锈钢管、铜管、铸铁管、塑料管、复合管等不同材质的管道安装及室外管道碰头等项目。

（一）管道的界限划分

（1）室内外给水管道以建筑物外墙皮 1.5m 为界，建筑物入口处设阀门者以阀门为界。

（2）室内外排水管道以出户第一个排水检查井为界。

（3）与工业管道界线以与工业管道碰头点为界。

（4）与设在建筑物内的水泵房（间）管道以泵房（间）外墙皮为界。

（二）管道的适用范围

（1）给水管道适用于生活饮用水、热水、中水及压力排水等管道的安装。

（2）塑料管安装适用于 UPVC、PVC、PP-C、PE、PB 管等塑料管安装。

（3）镀锌钢管（螺纹连接）项目适用于室内外焊接钢管的螺纹连接。

（4）钢塑复合管安装适用于内涂塑、内外涂塑、内衬塑、外覆塑内衬塑复合管道安装。

（5）钢管沟槽连接适用于镀锌钢管、焊接钢管及无缝钢管等沟槽连接的管道安装。不锈钢管、铜管、复合管的沟槽连接，可参照执行。

（三）室外管道安装

室外管道安装不分地上与地下，均执行同一子目。

（四）消耗量定额有关说明

（1）管道安装项目中，均包括相应管件安装、水压试验及水冲洗工作内容。各种管件数量系综合取定，执行定额时，成品管件数量可依据设计文件及施工方案或参照给排水定额附录中的管道管件数量取定表计算，定额中其他消耗量均不做调整。

给排水定额管件含量中不含与螺纹阀门配套的活接、对丝，其用量含在螺纹阀门安装项目中。

（2）钢管焊接安装项目中均综合考虑了成品管件和现场煨制弯管、捧制大小头、挖眼三通。

（3）管道安装项目中，除室内直埋塑料给水管项目中已包括管卡安装外，均不包括管道支架、管卡、托钩等制作安装以及管道穿墙、楼板套管制作安装、预留孔洞、堵洞、打洞、凿槽等工作内容，发生时，应按给排水定额第十一章相应项目另行计算。

（4）管道安装定额中，包括水压试验及水冲洗内容，管道的消毒冲洗应按给排水定额第十一章相应项目另行计算。排（雨）水管道包括灌水（闭水）及通球试验工作内容；排水管道不包括止水环、透气帽本体材料，发生时按实际数量另计材料费。

（5）室内柔性铸铁排水管（机械接口）按带法兰承口的承插式管材考虑。

（6）雨水管系统中的雨水斗安装执行给排水定额第六章相应项目。

（7）塑料管热熔连接公称外径DN125及以上管径按热熔对接连接考虑。

（8）室内直埋塑料管道是指敷设于室内地下坪或墙内的塑料给水管段。包括充压隐蔽、水压试验、水冲洗及地面画线标示等工作内容。

（9）安装带保温层的管道时，可执行相应材质及连接形式的管道安装项目。其人工乘以系数1.10；管道接头保温执行《通用安装工程消耗量定额　第十二册　刷油、防腐蚀、绝热工程》，其人工、机械乘以系数2.0。

（10）室外管道碰头项目适用于新建管道与已有水源管道的碰头连接，如已有水源管道已做预留接口则不执行相应安装项目。

（五）工程量计算规则

（1）各类管道安装按室内外、材质、连接形式、规格分别列项，以"10m"为计量单位。定额中铜管、塑料管、复合管（除钢塑复合管外）按公称外径表示，其他管道均按公称直径表示。

（2）各类管道安装工程量，均按设计管道中心线长度，以"10m"为计量单位，不扣除阀门、管件、附件（包括器具组成）及井类所占长度。

（3）室内给排水管道与卫生器具连接的分界线：

1）给水管道工程量计算至卫生器具（含附件）前与管道系统连接的第一个连接件（角阀、三通、弯头、管箍等）止。

2）排水管道工程量自卫生器具出口处的地面或墙面的设计尺寸算起；与地漏连接的排水管道自地面设计尺寸算起，不扣除地漏所占长度。

二、管道附件工程量计算

包括螺纹阀门、法兰阀门、塑料阀门、沟槽阀门、法兰、减压器、疏水器、除污器、水表、水锤消除器、补偿器、软接头（软管）、塑料排水管消声器、浮标液面计、浮标水位标尺等安装。

（一）消耗量定额有关说明

（1）阀门安装均综合考虑了标准规范要求的强度及严密性试验工作内容。若采用气压试验时，除定额人工外，其他相关消耗量可进行调整。

（2）安全阀安装后进行压力调整的其人工乘以系数2.0。螺纹三通阀安装按螺纹阀门安装项目乘以系数1.3。

（3）电磁阀安装项目均包括了配合调试工作内容，不再重复计算。

（4）对夹式蝶阀安装已含双头螺栓用量，在套用与其连接的法兰安装项目时，应将法兰安装项目中的螺栓用量扣除。浮球阀安装已包括了联杆及浮球的安装。

（5）与螺纹阀门配套的连接件，如设计与定额中材质不同时，可按设计进行调整。

（6）法兰阀门、法兰式附件安装项目均不包括法兰安装，应另行套用相应法兰安装项目。

（7）每副法兰和法兰式附件安装项目中均包括一个垫片和一副法兰螺栓的材料用量。各种法兰连接用垫片均按石棉橡胶板考虑，如工程要求采用其他材质可按实调整。

（8）减压器、疏水器安装均按组成安装考虑，分别依据《国家建筑标准设计图集》01SS105、05R407编制。疏水器组成安装未包括止回阀安装，若安装止回阀执行阀门安装相应项目。单独安装减压器、疏水器时执行阀门安装相应项目。

（9）除污器组成安装依据《国家建筑标准设计图集》03R402编制，适用于立式、卧式和旋流式除污器组成安装。单个过滤器安装执行阀门安装相应项目人工乘以系数1.2。

（10）普通水表、IC卡水表安装不包括水表前的阀门安装。水表安装定额是按与钢管连接编制的，若与塑料管连接时其人工乘以系数0.6，材料、机械消耗量可按实调整。

（11）水表组成安装是依据《国家建筑标准设计图集》05S502编制的。法兰水表（带旁通管）组成安装中三通、弯头均按成品管件考虑。

（12）倒流防止器组成安装是根据《国家建筑标准设计图集》12S108-1编制的，按连接方式不同分为带水表与不带水表安装。

（13）器具组成安装项目已包括标准设计图集中的旁通管安装，旁通连接管所占长度不再另计管道工程量。

（14）器具组成安装均分别依据现行相关标准图集编制的其中连接管、管件均按钢制管道、管件及附件考虑。如实际采用其他材质组成安装，则按相应项目分别计算。

器具附件组成如实际与定额不同时可按法兰、阀门等附件安装相应项目分别计算或调整。

（15）补偿器项目包括方形补偿器制作安装和焊接式、法兰式成品补偿器安装，成品补偿器包括球形、填料式、波纹式补偿器。补偿器安装项目中包括就位前进行预拉（压）工作。

（16）法兰式软接头安装适用于法兰式橡胶及金属挠性接头安装。

（17）塑料排水管消声器安装按成品考虑。

（18）浮标液面计、水位标尺分别依据《采暖通风国家标准图集》N102-3和《全国通用给排水标准图集》S318编制的，如设计与标准图集不符时，主要材料可作调整，其他不变。

（19）所有安装项目均不包括固定支架的制作安装发生时执行给排水定额第十一章相应项目。

（二）工程量计算规则

（1）各种阀门、补偿器、软接头、普通水表、IC卡水表、水锤消除器、塑料排水管消声器安装，均按照不同连接方式、公称直径，以"个"为计量单位。

（2）减压器、疏水器、水表、倒流防止器组成安装，按照不同组成结构、连接方式、公称直径，以"组"为计量单位。减压器安装按高压侧的直径计算。

（3）卡紧式软管按照不同管径，以"根"为计量单位。

（4）法兰均区分不同公称直径以"副"为计量单位。承插盘法兰短管按照不同连接方式、公称直径，以"副"为计量单位。

（5）浮标液面计、浮漂水位标尺区分不同的型号，以"组"为计量单位。

三、卫生器具工程量计算

卫生器具是参照国家建筑标准设计图集《排水设备及卫生器具安装》（2010年合订本）中有关标准图编制的，包括浴缸（盆）、净身盆、洗脸盆、洗涤盆、化验盆、大便器、小便器、烘手器、淋浴器、浴间、桑拿浴房、大小便器自动冲洗水箱、给排水附件、小便槽冲洗管制作安装、蒸汽水加热器、冷热水混合器、饮水器和隔油器等器具安装项目。

（一）消耗量定额有关说明

（1）各类卫生器具安装项目除另有标注外，均适用于各种材质。

（2）各类卫生器具安装项目包括卫生器具本体、配套附件、成品支托架安装。各类卫生器具配套附件是指给水附件（水嘴、金属软管、阀门、冲洗管、喷头等）和排水附件（下水口、排水栓、存水弯、与地面或墙面排水口间的排水连接管等）。

（3）各类卫生器具所用附件已列出消耗量，如随设备或器具配套供应时，其消耗量不得重复计算。各类卫生器具支托架如现场制作时执行给排水定额第十一章相应项目。

（4）浴盆冷热水带喷头若采用埋入式安装时，混合水管及管件消耗量应另行计算。按摩浴盆包括配套小型循环设备（过滤罐、水泵、按摩泵、气泵等）安装，其循环管路材料、配件等均按成套供货考虑。浴盆底部所需要填充的干砂材料消耗量另行计算。

（5）液压脚踏卫生器具安装执行给排水定额第三章相应定额，人工乘以系数 1.3，液压脚踏装置材料消耗量另行计算。如水嘴、喷头等配件随液压阀及控制器成套供应时，应扣除定额中的相应材料，不得重复计取。

卫生器具所用液压脚踏装置包括配套的控制器、液压脚踏开关及其液压连接软管等配套附件。

（6）大、小便器冲洗（弯）管均按成品考虑。大便器安装已包括了柔性连接头或胶皮碗。

（7）大、小便槽自动冲洗水箱安装中，已包括水箱和冲洗管的成品支托架、管卡安装，水箱支托架及管卡的制作及刷漆，应按相应定额项目另行计算。

（8）与卫生器具配套的电气安装，应执行《通用安装工程消耗量定额 第四册 电气设备安装工程》相应项目。

（9）各类卫生器具的、混凝土或砖基础、周边砌砖、瓷砖粘贴蹲式大便器蹲台砌筑、台式洗脸盆的台面，浴厕配件安装，应执行《房屋建筑与装饰工程消耗量定额》相应项目。

（10）所有项目安装不包括预留、堵孔洞发生时执行给排水定额第十一章相应项目。

（二）工程量计算规则

（1）各种卫生器具均按设计图示数量计算以"10组"或"10套"为计量单位。

（2）大便槽、小便槽自动冲洗水箱安装分容积按设计图不数量，以"10套"为计量单位。大、小便槽自动冲洗水箱制作不分规格以"100kg"为计量单位。

（3）小便槽冲洗管制作与安装按设计图示长度以"10m"为计量单位，不扣除管件所占的长度。

（4）湿蒸房依据使用人数，以"座"为计量单位。

（5）隔油器区分安装方式和进水管径，以"套"为计量单位。

四、给排水设备工程量计算

适用于生活给排水系统中的变频给水设备、稳压给水设备、无负压给水设备、气压罐、除砂器、水处理器、水箱自洁器、水质净化器、紫外线杀菌设备、消毒器、消毒锅、直饮水设备、水箱制作安装等项目。

（一）消耗量定额有关说明

（1）给水设备按整体组成安装编制。

（2）动力机械设备单机试运转所用的水、电耗用量应另行计算；静置设备水压试验、通水调试所用消耗量已列入相应项目中。

（3）水箱安装适用于玻璃钢、不锈钢、钢板等各种材质，不分圆形、方形，均按箱体容积执行相应项目。水箱安装按成品水箱编制，如现场制作、安装水箱，水箱主材不得重复计算。水箱消毒冲洗及注水试验用水按设计图示容积或施工方案计入。组装水箱的连接材料是按随水箱配套供应考虑的。

（二）工程量计算规则

（1）给水设备按同一底座设备重量列项，以"套"为计量单位。

（2）水箱自洁器分外置式、内置式，电热水器分挂式、立式安装，以"台"为计量单位。

（3）水箱安装项目按水箱设计容量，以"台"为计量单位；钢板水箱制作分圆形、矩形，按水箱设计容量，以箱体金属重量"100kg"为计量单位。

五、支架及其他工程量计算

内容包括管道支架、设备支架和各种套管制作安装，管道水压试验，管道消毒、冲洗，成品表箱安装，剔堵槽、沟，机械钻孔，预留孔洞，堵洞等项目。

（一）消耗量定额有关说明

（1）管道支架制作安装项目，适用于室内外管道的管架制作与安装。如单件质量大于100kg时，应执行设备支架制作安装相应项目。

（2）因工程需要再次发生管道冲洗时，执行相应消毒冲洗定额项目，同时扣减定额中漂白粉消耗量，其他消耗量乘以系数0.6。

（3）机械钻孔项目是按照混凝土墙体及混凝土楼板考虑的，厚度系综合取定。如实际墙体厚度超过300mm，楼板厚度超过220mm时，按相应项目乘以系数1.2。砖墙及砌体墙钻孔按机械钻孔项目乘以系数0.4。

（4）管道支架采用木垫式、弹簧式管架时，均执行管道支架安装项目，支架中的弹簧减震器、滚珠、木垫等成品件重量应计入安装工程量，其材料数量按实计入。

（5）成品管卡安装项目，适用于与各类管道配套的立、支管成品管卡的安装。

（6）管道、设备支架的除锈、刷油，执行《通用安装工程消耗量定额　第十二册　刷油、防腐蚀、绝热工程》相应项目。

（7）刚性防水套管和柔性防水套管安装项目中，包括配合预留孔洞及浇筑混凝土工作内容。一般套管制作安装项目，均未包括预留孔洞工作，发生时按给排水定额第五章所列预留孔洞项目另行计算。

（8）套管制作安装项目已包含堵洞工作内容。给排水定额第五章所列堵洞项目，适用于管道在穿墙、楼板不安装套管时的洞口封堵。

（9）套管内填料按油麻编制，如与设计不符时，可按工程要求调整换算填料。

（10）保温管道穿墙、板采用套管时，按保温层外径规格执行套管相应项目。

（11）管道保护管是指在管道系统中，为避免外力（荷载）直接作用在介质管道外壁上，造成介质管道受损而影响正常使用，在介质管道外部设置的保护性管段。

（12）水压试验项目仅适用于因工程需要而发生且非正常情况的管道水压试验。管道安装定额中已经包括了规范要求的水压试验，不得重复计算。

（13）成品表箱安装适用于水表、热量表、燃气表箱的安装。

（二）工程量计算规则

（1）管道、设备支架制作安装按设计图示单件重量，以"100kg"为计量单位。

（2）管道保护管制作与安装，分为钢制和塑料两种材质，区分不同规格，按设计图示管道中心线长度以"10m"为计量单位。

（3）预留孔洞、堵洞项目，按工作介质管道直径，分规格以"10个"为计量单位。

（4）管道水压试验、消毒冲洗按设计图示管道长度，分规格以"100m"为计量单位。

（5）一般穿墙套管、柔性、刚性套管，按工作介质管道的公称直径，分规格以"个"为计量单位。

（6）成品表箱安装按箱体半周长以"个"为计量单位。

（7）成品管卡、阻火圈安装、成品防火套管安装，按工作介质管道直径，区分不同规格以"个"为计量单位。

（8）机械钻孔项目，区分混凝土楼板钻孔及混凝土墙体钻孔，按钻孔直径以"10个"为计量单位。

（9）剔堵槽沟项目，区分砖结构及混凝土结构，按截面尺寸以"10m"为计量单位。

六、除锈、刷油、防腐蚀涂料工程工程量计算

除锈内容包括金属表面的手工除锈、动力工具除锈、喷射除锈、化学除锈等工程。刷油内容包括金属管道、设备、通风管道、金属结构与玻璃布面、石棉布面、玛琋脂面、抹灰面等制（喷）油漆工程。防腐蚀涂料内容包括设备、管道、金属结构等各种防腐蚀涂料工程。

（一）除锈消耗量定额有关说明

（1）各种管件、阀件及设备上人孔、管口凸凹部分的除锈已综合考虑在定额内，不另行计算。

（2）除锈区分标准：

1）手工、动力工具除锈锈蚀标准分为轻、中两种：

a. 轻锈：已发生锈蚀，并且部分氧化皮已经剥落的钢材表面。

b. 中锈：氧化皮已锈蚀而剥落或者可以刮除并且有少量点蚀的钢材表面。

2）手工、动力工具除锈过的钢材表面分为 St2 和 St3 两个标准：

a. St2 标准：钢材表面应无可见的油脂和污垢并且没有附着不牢的氧化皮、铁锈和油漆涂层等附着物。

b. St3 标准：钢材表面应无可见的油脂和污垢并且没有附着不牢的氧化皮、铁锈和油漆涂层等附着物。除锈应比 St2 标准更为彻底底材显露出部分的表面应具有金属光泽。

3）喷射除锈过的钢材表面分为 Sa2，Sa2 $\frac{1}{2}$ 和 Sa3 三个标准：

a. Sa2 级：彻底的喷射或抛射除锈。

钢材表面会无可见的油脂、污垢并且氧化皮、铁锈和油漆层等附着物已基本清除，其残留物应是牢固附着的。

b. Sa2 $\frac{1}{2}$ 级：非常彻底的喷射或抛射除锈。

钢材表面会无可见的油脂、污垢、氧化皮、铁锈和油漆层等附着物，任何残留的痕迹应

仅是点状或条纹状的轻微色斑。

c. Sa3 级：使钢材表观洁净的喷射或抛射除锈钢材表面应无可见的油脂、污垢、氧化皮、铁锈和油漆层等附着物，该表面应显示均匀的金属色泽。

（3）关于下列各项费用的规定。

1）手工和动力工具除锈按 St2 标准确定。若变更级别标准如按 St3 标准定额乘以系数 1.1。

2）喷射除锈按 Sa2 级标准确定。若变更级别标准时，Sa3 级定额乘以系数 1.1，Sa2 级定额乘以系数 0.9。

3）不包括除微锈（标准：氧化皮完全紧附，仅有少量锈点），发生时其工程量执行轻锈定额乘以系数 0.2。

（二）刷油消耗量定额有关说明

（1）各种管件、阀件和设备上人孔、管口凹凸部分的刷油已综合考虑在定额内，不另行计算。

（2）金属面刷油不包括除锈工作内容。

（3）关于下列各项费用的规定。

1）标志色环等零星刷油，执行给排水定额第六章相应项目，其人工乘以系数 2.0。

2）刷油和防腐蚀工程按安装场地内涂刷油漆考虑，如安装前集中刷油，人工乘以系数 0.45（暖气片除外）。如安装前集中喷涂，执行刷油子目人工乘以系数 0.45，材料乘以系数 1.16，增加喷涂机械电动空气压缩机 $3m^3/min$（其台班消耗量同调整后的合计工日消耗量）。

（4）主材与稀干料可以换算，但人工和材料消耗量不变。

（三）防腐蚀涂料消耗量定额有关说明

（1）不包括除锈工作内容。

（2）涂料配合比与实际设计配合比不同时可根据设计要求进行换算其人工、机械消耗量不变。

（3）聚合热固化是采用蒸汽及红外线间接聚合固化考虑的，如采用其他方法，应按施工方案另行计算。

（4）未包括的新品种涂料，应按相近定额项目执行，其人工、机械消耗量不变。

（5）无机富锌底漆执行氯磺化聚乙烯漆，漆用量进行换算。

（6）如涂刷时需要强行通风，应增加轴流通风机 7.5kW，其台班消耗量同合计工日消耗量。

（四）工程量计算规则

1. 计算公式

设备筒体、管道表面积计算公式见式（4-1）。

2. 计量规则

（1）计算设备筒体、管道表面积时已包括各种管件、阀门、人孔、管口凹凸部分，不再另外计算。

（2）管道、设备与矩形管道、大型型钢钢结构、铸铁管暖气片（散热面积为准）的除锈工程以"$10m^2$"为计量单位。

（3）一般钢结构、管廊钢结构的除锈工程以"100kg"为计量单位。

（4）灰面、玻璃布、白布面、麻布、石棉布面、气柜、玛琋脂面刷油工程以"10m²"为计量单位。

七、喷镀（涂）工程消耗量定额有关说明

内容包括金属管道、设备、型钢等表面气喷镀工程及塑料和水泥砂浆的喷涂工程。

（1）不包括除锈工作内容。

（2）施工工具：喷镀采用国产 SQP-1（高速、中速）气喷枪；喷塑采用塑料粉末喷枪。

（3）喷镀和喷塑采用氧乙炔焰。

八、管道补口补伤工程消耗量定额有关说明

内容包括金属管道的补口补伤的防腐工程。

（1）施工工序包括了补口补伤，不包括表面除锈工作。

（2）管道补口补伤防腐涂料有环氧煤沥青漆、氯磺化聚乙烯漆、聚氨醋漆、无机富锌漆。

（3）定额项目均采用手工操作。

（4）管道补口每个口取定为：DN400 以下（含 DN400）管道每个口补口长度为 400mm；DN400 以上管道每个口补口长度为 600mm。

第五节　施工图预算编制实例

【例 5-1】 某住宅给水排水工程

（一）采用清单及定额

采用《青岛市 2016 省价目表》《山东省安装工程消耗量定额（2003 年出版）》、《2013 年清单计价计量规范》为计算依据。因《通用安装工程消耗量定额》（编号为 TY02-31-2015）暂无配套价目表而无法使用，并不影响学员学习。

（二）工程概况

（1）本例为山东省某市市区某住宅楼一个单元的室内给水排水工程，给水管道采用镀锌钢管，螺纹连接，排水管采用铸铁排水管，石棉水泥接口。

（2）各用户室内冷水计量采用旋翼干式远传水表，卫生洁具采用节水型。

（3）洗脸盆为普通冷水嘴，洗涤盆水龙头为普通冷水嘴。

（4）给水管穿越楼板时设一般钢套管，管道穿基础侧墙设柔性防水套管。

（5）施工完毕，给水系统进行静水压力试验，试验压力为 0.6MPa；排水系统安装完毕进行灌水试验，施工完毕再进行通水、通球试验。

（6）图中标高均以米计，其他尺寸标注均以毫米计。

（7）管道及卫生器具安装参照山东省标准设计《给水排水设备安装图集》。

（8）本例暂不计刷油、保温等工作内容。

（9）本例图见图 5-4～图 5-7。

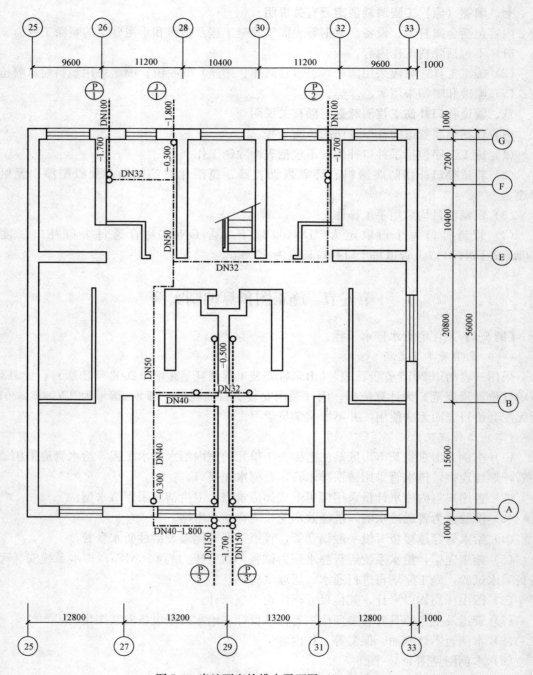

图 5-4　半地下室给排水平面图（1∶100）

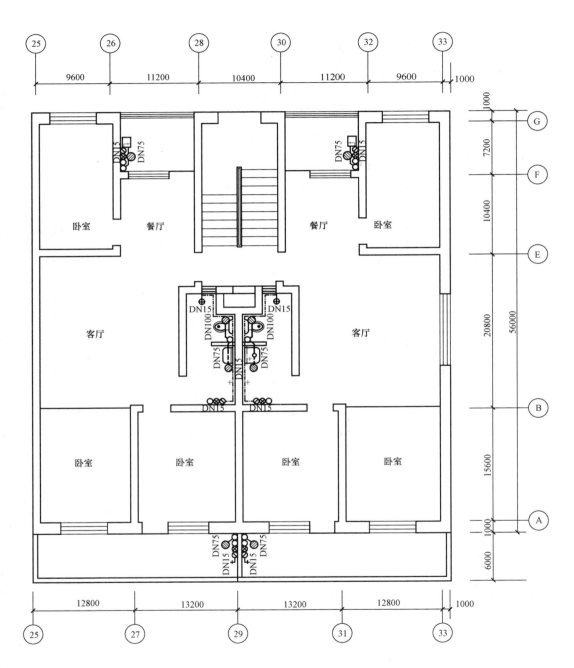

图 5-5 一～五层给排水平面图（1：100）

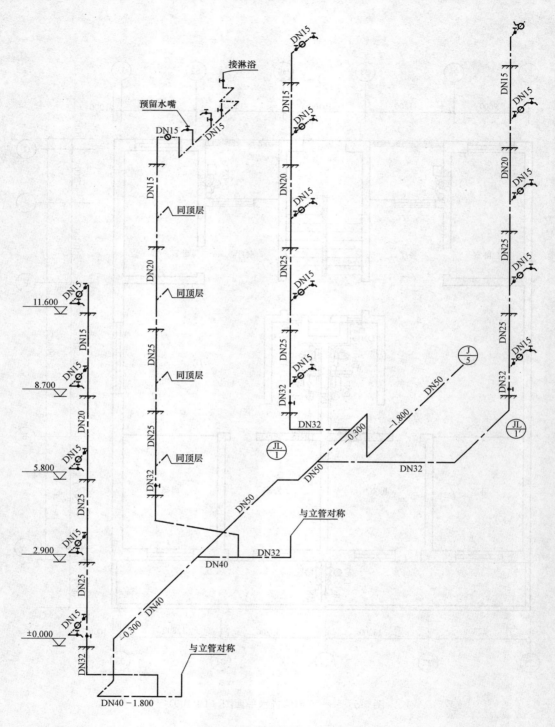

图 5-6　给水系统图（1∶100）

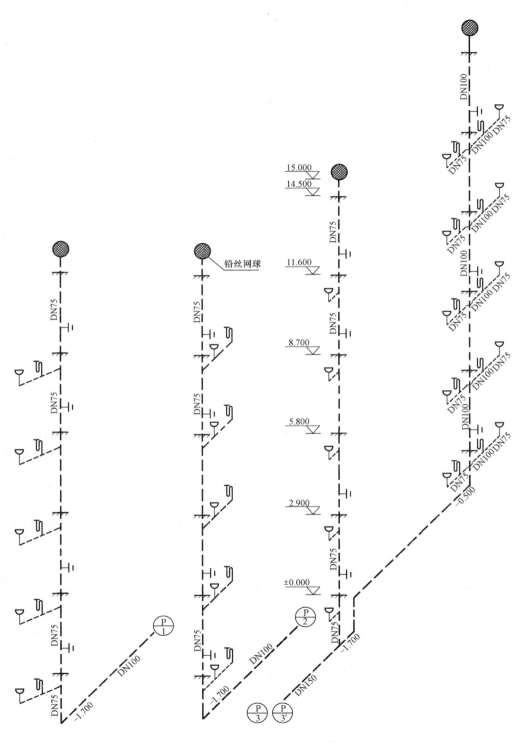

图 5-7 排水系统图（1：100）

（10）未尽事宜执行现行施工及验收规范的有关规定。

（三）编制方法

案例说明：对于套管、支架，一般来说首先通过消耗量定额确定是否包含在管道安装中；另外，按照清单计价通用做法，应该转化到每米管的安装价格中去，一般不会单算。本例只是一种处理方法，供大家参考。

工程量计算见表 5-5。其余计算见表 5-7～表 5-8。

表 5-5　　　　　　　　　　　　　　　　　　**工程量计算书**

工程名称：××住宅给水排水工程

序号	分部分项工程名称	单位	工程量（m）	计算公式
		给水管道		
1	镀锌钢管 DN50	m	13.65	1.5(室内外界限)＋0.25(过墙)＋〔(−0.3)−(−1.8)〕(标高)＋1.8＋2.6＋0.8＋5.2＝13.65(埋地)
2	镀锌钢管 DN40	m	9.2	3.9(水平)＋〔(−0.3)−(−1.8)〕(高差)＋0.7(过墙)＋1.6(水平)＋1.5(到卫)＝9.2(埋地)
3	镀锌钢管 DN32	m	21.5	①2.3(水平)＋0.3(埋地)＋5.3(水平)＋2.6＋0.3(埋地)＋0.5(水平)＋0.3×2(埋地)＋1.8×2(埋地)＝15.5 ②1×6＝6(立管)
4	镀锌钢管 DN25	m	34.8	2.9×12＝34.8
5	镀锌钢管 DN20	m	17.4	2.9×6＝17.4
6	镀锌钢管 DN15	m	103.4	①2.9×6＝17.4 ②0.8×5×4(单阀)＋[0.7(水平)＋(1−0.4)(立管)＋3.3(水平)＋0.6×2(到龙头)＋0.4＋0.6＋0.2(水平)]×5×2＝86
		排水管道		
7	铸铁排水管 DN150	m	17.8	〔1.5(室内分界)＋0.3(过墙)＋(1.7−0.5)(标高)＋5.9(水平)〕×2＝17.8(埋地)
8	铸铁排水管 DN100	m	42	①{1.5(室内外)＋0.3(过墙)＋1.7}×2＋0.5×2(标高)＋0.4×2＝8.8(埋地)
				②0.4×4×2＋15×2＝33.2
9	铸铁排水管 DN75		95.1	①1.7×3(标高)＋1＋1＋(0.5＋1＋0.5)×2＝11.1(埋地)
				②15×4＋(1＋1)×4＋(0.5＋1＋0.5)×4×2＝84
		卫生器具		
10	坐式大便器	套	10	10
11	洗脸盆	组	10	10
12	洗涤池	组	10	10

续表

序号	分部分项工程名称	单位	工程量（米）	计算公式
13	地漏 DN75	个	40	40
14	水表 DN15	组	30	30
15	水龙头 DN15	个	20	20
16	阀门 DN32	个	6	6
17	阀门 DN15（淋浴器）	个	10	10
	其他			
18	柔性防水套管制作安装 DN150	个	2	排水 2
19	柔性防水套管制作安装 DN100	个	2	
20	柔性防水套管制作安装 DN50	个	1	给水 1
21	一般套管制作安装 DN32	个	6	给水立管　6
22	一般套管制作安装 DN25	个	12	给水立管　12
23	一般套管制作安装 DN20	个	6	给水立管　6
24	一般套管制作安装 DN15	个	6	给水立管　6
25	一般套管制作安装 DN100	个	12	排水立管　12
26	一般套管制作安装 DN75	个	24	排水立管　24

表 5-6　　　　　　　　　　　　单位工程竣工结算汇总表

序号	汇总内容	计算公式	费率	金额（元）
1	分部分项工程费			60 701.97
2	规费前合计	60 701.97＋0＋0		60 701.97
3	规费	（3041.17）＋（182.11）＋（545.95）＋（72.84）＋（922.67）		4764.74
3.1	安全文明施工费	（176.04）＋（358.14）＋（1068.35）＋（1438.64）		3041.17
3.2	工程排污费	60701.97－0＋0	0.30%	182.11
3.3	住房公积金	14367.17＋0	3.80%	545.95
3.4	危险作业意外伤害保险	60701.97－0＋0	0.12%	72.84
3.5	社会保障费	60701.97－0＋0	1.52%	922.67
4	税金	60701.97＋4764.74－0－0	11%	7201.34
5	甲供税差	0－0＋0－0		
6	设备费调差	0		
	合计			72 668.05

表 5-7 分部分项工程和单价措施项目清单与计价表

序号	项目编码	项目名称 项目特征	计量 单位	工程 数量	金额（元）		其中： 暂估价
					综合单价	合价	
1	031001001001	镀锌钢管 1. 安装部位：室内 2. 介质：水 3. 规格、压力等级：DN50 4. 连接形式：螺纹 5. 压力试验及吹、洗设计要求： 6. 警示带形式：	m	13.65	87.51	1194.51	
2	031001001002	镀锌钢管 1. 安装部位：室内 2. 介质：水 3. 规格、压力等级：DN40 4. 连接形式：螺纹 5. 压力试验及吹、洗设计要求： 6. 警示带形式：	m	9.2	71.95	661.94	
3	031001001003	镀锌钢管 1. 安装部位：室内 2. 介质：水 3. 规格、压力等级：DN32 4. 连接形式：螺纹 5. 压力试验及吹、洗设计要求： 6. 警示带形式：	m	21.5	56.55	1215.83	
4	031001001004	镀锌钢管 1. 安装部位：室内 2. 介质：水 3. 规格、压力等级：DN25 4. 连接形式：螺纹 5. 压力试验及吹、洗设计要求： 6. 警示带形式：	m	34.8	48.78	1697.54	
5	031001001005	镀锌钢管 1. 安装部位：室内 2. 介质：水 3. 规格、压力等级：DN25 4. 连接形式：螺纹 5. 压力试验及吹、洗设计要求： 6. 警示带形式：	m	17.4	38.19	664.51	

续表

序号	项目编码	项目名称 项目特征	计量单位	工程数量	金额（元）		
					综合单价	合价	其中：暂估价
6	031001001006	镀锌钢管 1. 安装部位：室内 2. 介质：水 3. 规格、压力等级：DN15 4. 连接形式：螺纹 5. 压力试验及吹、洗设计要求： 6. 警示带形式：	m	103.4	35.2	3639.68	
7	031001005001	铸铁管 1. 安装部位：室内 2. 介质：水 3. 材质、规格：铸铁 DN150 4. 连接形式：石棉水泥 5. 接口材料：承插 6. 压力试验及吹、洗设计要求： 7. 警示带形式：	m	17.8	148.23	2638.49	
8	031001005002	铸铁管 1. 安装部位：室内 2. 介质：水 3. 材质、规格：铸铁 DN150 4. 连接形式：石棉水泥 5. 接口材料：承插 6. 压力试验及吹、洗设计要求： 7. 警示带形式：	m	42	144.05	6050.1	
9	031001005003	铸铁管 1. 安装部位：室内 2. 介质：水 3. 材质、规格：DN80 4. 连接形式：石棉水泥 5. 接口材料：承插 6. 压力试验及吹、洗设计要求： 7. 警示带形式：	m	95.1	84.89	8073.04	
10	031004006001	大便器 1. 材质： 2. 规格、类型： 3. 组装形式： 4. 附件名称、数量：	组	10	1203.29	12 032.9	

序号	项目编码	项目名称 项目特征	计量 单位	工程 数量	金额（元）		其中： 暂估价
					综合单价	合价	
11	031004003001	洗脸盆 1. 材质： 2. 规格、类型： 3. 组装形式： 4. 附件名称、数量：	组	10	232.24	2322.4	
12	031004004001	洗涤盆 1. 材质： 2. 规格、类型： 3. 组装形式： 4. 附件名称、数量：	组	10	565.24	5652.4	
13	031004010001	淋浴器 1. 材质、规格：不锈钢 2. 组装形式：冷水 3. 附件名称、数量：	套	10	78.67	786.7	
14	031003001001	螺纹阀门 1. 类型：螺纹阀 2. 材质：铜 3. 规格、压力等级：DN32PN16 4. 连接形式：丝接 5. 焊接方法：	个	6	36.39	218.34	
15	031003013001	水表 1. 安装部位(室内外)：室内 2. 型号、规格：DN15 3. 连接形式：螺纹连接 4. 附件配置：	组(个)	30	119.46	3583.8	
16	031004008001	其他成品卫生器具 1. 材质：铸铁 2. 规格、类型：地漏 DN75 3. 组装形式： 4. 附件名称、数量：	个	40	61.03	2441.2	
17	031004014001	给、排水附(配)件 1. 材质：铸铁 2. 型号、规格：DN15 水龙头 3. 安装方式：螺纹	个(组)	20	8.19	163.8	

续表

序号	项目编码	项目名称 项目特征	计量 单位	工程 数量	金额（元）		
					综合单价	合价	其中： 暂估价
18	031002003001	套管 1. 名称、类型：柔性防水套管 DN150 2. 材质：钢 3. 规格：DN150 4. 填料材质：	个	2	783.76	1567.52	
19	031002003002	套管 1. 名称、类型：柔性防水套管 DN100 2. 材质：钢 3. 规格：DN100 4. 填料材质：	个	2	616.08	1232.16	
20	031002003003	套管 1. 名称、类型：柔性防水套管 DN50 2. 材质：钢 3. 规格：DN50 4. 填料材质：	个	1	398.53	398.53	
21	031002003004	套管 1. 名称、类型：套管 2. 材质：钢 3. 规格：DN32 4. 填料材质：	个	18	32.21	579.78	
22	031002003005	套管 1. 名称、类型：套管 2. 材质：钢 3. 规格：DN25 4. 填料材质：	个	12	25.06	300.72	
23	031002003006	套管 1. 名称、类型：套管 2. 材质：钢 3. 规格：DN25 4. 填料材质：	个	12	122.2	1466.4	
24	031002003007	套管 1. 名称、类型：套管 2. 材质：钢 3. 规格：DN75 4. 填料材质：	个	24	88.32	2119.68	
合计						60 701.97	

表 5-8   工程计量申请(核准)表

序号	编号	名称/部位	单位	承包人申报数量	备注
1	031001001001	镀锌钢管	m	13.65	
	8-292	室内给水镀锌钢管丝接 DN50 内	10m	1.365	
2	031001001002	镀锌钢管	m	9.2	
	8-291	室内给水镀锌钢管丝接 DN40 内	10m	0.92	
3	031001001003	镀锌钢管	m	21.5	
	8-290	室内给水镀锌钢管丝接 DN32 内	10m	2.15	
4	031001001004	镀锌钢管	m	34.8	
	8-289	室内给水镀锌钢管丝接 DN25 内	10m	3.48	
5	031001001005	镀锌钢管	m	17.4	
	8-288	室内给水镀锌钢管丝接 DN20 内	10m	1.74	
6	031001001006	镀锌钢管	m	103.4	
	8-287	室内给水镀锌钢管丝接 DN15 内	10m	10.34	
7	031001005001	铸铁管	m	17.8	
	8-389	室内承铸铁排水管石棉水泥 DN150 内	10m	1.78	
8	031001005002	铸铁管	m	42	
	8-388	室内承铸铁排水管石棉水泥 DN100 内	10m	4.2	
9	031001005003	铸铁管	m	95.1	
	8-387	室内承铸铁排水管石棉水泥 DN75 内	10m	9.51	
10	031004006001	大便器	组	10	
	8-481	坐式大便器低水箱	10 套	1	
11	031004003001	洗脸盆	组	10	
	8-449	洗脸盆钢管组成冷水	10 组	1	
12	031004004001	洗涤盆	组	10	
	8-457	洗涤盆单嘴	10 组	1	
13	031004010001	淋浴器	套	10	
	8-469	淋浴器钢管组成冷水	10 组	1	
14	031003001001	螺纹阀门	个	6	
	8-529	螺纹阀 DN32 内	个	6	
15	031003013001	水表	组(个)	30	
	8-696	螺纹水表组成.安装 DN15 内	组	30	
16	031004008001	其他成品卫生器具	个	40	
	8-515	地漏 75	10 个	4	
17	031004014001	给、排水附(配)件	个(组)	20	
	8-505	水龙头 DN15 内	10 个	2	
18	031002003001	套管	个	2	
	6-2980	柔性防水套管制安 DN150 内	个	2	

序号	编号	名称/部位	单位	承包人申报数量	备注
19	031002003002	套管	个	2	
	6-2978	柔性防水套管制安 DN100 内	个	2	
20	031002003003	套管	个	1	
	6-2976	柔性防水套管制安 DN50 内	个	1	
21	031002003004	套管	个	18	
	6-3011	一般穿墙套管制安 DN32 内	个	18	
22	031002003005	套管	个	12	
	6-3010	一般穿墙套管制安 DN20 内	个	12	
23	031002003006	套管	个	12	
	6-3015	一般穿墙套管制安 DN100 内	个	12	
24	031002003007	套管	个	24	
	6-3014	一般穿墙套管制安 DN80 内	个	24	

第六章 供暖及空调水系统及除锈、刷油、防腐蚀涂料清单

第一节 供暖工程基本知识

一、供暖系统组成

（一）供暖系统（热水及蒸汽供暖）组成

（1）热源：锅炉（热水、蒸汽）。

（2）管道系统：供热及回水、冷凝水管道。

（3）散热设备：散热片（器），暖风机。

（4）辅助设备：膨胀水箱，集水（气）罐，集分水器、除污器，冷凝水收集器，减压器，疏水器、过滤器等。

（5）循环水泵。

（二）地板辐射供暖系统

1. 地板辐射供暖

地板辐射供暖又称低温热水地板辐射供暖，是以不高于 60℃ 的热水做热媒，将加热管埋设在地板中的低温辐射供暖方式。

地板供暖为供回水双管系统，在每户的分水器前安装热量表，可实现按户单独计量和取费。管理简便，只需定期更换过滤器，运行维护费用低。

2. 地板辐射供暖系统

地板辐射供暖系统组成见图 6-1。

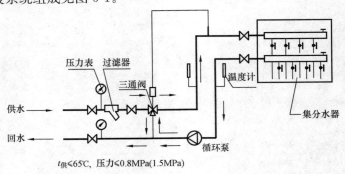

$t_{供}$≤65℃，压力≤0.8MPa(1.5MPa)

图 6-1 地板辐射供暖系统图

二、采暖管道常用材料及安装要求

（一）采暖管道常用材料

1. 焊接钢管

热水及蒸汽采暖工程一般常用焊接钢管，包括镀锌钢管（白铁管）、非镀锌钢管（黑铁

管）、无缝钢管等。一般不特别指明，焊接钢管均指黑铁管。

镀锌钢管又分为热镀管和冷镀管两种，热镀管镀锌质量优于冷镀管。

镀锌钢管和非镀锌钢管用公称直径 DN 表示。采暖工程常用规格有 DN15、DN20、DN32、DN40、DN50、DN65（70）、DN80、DN100、DN125、DN150 等。公称直径不等于管内径也不等于管外径，但和内径比较接近。

焊接钢管分为普通钢管和加厚钢管两种规格，普通管的公称压力为 1.0MPa，加厚钢管的公称压力为 1.6MPa。焊接钢管按管端形式分为带螺纹钢管和不带螺纹钢管两种焊接钢管。焊接钢管适用于冷水、热水、煤气和油品的输送。

一般在实际工程中，管道计量单位为"m"，实际采购时按"t"计算，可查表换算重量。镀锌钢管比不镀锌钢管重约 3％～6％，选择百分数时，可按每批管材壁厚的正负差来考虑，即：管材壁厚正差时选大一点的百分数；负差时，选小一点的百分数。

2. 无缝钢管

钢坯经轧制成或拉制成的管是无缝钢管。无缝钢管按制造方法分为冷拔（冷轧）管和热轧管，按用途分为普通无缝钢管和专用无缝钢管。

（1）普通无缝钢管。普通无缝钢管简称无缝钢管，它是用普通碳素钢、优质碳素钢、普通低合金结构钢制成的。管道工程中选用无缝钢管时，当公称直径 DN≤50mm 时，一般采用冷拔管；当公称直径 DN＞50mm 时，一般选用热轧管。

无缝钢管的规格是用外径乘壁厚来表示的，如 D108×4 表示无缝钢管外径 108mm、壁厚 4mm。

（2）专用无缝钢管。专用无缝钢管是指用于某一特定场所和用途的钢管，种类较多，如锅炉用、化肥用、石油裂化用等。

（3）地板辐射采暖管道常用铝塑复合管、交联聚乙烯（PE-X）管、聚丙烯（PP-R）等管材。

1）铝塑复合管为五层结构，内外为 PE 塑料层及黏合层，分别由 4 台挤出机共挤一次成型。导热系数 0.4W/（m·K），约为钢管的 1/100；热膨胀系数 $2.5×10^5$ m/（m·K），与铝材相似。

铝塑管的特点是：任意弯曲不反弹，可以减少大量管接头，节省工时，工程综合造价低，内壁光滑，阻力小，介质流动性能好，可减小管道直径，降低成本。铝塑管完全割断氧气，避免氧气通过管壁进入管路对热力管道的其他设备产生侵蚀作用。

铝塑管用公称外径表示，见表 6-1。

表 6-1	铝塑管规格	
公称外径（mm）	普通饮水管壁厚（mm）	耐高温管壁厚（mm）
16	1.8	1.8
18	1.8	1.8
20	2.0	2.0
25	2.3	2.3
32	2.9	2.9

2）交联聚乙烯（PE-X）管是以高密度聚乙烯作为基本原料，通过高能射线或化学引发剂的作用，将线形大分子结构转变为空间网状结构，形成三维交联网络的交联聚乙烯。其耐

热、耐压性大大提高，使用寿命可达 50 年以上。

3）聚丙烯（PP-R）管。聚丙烯（PP-R）是采用聚丙烯原材料制成的管材，具有无毒、无害、防霉、防腐、防锈、耐热、保温好［导热系数 0.23～0.24W/（m·K）］，使用寿命长及废料可以回收等特点。

（二）管道、散热设备安装要求及连接方式

（1）管道敷设室内一般用明敷，室外管道可架空和管沟内敷设。

焊接钢管连接，当 DN≤32 时，一般丝接；DN＞32 时，可用焊接或法兰连接等连接形式。钢管弯曲，可用压制弯头焊成，或现场煨弯。

镀锌钢管只能丝接或法兰连接，不能采用焊接方式，否则，高温会破坏管道内外的镀锌层。

无缝钢管的连接方式一般是焊接和法兰连接。

（2）采暖管穿墙、过楼板时应安装套管，穿内墙、过楼板套管可用镀锌铁皮或钢管制作，要求套管比被套管道直径大 1～2 号，套管端伸出楼板面 20mm，底部与楼板底齐平。在套管与管道之间塞上密封填料（一般采用油麻），并在管道周边做防水处理。套管穿墙时，套管两端要与装饰面平。

采暖管道穿外墙时要加防水套管，一般加刚性防水套管，要求高时加柔性防水套管。

（3）管道系统试压与检查。管道系统用水试压或清水冲洗。

（4）管道支架、吊架制作与安装。管道支架有单管托架、单管吊架、滑动支架（弧板式、曲槽式等）、固定支架等，根据设计图纸要求制作与安装。

管道支架安装程序为下料→焊接→刷底漆→安装→刷面漆。

焊接钢管及无缝钢管安装的具体要求请参考有关书籍。

（5）分水器与 PE-X 管的组装。

1）铜质分水器系列见图 6-2。

图 6-2　铜质分水器

2）分水器与 PE-X 管连接采用两种铜管件组装方式：

a. K 系列（卡环式）：铜管件，无密封橡胶圈。专用钳一次性夹紧，适用于多种方式管道系统。

b. J 系列（夹紧式）：铜管件，有长寿命密封橡胶圈和金属收紧圈。安装简单，维修方便，适用于明装管道系统。

（6）PP-R 管的连接。

1）PP-R 管采用热熔连接，与钢管连接时，可用管件丝接。常用管件已经标准化。

2）PP-R 常用管材规格、壁厚及适用压力范围可查相关表格。

（7）铝塑管、PE-X 管、PP-R 管常用阀件见图 6-3。

(a) 　　　　　　　　　　　　　　　(b)

(c) 　　　　　　　　(d) 　　　　　　　　(e)

图 6-3　铝塑管、PE-X 管、PP-R 管常用阀件

（a）温控阀；（b）电磁温控阀；（c）锻压黄铜球阀 JL216；（d）铝塑管卡套球阀；（e）锻压黄铜球阀 JL101

三、供暖器具和附件

散热器主要分为铸铁散热器、钢制散热器和铝制散热器三大类。

（一）铸铁散热器

（1）铸铁散热器见图 6-4～图 6-7。

铸铁翼型散热器分为圆翼型和长翼型两种。

（2）铸铁散热片（器）在施工现场的安装程序为组对→试压→就位→配管。为了加快施工进度，一般可在散热器生产厂家组对、试压好，运至施工现场安装即可。

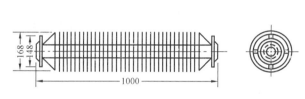

图 6-4　圆翼型散热器小 60（大 60）型

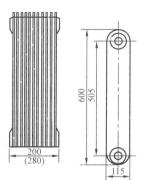

图 6-5　长翼式散热器

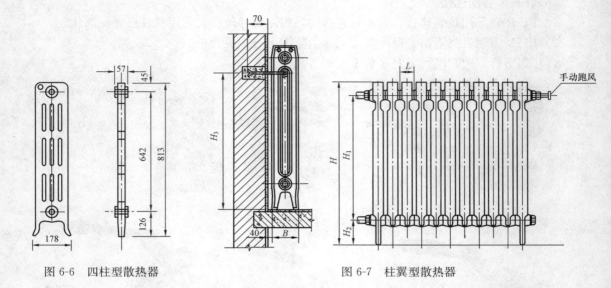

图 6-6　四柱型散热器　　　　　　　　　图 6-7　柱翼型散热器

（二）钢制散热器

　　钢制散热器有光管散热器、闭式对流串片散热器、板式散热器和钢制柱式散热器。几种常用钢制散热器见图 6-8～图 6-11。

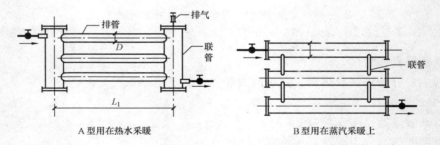

图 6-8　光排管散热器

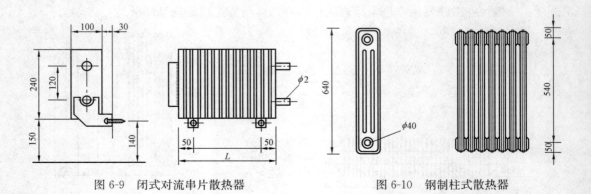

图 6-9　闭式对流串片散热器　　　　　　图 6-10　钢制柱式散热器

（三）铝制散热器

　　最近几年，铝制散热器在我国迅速发展，品种繁多，样式美观，安装方便灵活，特别适

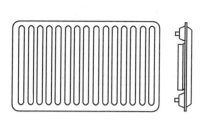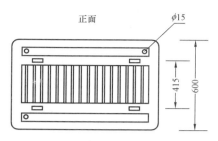

图 6-11　板式散热器

用于民用建筑，可增强房间的装饰效果和艺术品位。

由于铝制散热器金属热强度是铸铁散热器的 6 倍，重量仅为同等散热量铸铁片的 1/10，体积为同等散热量铸铁片的 1/3。

第二节　工　程　识　图

一、供暖工程施工图组成

供暖工程施工图包括热源（锅炉房）、热网、建筑供暖三部分。锅炉使用受多方面影响，现大多采用集中供热。

热网施工图表明一个街坊或小区热媒输送干管管网平面布置图、管道纵剖面图、管道横剖面图、详图。供热热网区域较大，热网中设热交换站（热力站）时，由热交换站设备基础图、热交换站设备平面布置图、热交换站剖面图、热交换站热力系统图、详图和设备材料表等组成。

建筑供暖工程施工图包括供暖平面图、系统图、详图、设备材料表和设计说明等。建筑供暖工程施工图常用图例见表 6-2，具体看图纸的图例说明。

二、供暖工程施工图识读

1. 供暖平面布置图

供暖底层平面布置图主要表明热媒管道入口、回水出口、供暖干管、立管、回水干管、立管、附件等的位置、干管布置方式、立管编号、管道敷设坡向及坡度、管道管径、附件规格散热器位置、每组片数、类型、安装方式等内容。

供暖标准层平面布置图表明散热器位置、各标准层散热器每组片数、立管位置等内容。

供暖顶层平面布置图表明供暖干管位置、管径、坡度及坡向；立管位置、编号；散热器位置、每组片数、类型；附件如阀门位置、类型、数量，排气阀位置、类型、数量等。

2. 供暖系统图

供暖系统图表明供暖系统形式、供暖入户管和回水出户管管径、阀门规格、数量，供暖干管和回水干管管径、坡向和坡度、标高，立管管径、编号、阀门类型、数量、设置位置、规格，附件（如排气阀）规格、数量等。

3. 供暖详图

供暖详图主要表明供暖设备、器具和附件等的构造、安装与连接情况的详细图样，如散热器安装图、管沟断面布置图、伸缩器安装图等。供暖热水系统入口、减压阀安装分别见图 6-12 和图 6-13。

表 6-2　　　　　　　　　　　供暖工程常用图例

序号	名　称	图　例	附　注
1	阀门（通用）、截止阀		1. 没有说明时，表示螺纹连接 法兰连接时 焊接时 2. 轴测图画法 阀杆为垂直 阀杆为水平
2	闸阀		
3	手动调节阀		
4	球阀、转心阀		
5	蝶阀		
6	角阀	或	
7	平衡阀		
8	三通阀	或	
9	四通阀		
10	节流阀		
11	膨胀阀	或	也称"隔膜阀"
12	旋塞		
13	快放阀		也称快速排污阀

续表

序号	名　称	图　例	附　注
14	止回阀	 	左图为通用，右图为升降式止回阀，流向同左。其余同阀门类推
15	减压阀	 	左图小三角为高压端，右图右侧为高压端。其余同阀门类推
16	安全阀		左图为通用，中为弹簧安全阀，右为重锤安全阀
17	疏水阀	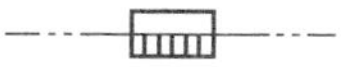	在不致引起误解时，也可用 　━━●━━━ 表示 也称"疏水器"
18	浮球阀	 	
19	集气罐、排气装置		左图为平面图
20	自动排气阀		
21	除污器（过滤器）	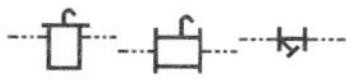	左为立式除污器，中为卧式除污器，右为Y型过滤器
22	节流孔板、减压孔板	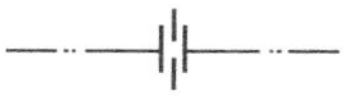	在不致引起误解时，也可用━━╫━━ 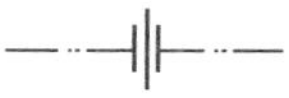 表示
23	补偿器		也称"伸缩器"
24	矩形补偿器		
25	套管补偿器		
26	波纹管补偿器	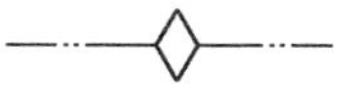	
27	弧形补偿器		
28	球形补偿器	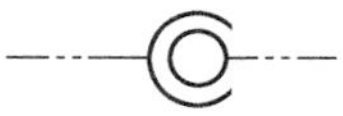	

续表

序号	名　称	图　例	附　注
29	变径管异径管		左图为同心异径管，右图为偏心异径管
30	活接头	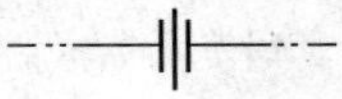	
31	法兰	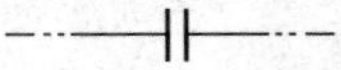	
32	法兰盖	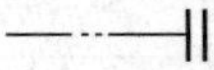	
33	丝堵	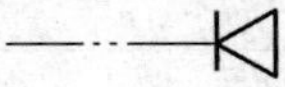	也可表示为  —·—·—‖
34	可屈挠橡胶软接头		
35	金属软管		也可表示为  —·—\/\/\/—·—
36	绝热管		
37	保护套管	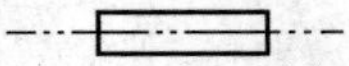	
38	伴热管		
39	固定支架	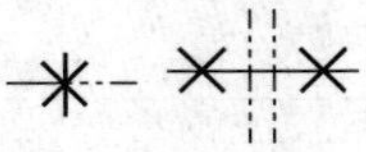	
40	介质流向	→ 或 ⇨	在管道断开处时，流向符号宜标注在管道中心线上，其余可同管径标注位置
41	坡度及坡向	$i=0.003$ 或 $i=0.003$	坡度数值不宜与管道起、止点标高同时标注。标注位置同管径标注位置

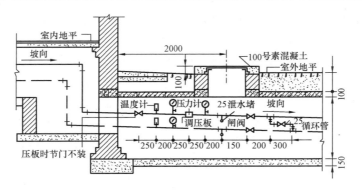

图 6-12　热水系统入口

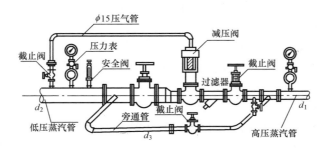

图 6-13　减压阀安装图

第三节　定额的编制

一、定额主要内容及编制依据

《通用安装工程消耗量定额　第十册　给排水、采暖、燃气工程》（简称采暖定额）适用于工业与民用建筑的采暖、空调水系统中的管道、附件、器具及附属设备等安装工程。

编制时主要依据了以下标准规范：

（1）《采暖通风与空气调节设计规范》（GB 50019—2003）；

（2）《建筑给水排水及采暖工程施工质量验收规范》（GB 50242—2002）；

（3）《通风与空调工程施工质量验收规范》（GB 50243—2011）；

（4）《民用建筑太阳能热水系统应用技术规范》（GB 50364—2005）；

（5）《太阳能供热采暖工程技术规范》（GB 50495—2009）；

（6）《民用建筑供暖通风与空气调节设计规范》（GB 50736—2012）；

（7）《城镇供热管网工程施工及验收规范》（CJJ 28—2004）；

（8）《城镇供热管网设计规范》（CJJ 34—2010）；

（9）《城镇供热直埋管道技术规程》（CJJ/T 81—1998）；

（10）《通用安装工程工程量计算规范》（GB 50856—2013）；

（11）《全国统一安装工程预算定额》（GYD—2000）；

（12）《建设工程劳动定额安装工程》（LD/T 74.1～4—2008）；

（13）《全国统一安装工程基础定额》（GJD—2006）；

（14）现行国家建筑设计标准图集、协会标准、产品标准等其他资料。

二、定额与其他册定额的关系

（1）工业管道、生产生活共用的管道，锅炉房、站类管道以及建筑物内空调制冷机房的管道，管道焊缝热处理、无损探伤执行《通用安装工程消耗量定额　第八册　工业管道工程》相应项目。

（2）采暖定额未包括的采暖设备安装执行《通用安装工程消耗量定额　第一册　机械设备安装工程》《通用安装工程消耗量定额　第三册　静置设备与工艺金属结构制作安装工程》等相应项目。

（3）采暖设备、器具等电气检查、接线工作，执行《通用安装工程消耗量定额　第四册　电气设备安装工程》相应项目。

（4）刷油、防腐蚀、绝热工程执行《通用安装工程消耗量定额　第十二册　刷油、防腐蚀、绝热工程》相应项目。

（5）凡涉及管沟、工作坑及井类的土方开挖、回填、运输、垫层、基础、砌筑、地沟盖板预制安装、路面开挖及修复、管道混凝土支墩的项目，以及混凝土管道、水泥管道安装执行相关定额项目。

三、共性问题的说明

（1）脚手架搭拆费按定额人工费的 5% 计算，其费用中人工费占 35%。单独承担的室外埋地管道工程，不计取该费用。

（2）操作高度增加费。定额中操作物高度以距楼地面 3.6m 为限，超过 3.6m 时，超过部分工程量按定额人工费乘以表 6-3 中系数。

表 6-3　　　　　　　　　　　　　　　　操作高度系数

操作物高度（m）	≤10	≤30	≤50
系数	1.10	1.20	1.50

（3）建筑物超高增加费。指高度在 6 层或 20m 以上的工业与民用建筑物上进行安装时增加的费用，按表 6-4 计算，其费用中人工费占 65%。

表 6-4　　　　　　　　　　　　　　　　建筑物超高增加费

建筑物檐高（m）	≤40	≤60	≤80	≤100	≤120	≤140	≤160	≤180	≤200
建筑层数（层）	≤12	≤18	≤24	≤30	≤36	≤42	≤48	≤54	≤60
按人工费的百分比（%）	2	5	9	14	20	26	32	38	44

（4）在洞库、暗室，在已封闭的管道间（井）、地沟、吊顶内安装的项目，人工、机械乘以系数 1.20。

（5）采暖工程系统调整费按采暖系统工程人工费的 10% 计算，其费用中人工费占 35%。

（6）空调水系统调整费按空调水系统工程（含冷凝水管）人工费的 10% 计算，其费用中人工费占 35%。

（7）采暖定额与市政管网工程的界线划分：给水、采暖管道以与市政管道碰头点或以计量表、阀门（井）为界。

（8）各定额项目中，均包括安装物的外观检查。

第四节　定额的应用

一、采暖管道安装工程量计算

适用于室内外采暖管道的安装，包括镀锌钢管、钢管、塑料管、直埋式预制保温管以及室外管道碰头等项目。

（一）管道的界限划分

（1）室内外管道以建筑物外墙皮 1.5m 为界；建筑物入口处设阀门者以阀门为界，室外设有采暖入口装置者以入口装置循环管三通为界。

（2）与工业管道界限以锅炉房或热力站外墙皮 1.5m 为界。

（3）与设在建筑物内的换热站管道以站房外墙皮为界。

（二）室外管道安装

室外管道安装不分地上与地下，均执行同一子目。

（三）消耗量定额有关说明

（1）管道安装项目中，均包括相应管件安装、水压试验及水冲洗工作内容。各种管件数量系综合取定，执行定额时，成品管件数量可依据设计文件及施工方案或参照采暖定额附录中的管道管件数量取定表计算，定额中其他消耗量均不做调整。

采暖定额管件含量中不含与螺纹阀门配套的活接、对丝，其用量含在螺纹阀门安装项目中。

（2）钢管焊接安装项目中均综合考虑了成品管件和现场煨制弯管、摔制大小头、挖眼三通。

（3）管道安装项目中，除室内直埋塑料管道中已包括管卡安装外，其他管道项目均不包括管道支架、管卡、托钩等制作安装以及管道穿墙、楼板套管制作安装、预留孔洞、堵洞、打洞、凿槽等工作内容，发生时，应按采暖定额第十一章相应项目另行计算。

（4）镀锌钢管（螺纹连接）项目适用于室内外焊接钢管的螺纹连接。

（5）采暖室内直埋塑料管道是指敷设于室内地坪下或墙内的由采暖分集水器连接散热器及管井内立管的塑料采暖管段。直埋塑料管分别设置了热熔管件连接和无接口敷设两项定额项目，不适用于地板辐射采暖系统管道。地板辐射采暖系统管道执行采暖定额第七章相应项目。

（6）室内直埋塑料管包括充压隐蔽、水压试验、水冲洗以及地面画线标示工作内容。

（7）室内外采暖管道在过路口或跨绕梁、柱等障碍时，如发生类似于方形补偿器的管道安装形式，执行方形补偿器制作安装项目。

（8）采暖塑铝稳态复合管道安装按相应塑料管道安装项目人工乘以系数 1.1，其他不变。

（9）塑套钢预制直埋保温管安装项目是按照《高密度聚乙烯外护管聚氨酯预制直埋保温管》（CJ 114—2000）要求供应的成品保温管道、管件编制的，如实际材质规格与该标准规定不同时，定额不做调整。

（10）塑套钢预制直埋保温管安装项目中已包括管件安装，但不包括接口保温，发生时应另行套用接口保温安装项目。

（11）安装带保温层的管道时，可执行相应材质及连接形式的管道安装项目，其人工乘以系数 1.1；管道接头保温执行《通用安装工程　第十二册　刷油、防腐蚀、绝热工程》，其人工、机械乘以系数 2.0。

（12）室外管道碰头项目适用于新建管道与已有热源管道的碰头连接，如已有热源管道已做预留接口则不执行相应安装项目。

（13）与原有管道碰头安装项目不包括与供热部门的配合协调工作以及通水试验的用水量，发生时应另行计算。

（四）工程量计算规则

（1）各类管道安装按室内外、材质、连接形式、规格分别列项，以"10m"为计量单位。定额中塑料管按公称外径表示，其他管道均按公称直径表示。

（2）各类管道安装工程量，均按设计管道中心线长度，以"10m"为计量单位，不扣除阀门、管件、附件所占长度。

（3）方形补偿器所占长度计入管道安装工程量。方形补偿器制作安装应执行采暖定额第五章相应项目。

（4）与分集水器进出口连接的管道工程量，应计算至分集水器中心线位置。

（5）直埋保温管保温层补口分管径，以"个"为计量单位。

（6）与原有采暖热源钢管碰头，区分带介质、不带介质两种情况，按新接支管公称管径列项，以"处"为计量单位。每处含有供、回水两条管道碰头连接。

二、空调水管道安装工程量计算

适用于室内空调水管道安装，包括镀锌钢管、钢管、塑料管等项目。

（一）管道的界限划分：

（1）室内外管道以建筑物外墙皮 1.5m 为界；建筑物入口处设阀门者以阀门为界。

（2）与设在建筑物内的空调机房管道以机房外墙皮为界。

（二）室外管道执行第二章采暖室外管道安装相应项目。

（三）消耗量定额有关说明

（1）管道安装项目中，均包括相应管件安装、水压试验及水冲洗工作内容。各种管件数量系综合取定，执行定额时，成品管件数量可依据设计文件及施工方案或参照采暖定额附录中的管道管件数量取定表计算，定额中其他消耗量均不做调整。

采暖定额管件含量中不含与螺纹阀门配套的活接、对丝，其用量含在螺纹阀门安装项目中。

（2）钢管焊接安装项目中均综合考虑了成品管件和现场煨制弯管、摔制大小头、挖眼三通。

（3）管道安装项目中，均不包括管道支架、管卡、托钩等制作安装以及管道穿墙、楼板套管制作安装、预留孔洞、堵洞、打洞、凿槽等工作内容，发生时，应按采暖定额第十一章相应项目另行计算。

（4）镀锌钢管（螺纹连接）安装项目适用于空调水系统中采用螺纹连接的焊接钢管、钢塑复合管的安装项目。

（5）空调冷热水镀锌钢管（沟槽连接）安装项目适用于空调冷热水系统中采用沟槽连接

的 DN150 以下焊接钢管的安装。

（6）室内空调机房与空调冷却塔之间的冷却水管道执行空调冷热水管道。

（7）空调凝结水管道安装项目是按集中空调系统编制的，并适用于户用单体空调设备的凝结水管道系统的安装。

（8）室内空调水管道在过路口或跨绕梁、柱等障碍时，如发生类似于方形补偿器的管道安装形式，执行方形补偿器制作安装项目。

（9）安装带保温层的管道时，可执行相应材质及连接形式的管道安装项目，其人工乘以系数 1.1；管道接头保温执行《通用安装工程消耗量定额　第十二册　刷油、防腐蚀、绝热工程》，其人工、机械乘以系数 2.0。

（四）工程量计算规则

（1）各类管道安装按室内外、材质、连接形式、规格分别列项，以"10m"为计量单位。定额中除塑料管按公称外径表示，其他管道均按公称直径表示。

（2）各类管道安装工程量，均按设计管道中心线长度，以"10m"为计量单位，不扣除阀门、管件、附件所占长度。

（3）方形补偿器所占长度计入管道安装工程量。方形补偿器制作安装应执行采暖定额第五章相应项目。

三、管道附件安装工程量计算

包括螺纹阀门、法兰阀门、塑料阀门、沟槽阀门、法兰、减压器、疏水器、除污器、热量表倒流防止器、水锤消除器、补偿器等安装。

（一）消耗量定额有关说明

（1）阀门安装均综合考虑了标准规范要求的强度及严密性试验工作内容。若采用气压试验时，除定额人工外，其他相关消耗量可进行调整。

（2）安全阀安装后进行压力调整的，其人工乘以系数 2.0。螺纹三通阀安装按螺纹阀门安装项目乘以系数 1.3。

（3）电磁阀、温控阀安装项目均包括了配合调试工作内容，不再重复计算。

（4）对夹式蝶阀安装已含双头螺栓用量，在套用与其连接的法兰安装项目时，应将法兰安装项目中的螺栓用量扣除。浮球阀安装包括联杆及浮球的安装。

（5）与螺纹阀门配套的连接件，如设计与定额中材质不同时，可按设计进行调整。

（6）法兰阀门、法兰式附件安装项目均不包括法兰安装，应另行套用相应法兰安装项目。

（7）每副法兰和法兰式附件安装项目中均包括一个垫片和一副法兰螺栓的材料用量。各种法兰连接用垫片均按石棉橡胶板考虑，如工程要求采用其他材质可按实调整。

（8）减压器、疏水器安装均按组成安装考虑，分别依据《国家建筑标准设计图集》01SS105、05R407 编制。疏水器组成安装未包括止回阀安装，若安装止回阀执行阀门安装相应项目。单独安装减压器、疏水器时执行阀门安装相应项目。

（9）除污器组成安装依据《国家建筑标准设计图集》03R402 编制，适用于立式、卧式和旋流式除污器组成安装。单个过滤器安装执行阀门安装相应项目人工乘以系数 1.2。

（10）热量表组成安装是依据《国家建筑标准设计图集》10K509、10R504 编制的。如实际组成与此不同时，可按法兰、阀门等附件安装相应项目计算或调整。

（11）倒流防止器组成安装是根据《国家建筑标准设计图集》12S108-1 编制的，按连接方式不同分为带水表与不带水表安装。

（12）器具组成安装项目已包括标准设计图集中的旁通管安装，旁通连接管所占长度不再另计管道工程量。

（13）器具组成安装均分别依据现行相关标准图集编制的，其中连接管、管件均按钢制管道、管件及附件考虑。如实际采用其他材质组成安装，则按相应项目分别计算。

器具附件组成如实际与定额不同时，可按法兰、阀门等附件安装相应项目分别计算或调整。

（14）补偿器项目包括方形补偿器制作安装和焊接式、法兰式成品补偿器安装，成品补偿器包括球形、填料式、波纹式补偿器。补偿器安装项目中包括就位前进行预拉（压）工作。

（15）法兰式软接头安装适用于法兰式橡胶及金属挠性接头安装。

（16）浮标液面计、水位标尺分别依据《采暖通风国家标准图集》N102-3 和《全国通用给排水标准图集》S318 编制，如设计与标准图集不符时，主要材料可做调整，其他不变。

（17）所有安装项目均不包括固定支架的制作安装，发生时执行采暖定额第十一章相应项目。

（二）工程量计算规则

（1）各种阀门、补偿器安装，均按照不同连接方式、公称直径，以"个"为计量单位。

（2）减压器、疏水器、倒流防止器、热量表组成安装，按照不同组成结构、连接方式、公称直径，以"组"为计量单位。减压器安装按高压侧的直径计算。

（3）卡紧式软管按照不同管径，以"根"为计量单位。

（4）法兰均区分不同公称直径，以"副"为计量单位。承插盘法兰短管按照不同连接方式、公称直径，以"副"为计量单位。

（5）浮标液面计、浮漂水位标尺区分不同的型号，以"组"为计量单位。

四、供暖器具安装工程量计算

包括铸铁散热器安装，钢制散热器及其他成品散热器安装，光排管散热器制作安装，暖风机安装，地板辐射采暖，热媒集配装置安装。

（一）消耗量定额有关说明

（1）散热器安装项目系参考《国家建筑标准设计图集》10K509、10R504 编制。除另有说明外，各型散热器均包括散热器成品支托架（钩、卡）安装和安装前的水压试验以及系统水压试验。

（2）各型散热器不分明装、暗装，均按材质、类型执行同一定额子目。

（3）各型散热器的成品支托架（钩、卡）安装，是按采用膨胀螺栓固定编制的，如工程要求与定额不同时，可按照采暖定额第十一章有关项目进行调整。

（4）铸铁散热器按柱型（柱翼型）编制，区分带足、不带足两种安装方式。成组铸铁散热器、光排管散热器如发生现场进行除锈刷漆时，执行《通用安装工程消耗量定额　第十二册　刷油、防腐蚀、绝热工程》相应项目。

（5）钢制板式散热器安装不论是否带对流片，均按安装形式和规格执行同一项目。钢制卫浴散热器执行钢制单板板式散热器安装项目。钢制扁管散热器分别执行单板、双板钢制板式散热器安装定额项目，其人工乘以系数 1.2。

（6）钢制翅片管散热器安装项目包括安装随散热器供应的成品对流罩，如工程不要求安装随散热器供应的成品对流罩时，每组扣减 0.03 工日。

（7）钢制板式散热器、金属复合散热器、艺术造型散热器的固定组件，按随散热器配套供应编制，如散热器未配套供应，应增加相应材料的消耗量。

（8）光排管散热器安装不分 A 型、B 型执行同一定额子目。光排管散热器制作项目已包括联管、支撑管所用人工与材料。

（9）手动放气阀的安装执行采暖定额第五章相应项目。如随散热器已配套安装就位时，不得重复计算。

（10）暖风机安装项目不包括支架制作安装，其制作安装按照采暖定额第十一章相应项目另行计算。

（11）地板辐射采暖塑料管道敷设项目包括了固定管道的塑料卡钉（管卡）安装、局部套管敷设及地面浇筑的配合用工。如工程要求固定管道的方式与定额不同时，固定管道的材料可按设计要求进行调整，其他不变。

（12）地板辐射采暖的隔热板项目中的塑料薄膜是指在接触土壤或室外空气的楼板与绝热层之间所铺设的塑料薄膜防潮层。如隔热板带有保护层（铝箔），应扣除塑料薄膜材料消耗量。

地板辐射采暖塑料管道在跨越建筑物的伸缩缝、沉降缝时所铺设的塑料板条，应按照边界保温带安装项目计算，塑料板条材料消耗量可按设计要求的厚度、宽度进行调整。

（13）成组热媒集配装置包括成品分集水器和配套供应的固定支架及与分支管连接的部件。固定支架如不随分集水器配套供应，需现场制作时，按照采暖定额第十一章相应项目另行计算。

（二）工程量计算规则

（1）铸铁散热器安装分落地安装、挂式安装。铸铁散热器组对安装以"10 片"为计量单位；成组铸铁散热器安装按每组片数以"组"为计量单位。

（2）钢制柱式散热器安装按每组片数，以"组"为计量单位；闭式散热器安装以"片"为计量单位；其他成品散热器安装以"组"为计量单位。

（3）艺术造型散热器按与墙面的正投影（高×长）计算面积，以"组"为计量单位。不规则形状以正投影轮廓的最大高度乘以最大长度计算面积。

（4）光排管散热器制作分 A 型、B 型，区分排管公称直径，按图示散热器长度计算排管长度以"10m"为计量单位，其中联管、支撑管不计入排管工程量；光排管散热器安装不分 A 型、B 型，区分排管公称直径，按光排管散热器长度以"组"为计量单位。

（5）暖风机安装按设备重量，以"台"为计量单位。

（6）地板辐射采暖管道区分管道外径，按设计图示中心线长度计算，以"10m"为计量单位。保护层（铝箔）、隔热板、钢丝网按设计图示尺寸计算实际铺设面积，以"10m²"为计量单位。边界保温带按设计图示长度以"10m"为计量单位。

（7）热媒集配装置安装区分带箱、不带箱，按分支管环路数以"组"为计量单位。

五、采暖设备安装工程量计算

适用于采暖系统中的气压罐、除砂器、水箱自洁器、热水器、开水炉、水箱制作安装等项目。

（一）消耗量定额有关说明

（1）设备安装定额中均包括设备本体以及与其配套的管道、附件、部件的安装和单机试运转或水压试验、通水调试等内容，均不包括与设备外接的第一片法兰或第一个连接口以外的安装工程量，发生时应另行计算。设备安装项目中包括与本体配套的压力表、温度计等附件的安装，如实际未随设备供应附件时，其材料另行计算。

（2）地源热泵机组均按整体组成安装编制。

（3）设备安装定额中均未包括减震装置、机械设备的拆装检查、基础灌浆、地脚螺栓的埋设，若发生时执行《通用安装工程消耗量定额　第一册　机械设备安装工程》相应项目。

（4）设备安装定额中均未包括设备支架或底座制作安装，如采用型钢支架执行采暖定额第十一章设备支架相应子目，混凝土及砖底座执行《房屋建筑与装饰工程消耗量定额》相应项目。

（5）随设备配备的各种控制箱（柜）、电气接线及电气调试等，执行《通用安装工程消耗量定额　第四册　电气设备安装工程》相应项目。

（6）太阳能集热器是按集中成批安装编制的，如发生 $4m^2$ 以下工程量时，人工、机械乘以系数 1.1。

（二）工程量计算规则

（1）各种设备安装项目除另有说明外，按设计图示规格、型号、重量，均以"台"为计量单位。

（2）太阳能集热装置区分平板、玻璃真空管形式，以"m^2"为计量单位。

（3）地源热泵机组按设备重量列项，以"组"为计量单位。

六、除锈、刷油、防腐蚀涂料工程工程量计算

除锈内容包括金属表面的手工除锈、动力工具除锈、喷射除锈、化学除锈等工程。刷油内容包括金属管道、设备、通风管道、金属结构与玻璃布面、石棉布面、玛琋脂面、抹灰面等制（喷）油漆工程。防腐蚀涂料内容包括设备、管道、金属结构等各种防腐蚀涂料工程。

（一）除锈消耗量定额有关说明

（1）各种管件、阀件及设备上人孔、管口凸凹部分的除锈已综合考虑在定额内，不另行计算。

（2）除锈区分标准。

1）手工、动力工具除锈锈蚀标准分为轻、中两种：

a. 轻锈：已发生锈蚀，并且部分氧化皮已经剥落的钢材表面。

b. 中锈：氧化皮已锈蚀而剥落，或者可以刮除，并且有少量点蚀的钢材表面。

2）手工、动力工具除锈过的钢材表面分为 St2 和 St3 两个标准：

a. St2 标准：钢材表面应无可见的油脂和污垢，并且没有附着不牢的氧化皮、铁锈和油漆涂层等附着物。

b. St3 标准：钢材表面应无可见的油脂和污垢，并且没有附着不牢的氧化皮、铁锈和油漆涂层等附着物。除锈应比 St2 标准更为彻底，底材显露出部分的表面应具有金属光泽。

3）喷射除锈过的钢材表面分为 Sa2，Sa2½ 和 Sa3 三个标准：

a. Sa2 级：彻底的喷射或抛射除锈。

钢材表面会无可见的油脂、污垢，并且氧化皮、铁锈和油漆层等附着物已基本清除，其残留物应是牢固附着的。

b. Sa2$\frac{1}{2}$级：非常彻底的喷射或抛射除锈。

钢材表面会无可见的油脂、污垢、氧化皮、铁锈和油漆层等附着物，任何残留的痕迹应仅是点状或条纹状的轻微色斑。

c. Sa3级：使钢材表观洁净的喷射或抛射除锈钢材表面应无可见的油脂、污垢、氧化皮、铁锈和油漆层等附着物，该表面应显示均匀的金属色泽。

（3）关于下列各项费用的规定。

1）手工和动力工具除锈按St2标准确定。若变更级别标准如按St3标准定额乘以系数1.1。

2）喷射除锈按Sa2$\frac{1}{2}$级标准确定。若变更级别标准时，Sa3级定额乘以系数1.1，Sa2级定额乘以系数0.9。

3）不包括除微锈（标准：氧化皮完全紧附，仅有少量锈点），发生时其工程量执行轻锈定额乘以系数0.2。

（二）刷油消耗量定额有关说明

（1）各种管件、阀件和设备上人孔、管口凹凸部分的刷油已综合考虑在定额内，不另行计算。

（2）金属面刷油不包括除锈工作内容。

（3）关于下列各项费用的规定：

1）标志色环等零星刷油，执行采暖定额第六章相应项目，其人工乘以系数2.0；

2）刷油和防腐蚀工程按安装场地内涂刷油漆考虑，如安装前集中刷油，人工乘以系数0.45（暖气片除外）。如安装前集中喷涂，执行刷油子目人工乘以系数0.45，材料乘以系数1.16，增加喷涂机械电动空气压缩机3m³/min（其台班消耗量同调整后的合计工日消耗量）。

（4）主材与稀干料可以换算，但人工和材料消耗量不变。

（三）防腐蚀涂料消耗量定额有关说明

（1）不包括除锈工作内容。

（2）涂料配合比与实际设计配合比不同时，可根据设计要求进行换算，其人工、机械消耗量不变。

（3）聚合热固化是采用蒸汽及红外线间接聚合固化考虑的，如采用其他方法，应按施工方案另行计算。

（4）未包括的新品种涂料，应按相近定额项目执行，其人工、机械消耗量不变。

（5）无机富锌底漆执行氯磺化聚乙烯漆，漆用量进行换算。

（6）如涂刷时需要强行通风，应增加轴流通风机7.5kW，其台班消耗量同合计工日消耗量。

（四）工程量计算规则

1. 计算公式

设备筒体、管道表面积计算公式见式（4-1）。

2. 计量规则

（1）计算设备筒体、管道表面积时已包括各种管件、阀门、人孔、管口凹凸部分，不再另外计算。

（2）管道、设备与矩形管道、大型型钢钢结构、铸铁管暖气片（散热面积为准）的除锈工程以"10m²"为计量单位。

（3）一般钢结构、管廊钢结构的除锈工程以"100kg"为计量单位。

（4）灰面、玻璃布、白布面、麻布、石棉布面、气柜、玛琋脂面刷油工程以"10m²"为计量单位。

七、绝热工程工程量计算

内容包括设备、管道、通风管道的绝热工程。

（一）各项费用的规定

（1）镀锌铁皮保护层厚度按 0.8mm 以下综合考虑，若厚度大于 0.8mm 时，其人工乘以系数 1.2。

（2）铝皮保护层执行镀锌铁皮保护层安装项目，主材可以换算，若厚度大于 1mm 时，其人工乘以系数 1.2。

（3）采用不锈钢薄板作保护层，执行金属保护层相应项目，其人工乘以系数 1.25，钻头消耗量乘以系数 2.0，机械乘以系数 1.15。

（4）管道绝热均按现场安装后绝热施工考虑，若先绝热后安装时，其人工乘以系数 0.9。

（二）消耗量定额有关说明

（1）伴热管道、设备绝热工程量计算方法是：主绝热管道或设备的直径加伴热管道的直径、再加 10～20mm 的间隙作为计算的直径，即 $D=D_主+d_伴+(10～20\text{mm})$。

（2）管道绝热工程，除法兰、阀门单独套用定额外，其他管件均已考虑在内；设备绝热工程，除法兰、人孔单独套用定额外，其封头已考虑在内。

（3）聚氨酯泡沫塑料安装子目执行泡沫塑料相应子目。

（4）保温卷材安装执行相同材质的板材安装项目，其人工、铁线消耗量不变，但卷材用量损耗率按 3.1% 考虑。

（5）复合成品材料安装执行相同材质瓦块（或管壳）安装项目。复合材料分别安装时应按分层计算。

（6）根据绝热工程施工及验收技术规范，保温层厚度大于 100mm，保冷层厚度大于 75mm 时，若分为两层安装的，其工程量可按两层计算并分别套用定额子目；如厚 140mm 的要两层，分别为 60mm 和 80mm，该两层分别计算工程量，套用定额时，按单层 60mm 和 80mm 分别套用定额子目。

（7）聚氨酯泡沫塑料发泡安装，是按无模具直喷施工考虑的。若采用有模具浇注安装，其模具（制作安装）费另行计算；由于批量不同，相差悬殊的，可另行协商，分次数摊销。发泡效果受环境温度条件影响较大，因此本定额以成品 m³ 计算，环境温度低于 15℃ 应采用措施，其费用另计。

（三）工程量计算规则

（1）设备筒体或管道绝热、防潮和保护层计算公式

$$V = \pi \times (D + 1.03\delta) \times 1.03\delta \times L$$

$$S = \pi \times (D + 2.1\delta) \times L$$

式中　　D——直径；

1.03、2.1——调整系数；

δ——绝热层厚度；

L——设备筒体或管道延长米。

（2）伴热管道绝热工程量计算式。

1）单管伴热或双管伴热（管径相同，夹角小于90°时）

$$D' = D_1 + D_2 + (10 \sim 20\text{mm})$$

式中　　D'——伴热管道综合值；

D_1——主管道直径；

D_2——伴热管道直径；

$(10\sim20\text{mm})$——主管道与伴热管道之间的间隙。

2）双管伴热（管径相同，夹角大于90°时）

$$D' = D_1 + 1.5D_2 + (10 \sim 20\text{mm})$$

3）双管伴热（管径不同，夹角小于90°时）

$$D' = D_1 + D_{\text{伴}} + (10 \sim 20\text{mm})$$

式中　D'——伴热管道综合值；

D_1——主管道直径。

（3）设备封头绝热、防潮和保护层工程量计算公式

$$V = [(D + 1.033)/2]^2 \times \pi \times 1.03\delta \times 1.5 \times N$$

$$S = [(D + 2.1\delta)/2]^2 \times \pi \times 1.5 \times N$$

（4）拱顶罐封头绝热、防潮和保护层计算公式

$$V = 2\pi r \times (h + 1.03\delta) \times 1.03\delta$$

$$S = 2\pi r \times (h + 2.1\delta)$$

（5）当绝热需分层施工时工程量分层计算执行设计要求相应厚度子目。分层计算工程量计算式为

第一层　　　　　　　　$V = \pi \times (D + 1.03\delta) \times 1.03\delta \times L$

第二~N层　　　　　　　$D' = [D + 2.1\delta \times (N-1)]$

八、喷镀（涂）工程消耗量定额有关说明

内容包括金属管道、设备、型钢等表面气喷镀工程及塑料和水泥砂浆的喷涂工程。

（1）不包括除锈工作内容。

（2）施工工具：喷镀采用国产 SQP-1（高速、中速）气喷枪；喷塑采用塑料粉末喷枪。

（3）喷镀和喷塑采用氧乙炔焰。

九、管道补口补伤工程消耗量定额有关说明

内容包括金属管道的补口补伤的防腐工程。

（1）施工工序包括了补口补伤，不包括表面除锈工作。

（2）管道补口补伤防腐涂料有环氧煤沥青漆、氯磺化聚乙烯漆、聚氨酯漆、无机富锌漆。

（3）定额项目均采用手工操作。

（4）管道补口每个口取定为：DN400 以下（含 DN400）管道每个口补口长度为 400mm；

DN400 以上管道每个口补口长度为 600mm。

第五节　施工图预算编制实例

【例 6-1】 某住宅楼采暖施工图预算例题说明

（一）采用定额

本例为山东省青岛市市区某住宅楼采暖工程，采用《青岛市 2016 省价目表》《山东省安装工程消耗量定额（2003 年出版）》、《2013 年清单计价计量规范》为计算依据。因《通用安装工程消耗量定额》（编号为 TY02-31—2015）暂无配套价目表，尽管定额中的编号发生了变化，但并不影响学员学习。

说明：对于套管、支架，一般来说首先通过消耗量定额确定是否包含在管道安装中；TY02-31-2015 不包括套管、支架，按照清单计价通用做法，应该转化到每米管子的安装价格中去，一般不会单算。本例只是一种处理方法，供大家参考。

（二）工程概况

（1）本采暖工程为机械循环热水采暖，管材均为焊接钢管，DN≥32 时采用焊接连接，其余为丝接。

（2）管道采用除轻锈、防锈漆两道、银粉两道；不采暖房间管道保温，保温管道做法 30mm 超细玻璃纤维，外缠玻璃丝布一道，刷漆两道。

（3）管径除图上注明者外，L2 立管为 DN25，其余立管及接散热器支管均为 DN20。所有接散热器立管的顶端和末端安装丝扣铜球阀各一个，规格同管径。L2、L5、L6 立管接散热器供、回水支管上均安装丝扣铜球阀一个，规格同管径。

（4）双侧连接散热器，两散热器中心距 3.3m。单侧连接散热器，立管中心距散热器中心 1.6m。

（5）散热器为四柱 813 型，每片宽度 57mm。一层散热器采用不带足散热器，挂在墙上，其余楼层采用带足与不带足散热器组成一组，安装在楼板上。散热器采用现场组成安装。每组散热器均安装 φ10 手动放风阀一个。

（6）管道穿外墙需加柔性防水套管，穿墙、楼板及地面加一般钢套管。管道支架按标准做法施工，引入口处按两个阀门施工。

（7）本例暂不计主材费（只计主材消耗量）。

（8）安装工程Ⅲ类，取费按山东省安装工程各项费用费率计取。

（9）图中标高以 m 计，其余以 mm 计。

（10）未尽事宜均参照有关标准或规范执行。

（11）本例给予刷油、保温等内容套用清单例。

（12）本例图见图 6-14～图 6-17。

（三）工程量计算及套用清单相应表格输出

管道项目均不包括管道支架、管卡、托钩等制作安装以及管道穿墙、楼板套管制作安装、预留孔洞、堵洞、打洞、凿槽等工作内容，发生时，应按采暖定额第十一章相应项目另行计算。

案例说明：对于套管、支架，一般来说首先通过消耗量定额确定是否包含在管道安装

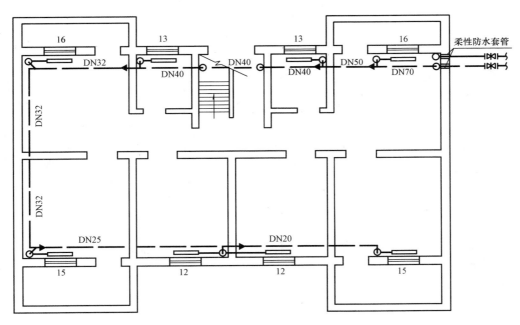

图 6-14 一层采暖平面图

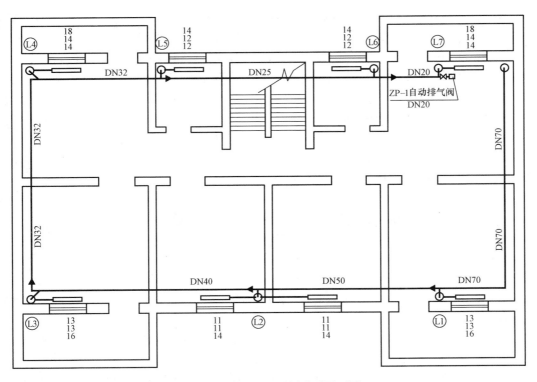

图 6-15 二、三、四层采暖平面图

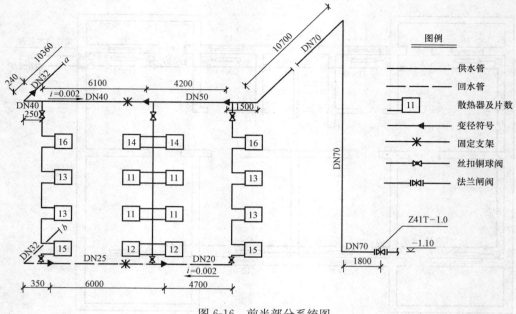

图 6-16　前半部分系统图

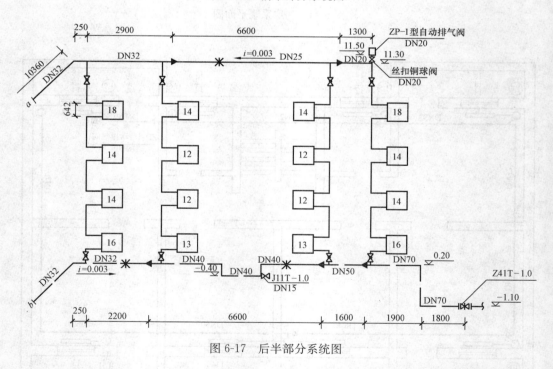

图 6-17　后半部分系统图

中；另外，按照清单计价通用做法，应该转化到每米管子的安装价格中去，一般不会单算。本例只是一种处理方法，供大家参考。

清单报价比较预算定额计价，具有很大的包容性，这是清单编制过程中应该特别需要关注的。例如在本例计算中，进出户管是需要保温的，管道安装的清单见图 6-18。

序号	项目名称	单位	工...	人材机	计费价	管...	利润	单价	金额
工程项目	请填写工程名称							39482.00	39482.00
〈001〉031001002001	钢管1.安装部位：进户2.介质：水3.规格、压力等级：70mm4.连接形式：焊接	m	5.8	96.07	46.03 10.94%]	59[23%]		125.50	727.90
r8-54h	室内采暖焊接钢管丝接DN65内　/管道间、管廊、已封闭地沟、吊顶内的管道	10m	0.58	335.25	225.84	92.46	51.94	587.26	
主材	焊接钢管 DN65	m	5.916	18.19	107.61				
11-52	管道刷I丹防锈漆 第一遍	10m2	0.138	7.30	2.70	1.11	0.62	9.03	
11-53	管道刷I丹防锈漆 第二遍	10m2	0.138	6.78	2.70	1.11	0.62	8.52	
11-953	管道纤维类制品 Φ133内	m3	0.06	15.25	12.49	5.11	2.87	40.66	
主材	超细玻璃纤维 30mm	m3	0.062	282.05	17.43				
11-1045	管道玻璃布保护层	10m2	0.269	9.68	9.14	3.74	2.10	47.72	
主材	玻璃丝布 0.5	m2	3.766	8.55	32.20				
11-67	管道刷沥青漆 第一遍	10m2	0.267	11.33	5.40	2.21	1.24	14.77	
11-68	管道刷沥青漆 第二遍	10m2	0.267	10.34	5.22	2.14	1.20	13.58	
11-1	手工除管道轻锈	10m2	0.138	4.06	3.46	1.42	0.80	6.28	

图 6-18　管道安装的清单

1. 工程量计算

工程量计算见表 6-5。

表 6-5　　　　　　　　　　　　　　**工程量计算书**

工程名称：××住宅楼采暖工程　　　　　　　　　年　月　日　共　页　第　页

序号	分部分项工程名称	单位	工程量	计算公式
1	焊接钢管(焊接)DN70	m	5.8	埋地(1.8＋1.1)×2＝5.8
			25.6	供 11.3＋10.70＋1.50
				回 1.90＋0.20
2	焊接钢管(焊接)DN50	m	6.30	供 4.70
				回 1.60
3	焊接钢管(焊接)DN40	m	14.39	供 6.10＋0.25＋0.24
				回 6.60＋[0.20－(－0.40)]×2
4	焊接钢管(焊接)DN32	m	26.91	供 10.36＋0.25＋2.90
				回 0.35＋0.24＋10.36＋0.25＋2.20
5	焊接钢管(丝接)DN25	m	23.70	供 6.60
				回 6.00
				L2 立管 11.30－0.20
6	焊接钢管(丝接)DN20	m	136.62	供 1.30
				回 4.70
				L1、L3、L4、L7 立管 [11.30－0.20－(0.642×4)]×4
				L5、L6 立管 (11.30－0.20)×2
				支管双侧连接 14×14 片 [3.30－0.057×(14＋14)/2]×2
				双侧连接 12×12 片 [3.30－0.057×(12＋12)/2]×2
				双侧连接 11×11 片 [3.30－0.057×(11＋11)/2]×4
				单侧连接 18 片(1.60－0.057×18/2)×4
				单侧连接 16 片(1.60－0.057×16/2)×8
				单侧连接 15 片(1.60－0.057×15/2)×4

续表

序号	分部分项工程名称	单位	工程量	计算公式
6	焊接钢管(丝接)DN20	m	136.62	单侧连接 14 片(1.60−0.057×14/2)×12 单侧连接 13 片(1.60−0.057×13/2)×12 单侧连接 12 片(1.60−0.057×12/2)×8
7	四柱 813 型散热器组安(带足)	片	324	18×2+16×2+14×8+13×4+12×4+11×4
8	四柱 813 型散热器组安(挂装)	片	112	16×2+15×2+13×2+12×2
9	自动排气阀 DN20	个	1	
10	手动放风阀 DN10	个	32	
11	法兰闸阀 DN70	个	2	
12	丝扣截止阀 DN25	个	2	
13	丝扣截止阀 DN20	个	45	13+32
14	丝扣截止阀 DN15	个	1	
15	柔性防水套管 DN70(穿外墙)	个	2	
16	一般钢套管(穿墙、穿地面、穿楼板)DN70	个	6	供 5 回 1
17	一般钢套管(穿墙)DN50	个	3	供 2 回 1
18	一般钢套管(穿墙、穿地面)DN40	个	6	供 1 回 5
19	一般钢套管(穿墙)DN32	个	3	供 2 回 1
20	一般钢套管(穿墙、穿楼板)DN25	个	8	供 3 回 2 立 3
21	一般钢套管(穿墙、穿楼板)DN20	个	27	回 1 立 18 支管 8
22	除锈、刷油、保温自动生成			

2. 输出表格

具体见表 6-6～表 6-8。

表 6-6　　　　　　　　　　　　　　单位工程竣工结算汇总表

序号	汇总内容	计算公式	费率	金额(元)
1	分部分项工程费			32 883.73
2	规费前合计	32 883.73+0+0		32 883.73
3	规费	(1647.46)+(98.65)+(400.24)+(39.46)+(499.83)		2685.64
3.1	安全文明施工费	(95.36)+(194.01)+(578.75)+(779.34)		1647.46
3.2	工程排污费	32 883.73−0+0	0.30%	98.65
3.3	住房公积金	10 532.52+0	3.80%	400.24
3.4	危险作业意外伤害保险	32 883.73−0+0	0.12%	39.46
3.5	社会保障费	32 883.73−0+0	1.52%	499.83
4	税金	32 883.73+2685.64−0−0	11%	3912.63
5	甲供税差	0−0+0−0		
6	设备费调差	0		
	合计			39 482

表 6-7　　　　　　　　　　　分部分项工程和单价措施项目清单与计价表

序号	项目编码	项目名称 项目特征	计量单位	工程数量	金额（元）		
					综合单价	合价	其中：暂估价
1	031001002001	钢管 1. 安装部位：进户 2. 介质：水 3. 规格、压力等级：70mm 4. 连接形式：焊接 5. 压力试验及吹、洗设计要求：水 6. 警示带形式：	m	5.8	125.5	727.9	
2	031001002002	钢管 1. 安装部位：室内 2. 介质：水 3. 规格、压力等级：70mm 4. 连接形式：焊接 5. 压力试验及吹、洗设计要求：水 6. 警示带形式：	m	25.6	92.26	2361.86	
3	031001002003	钢管 1. 安装部位：室内 2. 介质：水 3. 规格、压力等级：50mm 以内 4. 连接形式：焊接 5. 压力试验及吹、洗设计要求：水 6. 警示带形式：	m	6.3	76.7	483.21	
4	031001002004	钢管 1. 安装部位：室内 2. 介质：水 3. 规格、压力等级：40mm 以内 4. 连接形式：焊接 5. 压力试验及吹、洗设计要求：水 6. 警示带形式：	m	14.39	67.8	975.64	
5	031001002005	钢管 1. 安装部位：室内 2. 介质：水 3. 规格、压力等级：32mm 以内 4. 连接形式：焊接 5. 压力试验及吹、洗设计要求：水 6. 警示带形式：	m	26.91	49.66	1336.35	
6	031001002006	钢管 1. 安装部位：室内 2. 介质：水 3. 规格、压力等级：25mm 以内 4. 连接形式：丝接 5. 压力试验及吹、洗设计要求：水 6. 警示带形式：	m	23.7	44.81	1062	

续表

序号	项目编码	项目名称 项目特征	计量 单位	工程 数量	金额（元）		
					综合单价	合价	其中：暂估价
7	031001002007	钢管 1. 安装部位：室内 2. 介质：水 3. 规格、压力等级：20mm 以内 4. 连接形式：丝接 5. 压力试验及吹、洗设计要求：水 6. 警示带形式：	m	136.62	34.63	4731.15	
8	031005001001	铸铁散热器 1. 型号、规格：柱型 2. 安装方式：足或挂 3. 托架形式： 4. 器具、托架除锈、刷油设计要求：	片 （组）	324	36.79	11 919.96	
9	031005001002	铸铁散热器 1. 型号、规格：柱型 2. 安装方式：挂 3. 托架形式： 4. 器具、托架除锈、刷油设计要求：	片 （组）	112	36.27	4062.24	
10	031003003001	焊接法兰阀门 1. 类型：焊接法兰阀门 2. 材质：钢 3. 规格、压力等级：DN70 4. 连接形式：法兰 5. 焊接方法：	个	2	313.19	626.38	
11	031003001001	螺纹阀门 1. 类型：螺纹阀 2. 材质：铜 3. 规格、压力等级：DN25PN16 4. 连接形式：丝接 5. 焊接方法：	个	2	28.31	56.62	
12	031003001002	螺纹阀门 1. 类型：螺纹阀 2. 材质：铜 3. 规格、压力等级：DN25PN16 4. 连接形式：丝接 5. 焊接方法：	个	45	26.75	1203.75	
13	031003001003	螺纹阀门 1. 类型：螺纹阀 2. 材质：铜 3. 规格、压力等级：DN15PN16 4. 连接形式：丝接 5. 焊接方法：	个	1	24.13	24.13	

续表

序号	项目编码	项目名称 项目特征	计量 单位	工程 数量	金额（元）		
					综合单价	合价	其中：暂估价
14	031002003001	套管 1. 名称、类型：柔性性防水套管 2. 材质：钢 3. 规格：DN70 4. 填料材质：	个	2	511.28	1022.56	
15	031002003002	套管 1. 名称、类型：套管 2. 材质：钢 3. 规格：DN70 4. 填料材质：	个	6	88.32	529.92	
16	031002003003	套管 1. 名称、类型：套管 2. 材质：钢 3. 规格：DN50 4. 填料材质：	个	3	53.83	161.49	
17	031002003004	套管 1. 名称、类型：套管 2. 材质：钢 3. 规格：DN40 4. 填料材质：	个	6	53.82	322.92	
18	031002003005	套管 1. 名称、类型：套管 2. 材质：钢 3. 规格：DN32 4. 填料材质：	个	11	32.21	354.31	
19	031002003006	套管 1. 名称、类型：套管 2. 材质：钢 3. 规格：DN20 4. 填料材质：	个	27	25.06	676.62	
20	031009001001	采暖工程系统调试 1. 系统形式：上供下回 2. 采暖（空调水）管道工程量：采暖	系统	1	0	0	
21	031005008001	集气罐 1. 材质：自动排气阀 2. 规格：DN20	个	1	59.44	59.44	
22	031005008002	集气罐 1. 材质：放风门 2. 规格：	个	32	5.79	185.28	
合计						32 883.73	

表 6-8　　　　　　　　　　　　　　　　**工程计量申请（核准）表**

序号	编号	名称/部位	单位	承包人申报数量	备注
1	031001002001	钢管	m	5.8	
	8-54h	室内采暖焊接钢管丝接 DN65 内/管道间、管廊、已封闭地沟、吊顶内的管道系统（人工×1.30）	10m	0.58	
	11-52	管道刷红丹防锈漆第一遍	10m²	0.138	相关
	11-53	管道刷红丹防锈漆第二遍	10m²	0.138	相关
	11-953	管道纤维类制品 φ133 内	m³	0.06	相关
	11-1045	管道玻璃布保护层	10m²	0.269	相关
	11-67	管道刷沥青漆第一遍	10m²	0.267	相关
	11-68	管道刷沥青漆第二遍	10m²	0.267	相关
	11-1	手工除管道轻锈	10m²	0.138	
2	031001002002	钢管	m	25.6	
	8-54	室内采暖焊接钢管丝接 DN65 内	10m	2.56	
	11-52	管道刷红丹防锈漆第一遍	10m²	0.607	相关
	11-53	管道刷红丹防锈漆第二遍	10m²	0.607	相关
	11-57	管道刷银粉第一遍	10m²	0.607	相关
	11-58	管道刷银粉第二遍	10m²	0.607	相关
	11-1	手工除管道轻锈	10m²	0.607	相关
3	031001002003	钢管	m	6.3	
	8-53	室内采暖焊接钢管丝接 DN50 内	10m	0.63	
	11-52	管道刷红丹防锈漆第一遍	10m²	0.119	相关
	11-53	管道刷红丹防锈漆第二遍	10m²	0.119	相关
	11-57	管道刷银粉第一遍	10m²	0.119	相关
	11-58	管道刷银粉第二遍	10m²	0.119	相关
	11-1	手工除管道轻锈	10m²	0.119	
4	031001002004	钢管	m	14.39	
	8-52	室内采暖焊接钢管丝接 DN40 内	10m	1.439	
	11-52	管道刷红丹防锈漆第一遍	10m²	0.217	相关
	11-53	管道刷红丹防锈漆第二遍	10m²	0.217	相关
	11-57	管道刷银粉第一遍	10m²	0.217	相关
	11-58	管道刷银粉第二遍	10m²	0.217	相关
	11-1	手工除管道轻锈	10m²	0.217	相关
5	031001002005	钢管	m	26.91	
	8-51	室内采暖焊接钢管丝接 DN32 内	10m	2.691	
	11-52	管道刷红丹防锈漆第一遍	10m²	0.358	相关
	11-53	管道刷红丹防锈漆第二遍	10m²	0.358	相关
	11-57	管道刷银粉第一遍	10m²	0.358	相关
	11-58	管道刷银粉第二遍	10m²	0.358	相关
	11-1	手工除管道轻锈	10m²	0.358	相关

续表

序号	编号	名称/部位	单位	承包人申报数量	备注
6	031001002006	钢管	m	23.7	
	8-50	室内采暖焊接钢管丝接 DN25 内	10m	2.37	
	11-52	管道刷红丹防锈漆第一遍	10m²	0.249	相关
	11-53	管道刷红丹防锈漆第二遍	10m²	0.249	相关
	11-57	管道刷银粉第一遍	10m²	0.249	相关
	11-58	管道刷银粉第二遍	10m²	0.249	相关
	11-1	手工除管道轻锈	10m²	0.249	相关
7	031001002007	钢管	m	136.62	
	8-49	室内采暖焊接钢管丝接 DN20 内	10m	13.662	
	11-52	管道刷红丹防锈漆第一遍	10m²	1.15	相关
	11-53	管道刷红丹防锈漆第二遍	10m²	1.15	相关
	11-57	管道刷银粉第一遍	10m²	1.15	相关
	11-58	管道刷银粉第二遍	10m²	1.15	相关
	11-1	手工除管道轻锈	10m²	1.15	相关
8	031005001001	铸铁散热器	片（组）	324	
	8-77	铸铁散热器组成安装柱型	10 片	32.4	
9	031005001002	铸铁散热器	片（组）	112	
	8-77	铸铁散热器组成安装柱型	10 片	11.2	
10	031003003001	焊接法兰阀门	个	2	
	8-544	焊接法兰阀 DN65 内	个	2	
11	031003001001	螺纹阀门	个	2	
	8-528	螺纹阀 DN25 内	个	2	
12	031003001002	螺纹阀门	个	45	
	8-527	螺纹阀 DN20 内	个	45	
13	031003001003	螺纹阀门	个	1	
	8-526	螺纹阀 DN15 内	个	1	
14	031002003001	套管	个	2	
	6-2977	柔性防水套管制安 DN80 内	个	2	
15	031002003002	套管	个	6	
	6-3014	一般穿墙套管制安 DN80 内	个	6	
16	031002003003	套管	个	3	
	6-3012	一般穿墙套管制安 DN50 内	个	3	
17	031002003004	套管	个	6	
	6-3012	一般穿墙套管制安 DN50 内	个	6	
18	031002003005	套管	个	11	
	6-3011	一般穿墙套管制安 DN32 内	个	11	
19	031002003006	套管	个	27	
	6-3010	一般穿墙套管制安 DN20 内	个	27	

序号	编号	名称/部位	单位	承包人 申报数量	备注
20	031009001001	采暖工程系统调试	系统	1	
21	031005008001	集气罐	个	1	
	8-639	自动排气阀 DN20	个	1	
22	031005008002	集气罐	个	32	
	8-641	手动放风阀 DN10	个	32	

注 本例题未详细区分带足与不带足暖气片，实际价格不同。

【例 6-2】某办公楼空调水管路施工图预算

（一）采用定额

同例 6-1。

（二）工程概况

（1）本工程空调供水、回水及凝结水管均采用镀锌钢管，丝扣连接。

（2）阀门采用铜球阀。穿墙均加一般钢套管。进出风机盘管供、回水支管均装金属软管（丝接）各一个，凝结水管与风机盘管连接需装橡胶软管（丝接）一个。风机盘管在本工程风系统中计算（见通风空调工程），水管路中不再计算。

（3）管道安装完毕后要求试压，空调系统试验压力为 1.3MPa，凝结水管做灌水试验。

（4）暂不计管道刷油、保温、高层建筑增加费等内容。

（5）未尽事宜均参照有关标准或规范执行。

（6）图中标高以 m 计，其余以 mm 计。

（三）题解

本例图见图 6-19～图 6-22。

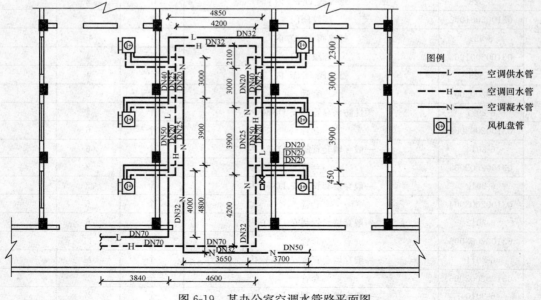

图 6-19 某办公室空调水管路平面图

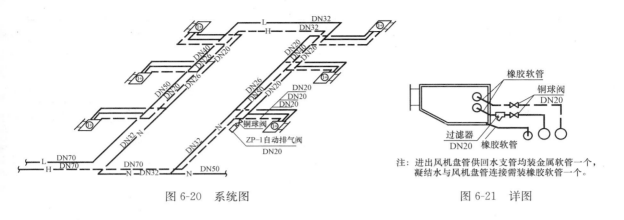

图 6-20　系统图　　　　　　　　　　　　　　　图 6-21　详图

注：进出风机盘管供回水支管均装金属软管一个，
　　凝结水与风机盘管连接需装橡胶软管一个。

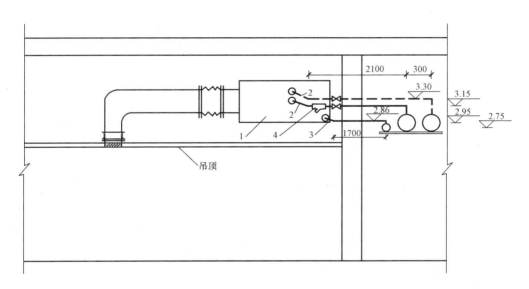

图 6-22　风机盘管水管路安装图示
1—风机盘管；2—金属软管；3—橡胶软管；4—过滤器

1. 工程量计算

工程量计算结果见表 6-9。

表 6-9　　　　　　　　　　　　　　　**工程量计算书**

工程名称：某某办公楼空调水管路　年　月　日　　　　　　　　　　共　页　第　页

序号	分部分项工程名称	单位	工程量	计算公式
1	镀锌钢管（丝接）DN70	m	20.48	供 3.84＋4.00
				回 3.84＋4.60＋4.20
2	镀锌钢管（丝接）DN50	m	11.50	供 3.90
				回 3.90
				凝 3.70

序号	分部分项工程名称	单位	工程量	计算公式
3	镀锌钢管（丝接）DN40	m	6.00	供 3.00
				回 3.00
4	镀锌钢管（丝接）DN32	m	31.1	供 2.30+4.85+2.30
				回 2.10+4.20+2.10
				凝 3.65+4.80+4.80
5	镀锌钢管（丝接）DN25	m	13.8	供 3.00
				回 3.00
				凝 3.90+3.90
6	镀锌钢管（丝接）DN20	m	57.81	供 3.90+0.45
				回 3.90
				凝 3.00+3.00
				支管［供 2.10+（3.15－2.75）+回 2.10+0.30+（3.30－2.75）+凝 1.70+（2.86－2.75）］×6
7	铜球阀 DN20	个	13	
8	Y 型过滤器 DN20	个	6	
9	自动排气阀 DN20	个	1	
10	金属软管	个	12	
11	橡胶软管	个	6	
12	一般穿墙套管制安 DN70	个	2	供1 回1
13	一般穿墙套管制安 DN32	个	2	凝2
14	一般穿墙套管制安 DN20	个	18	供6 回6 凝6

2. 清单套用输出表格

具体见表 6-10～表 6-12。

表 6-10 单位工程竣工结算汇总表

序号	汇总内容	计算公式	费率	金额(元)
1	分部分项工程费			12062.72
2	规费前合计	12062.72+0+0		12062.72
3	规费	(604.34)+(36.19)+(137.56)+(14.48)+(183.35)		975.92
3.1	安全文明施工费	(34.98)+(71.17)+(212.3)+(285.89)		604.34
3.2	工程排污费	12062.72－0+0	0.30%	36.19
3.3	住房公积金	3620.09+0	3.80%	137.56
3.4	危险作业意外伤害保险	12062.72－0+0	0.12%	14.48
3.5	社会保障费	12062.72－0+0	1.52%	183.35
4	税金	12062.72+975.92－0－0	11%	1434.25
5	甲供税差	0－0+0－0		
6	设备费调差	0		
	合计			14472.89

表 6-11 分部分项工程和单价措施项目清单与计价表

序号	项目编码	项目名称 项目特征	计量单位	工程数量	金额（元）		其中：暂估价
					综合单价	合价	
1	031001001001	镀锌钢管 1. 安装部位：室内空调 2. 介质：水 3. 规格、压力等级：DN65 4. 连接形式：螺纹 5. 压力试验及吹、洗设计要求： 6. 警示带形式：	m	20.48	107.55	2202.62	
2	031001001002	镀锌钢管 1. 安装部位：室内空调 2. 介质：水 3. 规格、压力等级：DN50 4. 连接形式：螺纹 5. 压力试验及吹、洗设计要求： 6. 警示带形式：	m	11.5	88.66	1019.59	
3	031001001003	镀锌钢管 1. 安装部位：室内空调 2. 介质：水 3. 规格、压力等级：DN40 4. 连接形式：螺纹 5. 压力试验及吹、洗设计要求： 6. 警示带形式	m	6	74.73	448.38	
4	031001001004	镀锌钢管 1. 安装部位：室内空调 2. 介质：水 3. 规格、压力等级：DN32 4. 连接形式：螺纹 5. 压力试验及吹、洗设计要求： 6. 警示带形式：	m	31.1	64.32	2000.35	
5	031001001005	镀锌钢管 1. 安装部位：室内空调 2. 介质：水 3. 规格、压力等级：DN25 4. 连接形式：螺纹 5. 压力试验及吹、洗设计要求： 6. 警示带形式：	m	13.8	55.52	766.18	

序号	项目编码	项目名称 项目特征	计量 单位	工程 数量	金额（元）		其中： 暂估价
					综合单价	合价	
6	031001001006	镀锌钢管 1. 安装部位：室内空调 2. 介质：水 3. 规格、压力等级：DN20 4. 连接形式：螺纹 5. 压力试验及吹、洗设计要求： 6. 警示带形式：	m	57.81	43.95	2540.75	
7	031003001001	螺纹阀 1. 类型：螺纹阀 2. 材质：铜球阀 3. 规格、压力等级：DN20 4. 连接形式：丝接 5. 焊接方法：	个	13	45.5	591.5	
8	031003008001	除污器（过滤器） 1. 材质：铜 2. 规格、压力等级：Y型过滤器 DN20 3. 连接形式：螺纹连接	组	6	66.51	399.06	
9	031005008001	集气罐 1. 材质：自动排气阀 2. 规格：DN20	个	1	59.44	59.44	
10	031003010001	软接头（软管） 1. 材质：金属软管 2. 规格：条 3. 连接形式：螺纹	个（组）	12	45.7	548.4	
11	031003010002	软接头（软管） 1. 材质：橡胶软管 2. 规格：条 3. 连接形式：螺纹	个（组）	6	33.74	202.44	
12	031002003001	套管 1. 名称、类型：套管 2. 材质：钢 3. 规格：DN70 4. 填料材质：	个	2	70.35	140.7	

续表

序号	项目编码	项目名称 项目特征	计量 单位	工程 数量	金额（元）		其中： 暂估价
					综合单价	合价	
13	031002003002	套管 1. 名称、类型：套管 2. 材质：钢 3. 规格：DN32 4. 填料材质：	个	2	32.21	64.42	
14	031002003003	套管 1. 名称、类型：套管 2. 材质：钢 3. 规格：DN20 4. 填料材质：	个	18	25.06	451.08	
15	031009002001	空调水工程系统调试 1. 系统形式：系统 2. 采暖（空调水）管道工程量： 空调水	系统	1	431.5	431.5	
16	031301017001	脚手架搭拆		1	196.31	196.31	
合计						12062.72	

表 6-12　　　　　　　　　　**工程计量申请（核准）表**

序号	编号	名称/部位	单位	承包人 申报数量	备注
1	031001001001	镀锌钢管	m	20.48	
	8-122	室内空调水镀锌钢管丝接 DN65 内	10m	2.048	
2	031001001002	镀锌钢管	m	11.5	
	8-121	室内空调水镀锌钢管丝接 DN50 内	10m	1.15	
3	031001001003	镀锌钢管	m	6	
	8-120	室内空调水镀锌钢管丝接 DN40 内	10m	0.6	
4	031001001004	镀锌钢管	m	31.1	
	8-119	室内空调水镀锌钢管丝接 DN32 内	10m	3.11	
5	031001001005	镀锌钢管	m	13.8	
	8-118	室内空调水镀锌钢管丝接 DN25 内	10m	1.38	
6	031001001006	镀锌钢管	m	57.81	
	8-117	室内空调水镀锌钢管丝接 DN20 内	10m	5.781	
7	031003001001	螺纹阀门	个	13	

序号	编号	名称/部位	单位	承包人申报数量	备注
7	8-527	螺纹阀 DN20 内	个	13	
8	031003008001	除污器（过滤器）	组	6	
	8-527	螺纹阀 DN20 内	个	6	
9	031005008001	集气罐	个	1	
	8-639	自动排气阀 DN20	个	1	
10	031003010001	软接头（软管）	个（组）	12	
	6-3025	金属软管安装（螺纹连接）DN20 内	个	12	
11	031003010002	软接头（软管）	个（组）	6	
	6-3025	金属软管安装（螺纹连接）DN20 内	个	6	
12	031002003001	套管	个	2	
	6-3013	一般穿墙套管制安 DN65 内	个	2	
13	031002003002	套管	个	2	
	6-3011	一般穿墙套管制安 DN32 内	个	2	
14	031002003003	套管	个	18	
	6-3010	一般穿墙套管制安 DN20 内	个	18	
15	031009002001	空调水工程系统调试	系统	1	
16	031301017001	脚手架搭拆		1	

　　通过例 6-1 和例 6-2 可以看出：各章节中就套用清单所形成的格式来看差距很大，由于所忽略的往往是清单和定额计价所区别的包含项目，所以导致很多清单项和定额计价项无区别，事实上安装工程工程清单和定额计价有些项的确一样。另外，清单项标注不清会造成很大误差，有些系数取费无法直接添加，需要转换。如系统调试含有的内容见图 6-23，输出表格往往不体现，工程计量审核表也体现不全，脚手架按规范是措施项目，使用程序时需要在工程项目栏通过取费精灵取费后粘贴到 031301017001。

图 6-23　输出所不能显示的内涵项

第七章 通风空调工程

第一节 工程简介

一、建筑通风

利用换气的方法,把室内被污染的空气直接或经过净化后排至室外,新鲜空气补充进室内,使室内环境符合卫生标准,满足人们生活或生产工艺要求的技术措施称为建筑通风。

把室内不符合卫生标准的空气直接或经处理后排出室外称为排风,把室外新鲜空气或经过处理的空气送入室内称为送风。排风和送风的设施总称为建筑通风系统。

二、建筑通风分类

建筑通风按系统作用范围不同分为局部通风和全面通风两种。局部通风是仅限于建筑内个别地点或局部区域,全面通风是对整个车间或房间进行的通风。

建筑通风按系统的工作压力分为自然通风和机械通风两种。

1. 自然通风及其方式

自然通风是借助于室外空气造成的风压和室内外空气由于温度不同而形成的热压使空气流动。

风压自然通风是在风压作用下,室外空气通过建筑迎风面上的门、窗、孔洞进入室内,室内空气通过背风面及侧面上的门、窗、孔洞排出室外。

热压自然通风是由于室内外空气温度不同造成密度不同从而形成的重力压差。在热作用下,室内空气从上部窗孔排出,室外空气则从下部门、窗、孔洞进入室内。另外还有同时利用风压和热压的自然通风;通过进风加热设备、排风加热设备的提升风力的管道式自然通风。

2. 机械通风

机械通风是依靠机械力(风机)强制空气流动的一种通风方式。机械通风分为局部机械通风和全面机械通风。

(1)局部机械通风。为了保证某一局部区域的空气环境,依靠机械力将新鲜空气直接送到这个局部区域,或者将污浊空气或有害气体直接从产生的地方抽出,防止其扩散到全室,这种通风系统称为局部机械通风系统。

(2)全面机械通风。全面机械通风就是依靠机械力将室内受污染的空气排除室内,或将室外新鲜空气送入整个室内,全面进行空气交换。

全面机械排风系统示意见图 7-1,这种系统设置于产生有害物的房间,进风则来自比较干净的邻室与该房间的自然进风。

全面机械送风加热系统示意见图 7-2,该系统通常把各种处理设备集中在一个专用的房间内,对进风进行过滤和热处理。

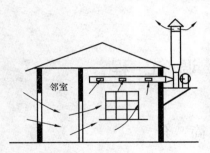

图 7-1　全面机械排风系统图

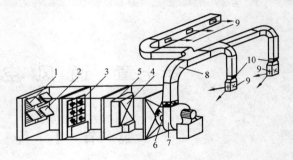

图 7-2　全面机械送风系统
1—百叶窗；2—保温阀；3—过滤器；4—空气加热器；
5—旁通阀；6—启动阀；7—风机；8—风道；9—送
风口；10—调节阀

三、通风空调工程常用设备及部件

（一）常用设备和构件

根据通风系统形式的不同，通风系统常用设备和构件而有所不同。自然通风只需进、排风窗及附属开关等简单装置。在机械通风和管道式自然通风系统中，则需要较多的设备和构件。

1. 室内送、排风口

室内送风口是在送风系统中把风道输送来的空气以适当的速度分配到各指定地点的风道末端装置。

室内排风口是把室内被污染的空气通过排风口进入排风管道。

室内送、排风口的种类很多，比较常用的有简单的送风口和百叶式风口。

风道制作材料有薄钢板、硬聚氯乙烯塑料板、胶合板、纤维板、矿渣石膏板、砖和土等，截面有圆形和矩形两种。

2. 阀门

阀门安装在通风系统的风道上，用以关闭风道、风口和调节风量。常用的阀门有闸板阀、防火阀、蝶阀和调节阀等。

3. 风机

风机是机械通风系统和空调工程中必需的动力设备。按风机的作用原理分为离心式、轴流式和贯流式三类。

4. 散流器

散流器是空调房间中装在顶棚上的一种送风口，其作用是使气流从风口向四周辐射状射出、诱导室内空气与射流迅速混合。散流器送风分平送和下送两种方式。

另外，在空调房间除设散流器送风外，还有孔板送风、喷口送风、回风口等。孔板材料可采用胶合板、硬质塑料板和铝板等。回风口通常设在间的下部，孔口上一般要装设金属网，以防杂物吸入。

5. 消声减振器具

设于空调机房和制冷机房内的风机、水泵、压缩机等在运行中会产生噪声和振动，将影响人们的生活或工作。为此，需采取消声减振措施。

（1）消声器常用的消声器有阻性消声器、共振性消声器、抗性消声器和宽频带复合消声器等。

（2）减振器有压缩型、剪切型、复合型等，风机减振器安装在基础型钢上。

（二）空调装置

1．空调箱

空调箱是集中设置各种空气处理设备的专用小室或箱体。空调箱外壳可用钢板或非金属材料制成。

2．室外进、排风装置

进风装置一般由进风口、风道，以及在进口处装设木制或薄钢板制百叶窗组成。

3．空调机组

（1）风机盘管机组。风机盘管机组由低噪声风机、盘管、过滤器、室温调节器和箱体等组成，其形式有立式和卧式两种。风机盘管机组由电动机、盘管、凝水盘、空气过滤器、出风格栅、控制器（电动阀）和箱体组成。

（2）局部空调机组。空调机组是把空调系统（含冷源、热源）的全部设备或部分设备配套组装而成的整体。空调机组分为柜式和窗式两类。

第二节　工 程 识 图

一、通风空调工程施工图

通风空调工程施工图由施工图纸、施工图预算、设计说明、设备材料表和会审纪要等组成。施工图纸上标明施工内容、设备、管道、风口等布置位置、设备和附件安装要求和尺寸、管材材质和管道类型、规格及尺寸、风口类型及安装要求等。对于图纸不能直接表达的内容，一般在设计说明中阐明。如设计依据、质量标准、施工方法、材料要求等。因此，通风空调工程施工图是工程量计算和工程施工的依据。

通风空调工程施工图是按照国家颁布的、通用的图形符号绘制而成。通风空调工程常用图例见表 7-1。

二、通风空调工程施工图识读

通风空调工程施工图一般包括平面布置图、剖面图、系统图和设备、风口等安装详图。

1．平面布置图

通风空调工程平面布置图主要表明通风管道平面位置、规格、尺寸，管道上风口位置、数量、风口类型，回风道和送风道位置，空调机、通风机等设备布置位置、类型，消声器、温度计等安装位置等。

2．剖面图

剖面图表明通风管道安装位置、规格、安装标高，风口安装位置、标高、类型、数量、规格、空调机、通风机等设备安装位置、标高及与通风管道的连接，送风道、回风道位置等。

3．系统图

通风系统图表明通风支管安装标高、走向、管道规格、支管数量，通风立管规格、出屋面高度等，风机规格型号、安装方式等。

4. 详图

通风空调详图包括风口大样图、通风机减震台座平面图和剖面图等。

风口大样图主要表明风口尺寸、安装尺寸、边框材质、固定方式、固定材料、调节板位置、调节间距等。

通风机减震台座平面图表明台座材料类型、规格、布置尺寸，剖面图表明台座材料、规格（或尺寸）、施工安装要求方式等。

5. 设计说明

通风空调工程施工图设计说明表明风管采用材质、规格、防腐和保温要求，通风机等设备采用类型、规格，风管上阀件类型、数量、要求，风管安装要求，通风机等设备基础要求等。

6. 设备材料表

设备材料表表明主要设备类型、规格、数量、生产厂家，部件类型规格、数量等。

表 7-1 通风空调工程常用图例

序号	名称	图例	附注
1	砌筑风、烟道	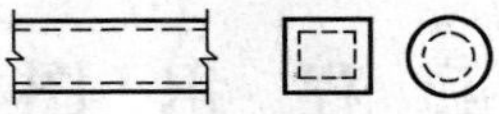	其余均为 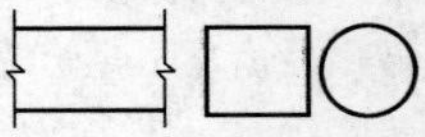
2	带导流片弯头	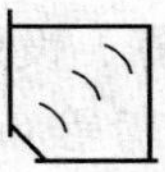	
3	消声器 消声弯管	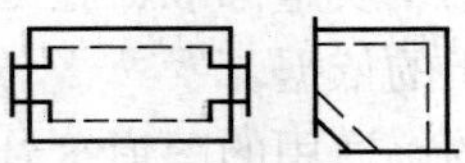	也可表示为 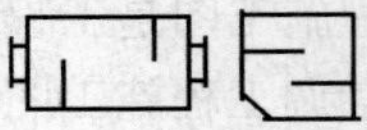
4	插板阀	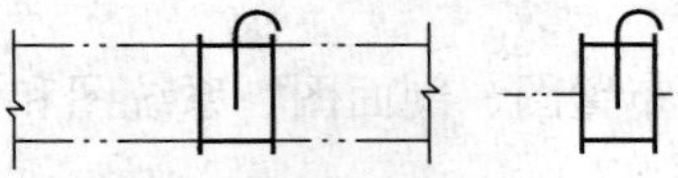	
5	天圆地方	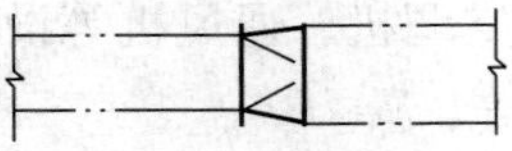	左接矩形风管，右接圆形风管
6	蝶阀	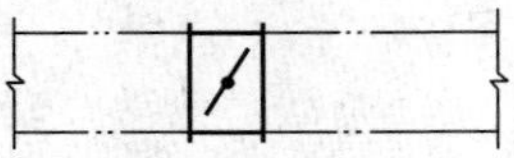	

序号	名称	图　　例	附　注
7	对开多叶调节阀		左为手动，右为电动
8	风管止回阀		
9	三通调节阀		
10	防火阀	70℃	表示70℃动作的常开阀。若因图面小，可表示为 70℃,常开
11	排烟阀	280℃　　280℃	左为280℃动作的常闭阀，右为常开阀。若因图面小，表示方法同上
12	软接头	~	也可表示为
13	软管		或光滑曲线（中粗）
14	风口（通用）	或	
15	气流方向		左为通用表示法，中表示送风，右表示回风
16	百叶窗		

续表

序号	名称	图　例	附　注
17	散流器		左为矩形散流器，右为圆形散流器。散流器为可见时，虚线改为实线
18	检查孔 测量孔		
19	轴流风机	或	
20	离心风机		左为左式风机，右为右式风机
21	水泵		左侧为进水，右侧为出水
22	空气加热、 冷却器		左、中分别为单加热、单冷却，右为双功能换热装置
23	板式换热器		
24	空气过滤器		左为粗效，中为中效，右为高效
25	电加热器		

序号	名称	图 例	附 注
26	加湿器		
27	挡水板		
28	窗式空调器		
29	分体空调器		
30	风机盘管		可标注型号，如 FP-5
31	减振器		左为平面图画法，右为剖面图画法

第三节 定 额 的 编 制

一、定额主要内容及编制依据

《通用安装工程消耗量定额 第七册 通风空调工程》（简称通风定额）适用于通风空调设备及部件制作安装，通风管道制作安装，通风管道部件制作安装工程。

编制时主要依据了以下标准规范：

(1)《钢结构设计规范》（GB 50019—2003）；

(2)《采暖通风与空气调节设计规范》（GB 50243—2002）；

(3)《通风与空调工程施工质量验收规范》（GB 50243—2002）；

(4)《通用安装工程工程量计量规范》（GB 50856—2013）；

(5)《通风管道技术规程》（JGJ 141—2004）；

(6)《全国统一安装工程预算定额通风空调工程》（GYD 209—2000）；

(7)《建设工程劳动定额安装工程》（LD/T74.1～4—2008）；

(8)《风机盘管安装》[01（03）K403]；

(9)《风阀选用与安装》（07K120）；

(10)《金属、非金属风管支吊架》（08K132）；

(11)《暖通空调设计选用手册》（1999 年中国建筑标准设计研究所出版）。

二、本册定额与其他册定额的关系

(1) 通风设备、除尘设备为专供通风工程配套的各种风机及除尘设备。其他工业用风机（如热力设备用风机）及除尘设备安装执行《通用安装工程消耗量定额 第一册 机械设备安装工程》《通用安装工程消耗量定额 第二册 热力设备安装工程》相应项目。

(2) 空调系统中管道配管执行《通用安装工程消耗量定额 第十册 给排水、采暖、燃气工程》相应项目，制冷机房、锅炉房管道配管执行《通用安装工程消耗量定额 第八册工业管道工程》相关项目。

（3）管道及支架的除锈、油漆，管道的防腐蚀、绝热等内容，执行《通用安装工程消耗量定额　第十二册　刷油、防腐蚀、绝热工程》相关项目。

1）薄钢板风管刷油按其工程量执行相应项目，仅外（或内）面刷油定额乘以系数1.20，内外均刷油定额乘以系数1.10（其法兰加固框、吊托支架已包括在此系数内）。

2）薄钢板部件刷油按其工程量执行金属结构刷油项目，定额乘以系数1.15。

3）未包括在风管工程量内而单独列项的各种支架（不锈钢吊托支架除外）的刷油按其工程量执行相应项目。

4）薄钢板风管、部件以及单独列项的支架，其除锈不分锈蚀程度，均按其第一遍刷油的工程量，执行《通用安装工程消耗量定额　第十二册　刷油、防腐蚀、绝热工程》中除轻锈的项目。

（4）安装在支架上的木衬垫或非金属垫料，发生时按实计入成品材料价格。

三、可按系数分别计取的费用

（1）系统调整费。按系统工程人工费7％计取，其费用中人工费占35％。包括漏风量测试和漏光法测试费用。

（2）脚手架搭拆费。按定额人工费的4％计算，其费用中人工费占35％。

（3）操作高度增加费。操作物高度是按距离楼地面6m考虑的，超过6m时，超过部分工程量按定额人工费乘以系数1.2计取。

（4）建筑物超高增加费。指高度在6层或20m以上的工业与民用建筑物上进行安装时增加的费用（不包括地下室），按表7-2计算，其费用中人工费占65％。

表 7-2　　　　　　　　　　　　建筑物超高增加费

建筑物檐高（m）	≤40	≤60	≤80	≤100	≤120	≤140	≤160	≤180	≤200
建筑层数（层）	≤12	≤18	≤24	≤30	≤36	≤42	≤48	≤54	≤60
按人工费的百分比（%）	2	5	9	14	20	26	32	38	44

（5）定额中制作和安装的人工、材料、机械比例见表7-3。

表 7-3　　　　　　　　定额中人工、材料、机械制作与安装比例划分

序号	项目	制作（%）			安装（%）		
		人工	材料	机械	人工	材料	机械
1	空调部件及设备支架制作安装	86	98	95	14	2	5
2	镀锌薄钢板法兰通风管道制作安装	60	95	95	40	5	5
3	镀锌薄钢板共板法兰通风管道制作安装	40	95	95	60	5	5
4	薄钢板法兰通风管道制作安装	60	95	95	40	5	5
5	净化通风管道及部件制作安装	40	85	95	60	15	5
6	不锈钢板通风管道及部件制作安装	72	95	95	28	5	5
7	铝板通风管道及部件制作安装	68	95	95	32	5	5
8	塑料通风管道及部件制作安装	85	95	95	15	5	5

续表

序号	项目	制作（%）			安装（%）		
		人工	材料	机械	人工	材料	机械
9	复合型风管制作安装	60	—	99	40	100	1
10	风帽制作安装	75	80	99	25	20	1
11	罩类制作安装	78	98	95	22	2	5

第四节　定额的应用

一、通风空调设备及部件制作安装工程量计算

内容包括空气加热器（冷却器），除尘设备，空调器，多联体空调机室外机，风机盘管，空气幕，VAV变风量末端装置、分段组装式空调器，钢板密闭门，钢板挡水板，滤水器、溢水盘制作、安装，金属壳体制作、安装，过滤器、框架制作、安装，净化工作台、风淋室，通风机，设备支架制作、安装。

（一）消耗量定额有关说明

（1）通风机安装子目内包括电动机安装，其安装形式包括A、B、C、D型，适用于碳钢、不锈钢和塑料通风机安装。

（2）诱导器安装使用风机盘管安装项目。

（3）VRV系统的室内机按安装方式执行风机盘管子目，应扣除膨胀螺栓。

（4）空气幕的支架制作安装执行设备支架子目。

（5）VAV变风量末端装置适用单风道变风量末端和双风道变风量末端装置，风机动力型变风量末端装置人工乘以系数1.1。

（6）洁净室安装执行分段组装式空调器安装子目。

（7）玻璃钢和PVC挡水板执行钢板挡水板安装子目。

（8）低效过滤器是指M-A型、WL型、LWP型等系列。

（9）中效过滤器是指ZKL型、YB型、M型、ZX-1型等系列。

（10）高效过滤器是指GB型、GS型、JX-20型等系列。

（11）净化工作台指XHK型、BZK型、SXP型、SZP型、SZX型、SW型、SZ型、SXZ型、TJ型、CJ型等系列。

（12）清洗槽、浸油槽、晾干架、LWP滤尘器支架制作安装执行设备支架子目。

（13）通风空调设备的电气接线执行《通用安装工程消耗量定额　第四册　电气设备安装工程》相应项目。

（二）工程量计算规则

（1）空气加热器（冷却器）安装按设计图示数量计算，以"台"为计量单位。

（2）除尘设备安装按设计图示数量计算，以"台"为计量单位。

（3）整体式空调机组、空调器安装（一拖一分体空调以室内机、室外机之和）按设计图示数量计算，以"台"为计量单位。

（4）组合式空调机组安装依据设计风量，按设计图示数量计算，以"台"为计量单位。

（5）多联体空调机室外机安装依据制冷量，按设计图示数量计算，以"台"为计量

单位。

（6）风机盘管安装按设计图示数量计算，以"台"为计量单位。

（7）空气幕安装按设计图示数量计算，以"台"为计量单位。

（8）VAV 变风量末端装置安装按设计图示数量计算，以"台"为计量单位。

（9）分段组装式空调器安装按设计图示质量计算，以"kg"为计量单位。

（10）钢板密闭门按设计图示数量计算，以"个"为计量单位。

（11）挡水板制作安装按设计图示尺寸以空调器断面面积计算，以"m²"为计量单位。

（12）滤水器、溢水盘、电加热器外壳、金属空调器壳体制作安装按设计图示尺寸以质量计算，以"kg"为计量单位。非标准部件制作安装按成品质量计算。

（13）高、中、低效过滤器安装、净化工作台、风淋室安装按设计图示数量计算，以"台"为计量单位。

（14）过滤器框架制作按设计图示尺寸以质量计算，以"kg"为计量单位。

（15）通风机安装依据不同形式、规格按设计图示数量计算，以"台"为计量单位。风机箱安装。按设计图示数量计算，以"台"为计量单位。

（16）设备支架制作安装按设计图示尺寸以质量计算，以"kg"为计量单位。

二、通风管道制作安装工程量计算

内容包括镀锌薄钢板法兰风管制作、安装，镀锌薄钢板共板法兰风管制作、安装，薄钢板法兰风管制作、安装，镀锌薄钢板矩形净化风管制作、安装，不锈钢板风管制作、安装，铝板风管制作、安装，塑料通风管制作、安装，玻璃钢风管安装，复合型风管制作、安装，柔性软风管安装，弯头导流叶片等。

（一）消耗量定额有关说明

（1）薄钢板风管整个通风系统设计采用渐缩管均匀送风者，圆形风管按平均直径、矩形风管按平均周长参照相应规格子目，其人工乘以系数 2.5。

（2）如制作空气幕送风管时，按矩形风管平均周长执行相应风管规格子目，其人工乘以系数 3，其余不变。

（3）镀锌薄钢板风管子目中的板材，如设计要求厚度不同者可以换算，但人工、机械消耗量不变。

（4）风管导流叶片不分单叶片和香蕉形双叶片，均使用同一项目。

（5）薄钢板通风管道、净化通风管道、玻璃钢通风管道、复合型风管制作安装子目中，包括弯头、三通、变径管、天圆地方等管件的安装及法兰、加固框和吊托架的制作安装，不包括过跨风管落地支架，落地支架制作安装执行通风定额第一章相关项目。

（6）薄钢板风管子目中的板材是按镀锌薄钢板编制的，如设计要求不用镀锌薄钢板时，板材可以换算，其他不变。

（7）净化风管、不锈钢板风管、铝板风管、塑料风管子目中的板材，如设计要求厚度不同者可以换算，但人工、机械消耗量不变。

（8）净化圆形风管制作安装执行通风定额第二章相关项目。

（9）净化风管涂密封胶是按全部口缝外表面涂抹考虑。如设计要求口缝不涂抹而只在法兰处涂抹者，每 10m² 风管应减去密封胶 1.5kg 和一般技工 0.37 工日。

（10）净化风管及部件制作安装子目中，型钢未包括镀锌费，如设计要求镀锌时，应另加镀锌费。

（11）净化通风管道子目按空气洁净度100000级编制。

（12）不锈钢板风管咬口连接制作安装执行本章镀锌薄钢板风管法兰连接子目。

（13）不锈钢板风管、铝板风管制作安装子目中包括管件，但不包括法兰和吊托支架；法兰和吊托支架应按本定额相应项目单独列项计算。

（14）塑料风管、复合型风管制作安装子目规格表示的直径为内径，周长为内周长。

（15）塑料风管制作安装子目中包括管件、法兰、加固框，但不包括吊托支架制作安装，吊托支架执行通风定额第一章相关项目。

（16）塑料风管制作安装子目中的法兰垫料如与设计要求使用品种不同时可以换算，但人工消耗量不变。

（17）塑料通风管道胎具材料摊销费的计算方法。塑料风管管件制作的胎具摊销材料费，未包括在内，按以下规定另行计算：

1）风管工程量在30m²以上的，每10m²风管的胎具摊销木材为0.06m²，按材料价格计算胎具材料摊销费。

2）风管工程量在30m²以下的，每10m²风管的胎具摊销木材为0.09m²，按材料价格计算胎具材料摊销费。

（18）玻璃钢风管及管件以图示工程量加损耗计算，按外加工订做考虑。

（19）软管接口如使用人造革而不使用帆布时可以换算。

（20）子目中的法兰垫料按橡胶板编制，如与设计要求使用材料品种不同时可以换算，但人工消耗量不变。使用泡沫塑料者每1kg橡胶板换算为泡沫塑料0.125kg；使用闭孔乳胶海绵者每1kg橡胶板换算为闭孔乳胶海绵0.5kg。

（21）柔性软风管适用于由金属、涂塑化纤织物、聚酯、聚乙烯、聚氯乙烯薄膜、铝箔等材料制成的软风管。

（二）工程量计算规则

（1）薄钢板风管、净化风管、不锈钢风管、铝板风管、塑料风管、玻璃钢风管、复合型风管按设计图示规格以展开面积计算，以"m²"为计量单位。不扣除检查孔、测定孔、送风口、吸风口等所占面积。风管展开面积不计算风管、管口重叠部分面积。

（2）薄钢板风管、净化风管、不锈钢风管、铝板风管、塑料风管、玻璃钢风管、复合型风管长度计算时均以设计图示中心线长度（主管与支管以其中心线交点划分），包括弯头、变径管、天圆地方等管件的长度，不包括部件所占长度。

（3）柔性软风管安装按设计图示中心线长度计算，以"m"为计量单位；柔性软风管阀门安装按设计图示数量计算，以"个"为计量单位。

（4）弯头导流叶片制作安装按设计图示叶片的面积计算，以"m²"为计量单位。

（5）软管（帆布）接口制作安装按设计图示尺寸，以展开面积计算，以"m²"为计量单位。

（6）风管检查孔制作安装按设计图示尺寸质量计算，以"kg"为计量单位。

（7）温度、风量测定孔制作安装依据其型号，按设计图示数量计算，以"个"为计量单位。

三、通风管道部件制作安装工程量计算

内容包括碳钢调节阀安装,柔性软风管阀门安装,碳钢风口安装,不锈钢风口安装、法兰、吊托支架制作、安装,塑料散流器安装,塑料空气分布器安装,铝制孔板口安装,碳钢风帽制作、安装,塑料风帽、伸缩节制作、安装,铝板风帽、法兰制作、安装,玻璃钢风帽安装,罩类制作、安装,塑料风罩制作、安装,消声器安装,消声静压箱安装,静压箱制作、安装,人防排气阀门安装,人防手动密闭阀门安装,人防其他部件制作、安装。

（一）消耗量定额有关说明

（1）电动密闭阀安装执行手动密闭阀子目,人工乘以系数 1.05。

（2）手（电）动密闭阀安装子目包括一副法兰,两幅法兰螺栓及橡胶石棉垫圈。如为一侧接管时,人工乘以系数 0.6,材料乘以系数 0.5。不包括吊托支架制作与安装,如发生按通风定额第一章相关项目另行计算。

（3）碳钢百叶风口安装子目适用于带调节板活动百叶风口、单层百叶风口、双层百叶风口、三层百叶风口、连动百叶风口、135 型单层百叶风口、135 型双层百叶风口、135 型带导流叶片百叶风口、活动金属百叶风口。风口的宽与长之比小于或等于 0.125 为条缝形风口,执行百叶风口子目,人工乘以系数 1.1。

（4）密闭式对开多叶调节阀与手动式对开多调节阀执行同一子目。

（5）蝶阀安装子目适用于圆形保温蝶阀,方、矩形保温蝶阀,圆形蝶阀,方、矩形蝶阀,风管止回阀安装子目适用于圆形风管止回阀,方形风管止回阀。

（6）铝合金或其他材料制作的调节阀安装应执行通风定额第三章相关项目。

（7）碳钢散流器安装子目适用于圆形直片散流器、方形直片散流器、流线型散流器。

（8）碳钢送吸风口安装子目适用于单面送吸风口、双面送吸风口。

（9）铝合金风口安装应执行碳钢风口子目,人工乘以系数 0.90。

（10）铝制孔板风口如需电化处理时,其费用另计。

（11）其他材质和形式的排气罩制作安装可执行通风定额第三章中相近的子目。

（12）管式消声器安装适用于各类管式消声器。

（13）静压箱吊托支架执行设备支架子目。

（14）手摇（脚踏）电动两用风机安装,其支架按与设备配套编制,若自行制作,按通风定额第一章相关项目另行计算。

（15）排烟风口吊托支架执行通风定额第一章相关项目。

（16）除尘过滤器、过滤吸收器安装子目不包括支架制作安装,其支架制作安装执行通风定额第一章相关项目。

（17）探头式含磷毒气报警器安装包括探头固定数和三角支架制作安装,报警器保护按建筑预留考虑。

（18）γ射线报警器探头安装孔子目按钢套管编制,地脚螺栓（M12×200,6 个）按与设备配套编制。包括安装孔孔底电缆穿管,但不包括电缆敷设。如设计电缆穿管长度大于0.5m,超过部分另外执行相应子目。

（19）密闭穿墙管子目填料按油麻丝、黄油封堵考虑,如填料不同,不作调整。

（20）密闭穿墙管制作安装分类。Ⅰ型为薄钢板风管直接浇入混凝土墙内的密闭穿墙管;Ⅱ型为取样管用密闭穿墙管;Ⅲ型为薄钢板风管通过套管穿墙的密闭穿墙管。

（21）密闭穿墙管按墙厚 0.3m 编制，如与设计墙厚不同，管材可以换算，其余不变；Ⅲ型穿墙管项目不包括风管本身。

（二）工程量计算规则

（1）碳钢调节阀安装依据其类型、周长（方形）或直径（圆形），按设计图示数量计算，以"个"为计量单位。

（2）柔性软风管阀门安装按设计图示数量计算，以"个"为计量单位。

（3）碳钢各种风口、散流器的安装依据类型、规格尺寸按设计图示数量计算，以"个"为计量单位。

（4）钢百叶窗及活动金属百叶风口安装依据规格尺寸按设计图示数量计算，以"个"为计量单位。

（5）塑料通风管道柔性接口及伸缩节制作安装应依连接方式按设计图示尺寸以展开面积计算，以"m²"为计量单位。

（6）塑料通风管道分布器、散流器的制作安装按其成品质量，以"kg"为计量单位。

（7）塑料通风管道风帽、罩类的制作按其质量，以"kg"为计量单位；非标准罩类制作安装按成品质量以"kg"为计量单位。罩类为成品安装时制作不再计算。

（8）不锈钢板风管吊托支架制作安装按设计图示尺寸以质量计算，以"kg"为计算单位。

（9）不锈钢板风管圆形法兰制作按设计图示尺寸以质量计算，以"kg"为计量单位。

（10）铝板圆伞形风帽、铝板风管圆、矩形法兰制作按设计图示尺寸以质量计算，以"kg"为计量单位。

（11）碳钢风帽的制作安装均按其质量以"kg"为计量单位；非标准风帽制作安装按成品质量以"kg"为计量单位。风帽为成品安装时制作不再计算。

（12）碳钢风帽筝绳制作安装按设计图示规格长度以质量计算，以"kg"为计量单位。

（13）碳钢风帽泛水制作安装按设计图示尺寸以展开面积计算，以"m²"为计量单位。

（14）碳钢风帽滴水盘制作安装按设计图示尺寸以质量计算，以"kg"为计量单位。

（15）玻璃钢风帽安装依据成品质量按设计图示数量计算，以"kg"为计量单位。

（16）罩类的制作安装均按其质量，以"kg"为计量单位；非标准罩类制作按成品质量，以"kg"为计量单位。罩类为成品安装时制作不再计算。

（17）微穿孔板消声器、管式消声器、阻抗式消声器成品安装按设计图示数量计算，以"节"为计量单位。

（18）消声弯头安装按设计图示数量计算，以"个"为计量单位。

（19）消声静压箱安装按设计图示数量计算，以"个"为计量单位。

（20）静压箱制作安装按设计图示尺寸以展开面积计算，以"m²"为计量单位。

（21）人防通风机安装按设计图示数量计算，以"个"为计量单位。

（22）人防各种调节阀制作安装按设计图示数量计算，以"个"为单位。

（23）LWP 型滤尘器制作安装按设计图示尺寸以面积计算，以"m²"为计量单位。

（24）探头式含磷毒气及 γ 射线报警器安装按设计图示数量计算，以"台"为计量单位。

（25）过滤吸收器、预滤器、除湿器等安装按设计图示数量计算，以"台"为计量单位。

（26）密闭穿墙管制作安装按设计图示数量计算，以"个"为计量单位。密闭穿墙管填塞设计图示数量计算，以"个"为计量单位。

（27）测压装置安装按设计图示数量计算，以"套"为计量单位。

（28）换气堵头安装按设计图示数量计算，以"个"为计量单位。

（29）波导窗安装按设计图示数量计算，以"个"为计量单位。

第五节　施工图预算编制实例

【例 7-1】　某办公楼空调风管路施工图预算例题

（一）采用定额

本例为山东省某市某办公楼（部分房间）空调用风管路清单，采用《青岛市 2016 省价目表》《山东省安装工程消耗量定额（2003 年出版）》《2013 年清单计价计量规范》为计算依据。因《通用安装工程消耗量定额》（编号为 TY02-31-2015）暂无配套价目表，尽管定额中的编号发生了变化，但并不影响学习，现在的清单都离不开程序，只是程序简单的选择问题。

（二）工程概况

（1）本工程风管采用镀锌铁皮，咬口连接。其中：矩形风管 200mm×120mm，镀锌铁皮 $\delta=0.50$mm；矩形风管 320mm×250mm，镀锌铁皮 $\delta=0.75$mm；矩形风管 630mm×250mm、1000mm×200mm、1000mm×250mm，镀锌铁皮 $\delta=1.00$mm。

（2）图中密闭对开多叶调节阀、风量调节阀、铝合金百叶送风口、铝合金百叶回风口、阻抗复合消声器均按成品考虑。

（3）风机盘管采用卧式暗装（吊顶式），主风管（1000×250）上均设温度测定孔和风量测定孔各一个。

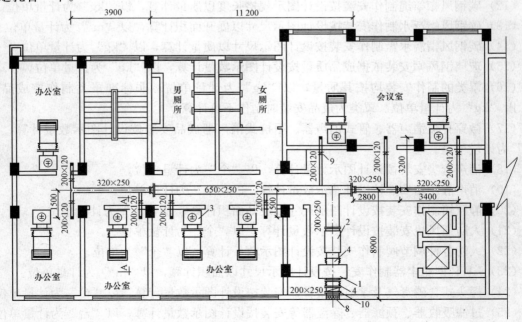

图 7-3　某办公楼部分房间空调风管路平面图

（4）暂不计管道刷油、保温、高层建筑增加费等内容。

（5）未尽事宜均参照有关标准或规范执行。

（6）图中标高以 m 计，其余以 mm 计。

（7）本例题图见图 7-3～图 7-5。

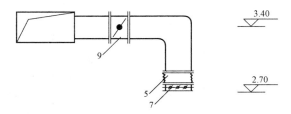

图 7-4　新风支管安装图示

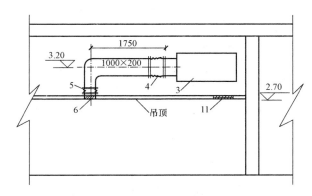

图 7-5　风机盘管连接管安装图示 *A-A*

1—新风机组 DBK 型［1000mm×700mm（*H*）］；2—消声器［1760mm×800mm（*H*）］；
3—风机盘管；4—帆布软管（长 300mm）；5—帆布软管（长 200mm）；6—铝合金双层百叶送风口
（1000mm×200mm）；7—铝合金双层百叶送风口（200mm×120mm）；8—防雨单层百叶回风口
（带过滤网）（1000mm×250mm）；9—风量调节阀（长 200mm）；10—密闭对开多叶调节阀（长
200mm）；11—铝合金回风口（400mm×250mm）

（三）题解

1. 工程量计算

工程量计算书见表 7-4。

表 7-4　　　　　　　　　　　　　　　　　**工程量计算书**

工程名称：某办公楼空调风管路预算例题　　　年　月　日　　　　　　　　　共　页　第　页

序号	分部分项工程名称	单位	工程量	计算公式
1	镀锌钢板（咬口）$\delta=0.5$mm	m²	14.66	200×120（mm）
				$L=3.40+[3.20-0.20+(3.40-0.20-2.70)]\times 3$ $+[1.50-0.20+(3.40-0.20-2.70)]\times 5=22.90$
				$S=(0.20+0.12)\times 2\times 22.90=14.66$
2	镀锌钢板（咬口）$\delta=0.75$mm	m²	7.64	320×250(mm)
				$L=2.80+3.90=6.70$

序号	分部分项工程名称	单位	工程量	计算公式
3	镀锌钢板(咬口)δ=1.0mm	m²	33.06	$S=(0.32+0.25)\times2\times6.70=7.64$
				$630\times250(mm)$
				$L=11.20$
				$S=(0.63+0.25)\times2\times11.20=19.71$
				$1000\times250(mm)$
				$L=8.90-0.20-0.30-1.00-0.30-1.76=5.34$
				$S=(1.00+0.25)\times2\times5.34=13.35$
4	风机盘管连接管(咬口)δ=1.0mm	m²	29.40	$1000\times200(mm)$
				$L=[1.75-0.30+(3.20-0.20-2.70)]\times7=12.25$
				$S=(1+0.20)\times2\times12.25=29.40$
5	DBK 型新风机组(5000m³/h)/0.4t	台	1	
6	阻抗复合式消声器(T-701-6 型)	台	1	
7	风机盘管暗装(吊顶式)	台	7	
8	密闭对开多叶调节阀安装 (周长 2500mm)	个	1	
9	风量调节阀安装(周长 640mm)	个	8	
10	铝合金百叶送风口安装(周长 640mm)	个	8	
11	铝合金百叶送风口安装(周长 2400mm)	个	7	
12	铝合金百叶回风口安装(周长 1300mm)	个	7	
13	防雨百叶回风口(带过滤网)安装 (周长 2500mm)	个	1	
14	帆布软管制作安装	m²	10.92	$1000\times250\times300(mm)$
				$S=[(1.00+0.25)\times2\times0.30]\times2=1.5$
				$1000\times200\times300(mm)$
				$S=[(1.00+0.20)\times2\times0.30]\times7=5.04$
				$1000\times200\times200(mm)$
				$S=[(1.00+0.20)\times2\times0.20]\times7=3.36$
				$200\times120\times0.20(mm)$
				$S=[(0.20+0.12)\times2\times0.20]\times8=1.02$
15	温度测定孔	个	1	
16	风量测定孔	个	1	

注　L—风管长度，m；S—风管面积，m²。

2. 清单及其输出表格

说明：设备费用需要另加，在本例中附加了新风机组的价格，其他设备没有增加，以此帮助大家学习。详见表 7-5～表 7-7。

表 7-5

单位工程竣工结算汇总表

序号	汇总内容	计算公式	费率	金额（元）	其中：暂估价(元)
1	分部分项工程费			19599.73	
2	规费前合计	19599.73＋0＋0		19599.73	
3	规费	(853.48)＋(51.11)＋(215.52)＋(20.44)＋(258.94)		1399.49	
3.1	安全文明施工费	(49.4)＋(100.51)＋(299.83)＋(403.74)		853.48	
3.2	工程排污费	19599.73－2564.10＋0	0.30%	51.11	
3.3	住房公积金	5671.57＋0	3.80%	215.52	
3.4	危险作业意外伤害保险	19599.73－2564.10＋0	0.12%	20.44	
3.5	社会保障费	19599.73－2564.10＋0	1.52%	258.94	
4	税金	19599.73＋1399.49－0－0	11%	2309.91	
5	甲供税差	0－0＋0－0			
6	设备费调差	0			
	合计			23309.13	

表 7-6

分部分项工程和单价措施项目清单与计价表

序号	项目编码	项目名称 项目特征	计量单位	工程数量	综合单价	合价	其中：暂估价
1	030702001001	碳钢通风管道 1. 名称：风管 2. 材质：镀锌钢板 0.5 3. 形状：矩形 4. 规格：200×120 5. 板材厚度：0.5mm 以内 6. 管件、法兰等附件及支架设计要求： 7. 接口形式：咬口	m²	14.66	51.92	761.15	
2	030702001002	碳钢通风管道 1. 名称：风管 2. 材质：镀锌钢板 3. 形状：矩形 4. 规格：320×250 5. 板材厚度：0.8mm 以内 6. 管件、法兰等附件及支架设计要求： 7. 接口形式：咬口	m²	7.64	53.51	408.82	

序号	项目编码	项目名称 项目特征	计量单位	工程数量	金额（元）		其中：暂估价
					综合单价	合价	
3	030702001003	碳钢通风管道 1. 名称：风管 2. 材质：镀锌钢板 3. 形状：矩形 4. 规格：630×250 5. 板材厚度：1.0mm 以内 6. 管件、法兰等附件及支架设计要求： 7. 接口形式：咬口	m²	33.06	57.49	1900.62	
4	030702001004	碳钢通风管道 1. 名称：风管 2. 材质：镀锌钢板 3. 形状：矩形 4. 规格：1000×200 5. 板材厚度：1.0mm 以内 6. 管件、法兰等附件及支架设计要求： 7. 接口形式：咬口	m²	29.4	70.79	2081.23	
5	030701003001	空调器 1. 名称：新风机组 2. 型号：DBK 3. 规格：5000m³/h 4. 安装形式：吊顶装 5. 质量：5000m³/0.3t 以内 6. 隔振垫（器）、支架形式、材质：钢	台（组）	1	3457	3457	
6	030703020001	消声器 1. 名称：阻抗复合消声器 2. 规格：T701-6 3. 材质： 4. 形式：3 号 5. 质量： 6. 支架形式、材质：吊架	个	1	3444.7	3444.7	
7	030701004001	风机盘管 1. 名称：风机盘管 2. 型号： 3. 规格： 4. 安装形式： 5. 减振器、支架形式、材质： 6. 试压要求：	台	7	296.95	2078.65	

续表

序号	项目编码	项目名称 项目特征	计量 单位	工程 数量	金额(元)		
					综合单价	合价	其中: 暂估价
8	030703001001	碳钢阀门 1. 名称:密闭对开多叶调节阀 2. 型号: 3. 规格:1000×200 4. 质量: 5. 类型: 6. 支架形式、材质:	个	1	318.69	318.69	
9	030703001002	碳钢阀门 1. 名称:密闭对开多叶调节阀 2. 型号: 3. 规格:640 4. 质量: 5. 类型: 6. 支架形式、材质:	个	8	57.21	457.68	
10	030703011001	铝及铝合金风口、散流器 1. 名称:铝合金百叶送风口 2. 型号: 3. 规格:800mm 以内 4. 类型: 5. 形式:	个	8	45.63	365.04	
11	030703011002	铝及铝合金风口、散流器 1. 名称:铝合金百叶送风口 2. 型号: 3. 规格:2400mm 以内 4. 类型: 5. 形式:	个	7	231.1	1617.7	
12	030703011003	铝及铝合金风口、散流器 1. 名称:铝合金百叶送风口 2. 型号: 3. 规格:1300mm 以内 4. 类型: 5. 形式:	个	7	112.19	785.33	
13	030703011004	铝及铝合金风口、散流器 1. 名称:防雨百叶 2. 型号: 3. 规格:2500mm 以内 4. 类型: 5. 形式:	个	1	270.27	270.27	

序号	项目编码	项目名称 项目特征	计量 单位	工程 数量	金额（元）		
					综合单价	合价	其中： 暂估价
14	030702008001	柔性软风管 1. 名称：帆布软接 2. 材质：柔性软风管 3. 规格： 4. 风管接头、支架形式、材质：	m/节	10.92	78.43	856.46	
15	030702011001	温度、风量测定孔 1. 名称：温度风量测定 2. 材质： 3. 规格：孔 4. 设计要求：	个	2	18.87	37.74	
16	030704001001	通风工程检测、调试 风管工程量：	系统	1	758.65	758.65	
合计						19599.73	

表 7-7   **工程计量申请（核准）表**

序号	编号	名称/部位	单位	承包人 申报数量	备注
1	030702001001	碳钢通风管道	m²	14.66	
	9-5h	镀锌钢板矩形风管 δ0.5 内/安装/制作（人工×0.24）（材料×0.05）（机械×0.05）	10m²	1.466	
2	030702001002	碳钢通风管道	m²	7.64	
	9-6h	镀锌钢板矩形风管 δ0.8 内/安装/制作（人工×0.24）（材料×0.05）（机械×0.05）	10m²	0.764	
3	030702001003	碳钢通风管道	m²	33.06	
	9-7h	镀锌钢板矩形风管 δ1.0 内/安装/制作（人工×0.24）（材料×0.05）（机械×0.05）	10m²	3.306	
4	030702001004	碳钢通风管道	m²	29.4	
	9-18h	风机盘管连接管 δ1.0 内/安装/制作（人工×0.24）（材料×0.05）（机械×0.05）	10m²	2.94	
5	030701003001	空调器	台(组)	1	
	9-434	整体空调箱风 5km³/h 重 0.4t 内	台	1	
6	030703020001	消声器	个	1	

序号	编号	名称/部位	单位	承包人 申报数量	备注
6	9-350	阻抗复合式消声器 T701-6 3 号	组	1	
7	030701004001	风机盘管	台	7	
	9-445	吊顶式风机盘管	台	7	
8	030703001001	碳钢阀门	个	1	
	9-126	蝶阀止回阀插板阀多叶调节阀 3200	个	1	
9	030703001002	碳钢阀门	个	8	
	9-123	蝶阀止回阀插板阀多叶调节阀 800	个	8	
10	030703011001	铝及铝合金风口、散流器	个	8	
	9-233	百叶风口安装 800 内	个	8	
11	030703011002	铝及铝合金风口、散流器	个	7	
	9-236	百叶风口安装 2400 内	个	7	
12	030703011003	铝及铝合金风口、散流器	个	7	
	9-235	百叶风口安装 1600 内	个	7	
13	030703011004	铝及铝合金风口、散流器	个	1	
	9-237	百叶风口安装 3200 内	个	1	
14	030702008001	柔性软风管	m/节	10.92	
	9-26h	软管接口/安装/制作（人工×0.24）（材料×0.05）（机械×0.05）	m²	10.92	
15	030702011001	温度、风量测定孔	个	2	
	9-28h	温度、风量测定孔 T615/安装/制作（人工×0.24）（材料×0.05）（机械×0.05）	个	2	
16	030704001001	通风工程检测、调试	系统	1	

参 考 文 献

[1] 管锡珺. 安装工程计量与计价. 北京：中国电力出版社，2009.

[2] 中华人民共和国住房和城乡建设部. 通用安装工程消耗量定额 TY02-31—2015：第四册 电气设备安装工程. 北京：中国计划出版社，2015.

[3] 中华人民共和国住房和城乡建设部. 通用安装工程消耗量定额 TY02-31—2015：第七册 通风空调工程. 北京：中国计划出版社，2015.

[4] 中华人民共和国住房和城乡建设部. 通用安装工程消耗量定额 TY02-31—2015：第九册 消防工程. 北京：中国计划出版社，2015.

[5] 中华人民共和国住房和城乡建设部. 通用安装工程消耗量定额 TY02-31—2015：第十册 给排水、采暖、燃气工程. 北京：中国计划出版社，2015.

[6] 中华人民共和国住房和城乡建设部. 通用安装工程消耗量定额 TY02-31—2015：第十二册 刷油、防腐蚀、绝热工程. 北京：中国计划出版社，2015.

[7] 张建新. 新编安装工程预算. 北京：中国建设工业出版社，2009.

[8] 工程造价员网校. 安装工程工程量清单分部分项计价与预算定额计价对照实例详解（1~3）. 中国建筑工业出版社，2009.